人 工 智 能 应 用 丛 书
高等院校人工智能系列"十四五"规划教材

机器学习开发方法、工具及应用

潘志松◎主　编

蔡　飞◎副主编

中国铁道出版社有限公司
CHINA RAILWAY PUBLISHING HOUSE CO., LTD.

内 容 简 介

本书介绍机器学习开发方法、工具及应用相关知识,全书由 6 章组成,第 1 章主要介绍机器学习的基本概念、分类等;第 2 章主要介绍机器学习开发架构、开发步骤;第 3 章～第 5 章主要介绍机器学习的开发工具,包括 Python、NumPy、Pandas、Scikit-learn、TensorFlow;第 6 章主要介绍机器学习相关的 10 个实验,包括线性回归、决策树、人工神经网络、卷积神经网络等。

本书适合作为高等院校人工智能专业、计算机专业、智能机器人专业、智能芯片专业及其他智能相关专业课程教材,也可作为人工智能应用、开发人员的参考用书。

图书在版编目(CIP)数据

机器学习开发方法、工具及应用/潘志松主编 . —北京:
中国铁道出版社有限公司,2021.5
(人工智能应用丛书)
高等院校人工智能系列"十四五"规划教材
ISBN 978-7-113-27842-7

Ⅰ.①机… Ⅱ.①潘… Ⅲ.①机器学习-高等学校-教材
Ⅳ.①TP181

中国版本图书馆 CIP 数据核字(2021)第 052575 号

书　　名:**机器学习开发方法、工具及应用**
作　　者:潘志松

策　　划:刘丽丽　　　　　　　　　　　　编辑部电话:(010)51873202
责任编辑:刘丽丽　徐盼欣
封面设计:尚明龙
责任校对:孙　玫
责任印制:樊启鹏

出版发行:中国铁道出版社有限公司(100054,北京市西城区右安门西街 8 号)
网　　址:http://www.tdpress.com/51eds/
印　　刷:三河市航远印刷有限公司
版　　次:2021 年 5 月第 1 版　2021 年 5 月第 1 次印刷
开　　本:787 mm×1 092 mm 1/16　印张:20　字数:423 千
书　　号:ISBN 978-7-113-27842-7
定　　价:49.80 元

编委会

序

自 2016 年 AlphaGo 问世以来，全球掀起了人工智能的高潮，人工智能学科也进入第三次发展时期。由于它的技术先进性与应用性，人工智能在我国也迅速发展，党和政府高度重视，2017 年 10 月 24 日习近平总书记在中国共产党第十九次全国代表大会报告中明确提出要发展人工智能产业与应用。此后，多次对发展人工智能做出重要指示。人工智能已列入我国战略性发展学科中，并在众多学科发展中起到"头雁"的作用。

人工智能作为科技领域最具代表性的应用技术，在我国已取得了重大的进展，在人脸识别、自动驾驶汽车、机器翻译、智能机器人、智能客服等多个应用领域取得突破性进展，这标志着新的人工智能时代已经来临。

由于人工智能应用是人工智能生存与发展的根本，习近平总书记指出，人工智能必须"以产业应用为目标"，其方法是"要促进人工智能和实体经济深度融合"及"跨界融合"等。这说明应用在人工智能发展中的重要性。

为了响应党和政府的号召，发展新兴产业，同时满足读者对人工智能及其应用的认识需要，中国铁道出版社有限公司组织并推出以介绍人工智能应用为主的"人工智能应用丛书"。本丛书以应用为驱动，应用带动理论，反映最新发展趋势作为主要编写方针。本丛书大胆创新、力求务实，在内容编排上努力将理论与实践相结合，尽可能反映人工智能领域的最新发展；在内容表达上力求由浅入深、通俗易懂；在内容和形式体例上力求科学、合理、严密和完整，具有较强的系统性和实用性。

"人工智能应用丛书"自 2017 年开始问世至今已两年有余，已编辑出版或即将出版 12 本著作。

丛书自出版以来受到广大读者的欢迎，为满足读者的要求，丛书编委会在 2019 年组织了两次大型活动：2019 年 1 月在上海召开了丛书发布会与人工智能应用技术研讨会，同年 8 月在北京举办了人工智能应用技术宣讲与培训班。

2019 年是关键性的一年，随着人工智能研究、产业与应用的迅速发展，人工智能人才培养已迫在眉睫，一批新的人工智能专业已经上马，教育部已于 2018 年批准 35 所高校开设人工智能专业，同时有 78 个与人工智能应用相关的智能机器人专业，以及 128 个智能医学、智能交通等跨界融合型应用专业也相继招生。2019 年教育部又批准 178 个人工智能专业，同时还批准了多个人工智能应用相关专业，如智能制造专业、智能芯片技术专业等。人工智能及相关应用人才的培养在教育领域已掀起高潮。

面对这种形势，在设立专业的同时，迫切需要继续深入探讨相关的课程设置，教材编写也成当务之急，因此中国铁道出版社有限公司在原有应用丛书的基础上，又策划组织了"高等院校人工智能系列'十四五'规划教材"，以编写人工智能应用型专业教材为主。

这两套丛书均以"人工智能应用"为目标，采用两块牌子一个班子方式，建立统一的"丛书编委会"，即两套丛书一个编委会。

这两套丛书适合人工智能产品开发和应用人员阅读，也可作为高等院校计算机专业、人工智能等相关专业的课程教材及教学参考材料，还可供对人工智能领域感兴趣的读者阅读。

丛书在出版过程中得到了人工智能领域、计算机领域以及其他多个领域相关专家的支持和指导，同时也得到了广大读者的支持，在此一并致谢。

人工智能是一个日新月异、不断发展的领域，许多理论与应用问题尚在探索和研究之中，观点的不同、体系的差异在所难免，如有不当之处，恳请专家及读者批评指正。

"人工智能应用丛书"编委会
"高等院校人工智能系列'十四五'规划教材"编委会
2020 年 1 月

前　言

近些年人工智能发展火热,已经渗透到各行各业,正在改变着人们的工作和生活方式,同时被认为将促进整个社会的发展。机器学习是一种从数据当中发现复杂规律,并且利用规律对未来时刻、未知状况进行预测和判定的方法。机器学习被认为是当前最有可能实现人工智能的方法,大数据 + 机器学习使得机器学习算法从数据中发现的规律越来越普适。

从广义上讲,机器学习是一种能够赋予机器学习能力,使其实现直接编程无法实现的功能的方法。从实践的意义上讲,机器学习是一种通过利用数据训练出模型,然后使用模型预测的方法。

机器学习是现阶段解决众多人工智能问题的主流方法,作为一个独立的方向,正处于高速发展中。最早的机器学习算法可以追溯到 20 世纪初,至今已经发展了 100 多年。经过一代又一代人的努力,机器学习诞生出了大量经典的方法。

本书与当前市场上更多关注理论性介绍的机器学习教材不同,本书以机器学习的开发为特色,注重实践应用,包括开发方法、开发工具、开发应用等内容。本书中包含的所有实验,均以南京飞灵智能科技有限公司开发的机器学习平台为支撑进行开发。

本书特色

①实用性:本书涉及机器学习的核心实用技术,如 Python、Scikit-learn、NumPy、Pandas、TensorFlow 等,可使读者通过本书的学习掌握机器学习实用技术。

②操作性:本书主要讲解如何利用机器学习开发工具进行实际开发,培养读者的动手能力,内容具备可操作性。

③趣味性:本书包含的所有实验均具有实际的应用背景,可引起读者对应用的兴趣,提高读者的学习积极性。

本书内容

本书内容共由 6 章组成。

第 1 章为机器学习基础介绍,主要介绍了机器学习的基本概念、分类、内容,同时介绍了机器学习的评价指标,可让读者对机器学习有宏观的了解。

第 2 章为机器学习开发方法,包括机器学习开发架构与机器学习开发步骤两部分内容,重点让读者了解如何在机器学习理论算法的基础上与计算机相结合,进行模型开发。

第 3 章为 Python 基础及机器学习软件包,介绍了 Python 的基础知识,并介绍了常用的机器学习软件包,如 NumPy、Pandas、Matplotlib,为机器学习的开发打下坚实基础。

第 4 章为机器学习工具 Scikit-learn 等相关工具包。Scikit-learn 作为机器学习最主要的工具包,为用户提供了各种机器学习算法接口。本章介绍了 Scikit-learn 封装的常见算法,并通过实际的应用对算法进行了调用与阐述。

第 5 章为深度学习工具 TensorFlow 基础与进阶,介绍了 TensorFlow 2.0 的基本概念、高阶用法等,并通过 TensorFlow 实现了卷积神经网络、循环神经网络等应用,可让用户更深入地了解、掌握 TensorFlow 工具。

第 6 章为机器学习实验分析,包括与机器学习相关的 10 个实验,包括线性回归、决策树、支持向量机、朴素贝叶斯分类器、关联学习、聚类、人工神经网络、卷积神经网络、循环神经网络、强化学习,可有效帮助读者提高实际操作能力。

本书适合作为高等院校人工智能专业、计算机专业、智能机器人专业、智能芯片专业及其他智能相关专业课程教材,也可作为人工智能应用、开发人员的参考用书。

本书由陆军工程大学潘志松教授、南京飞灵智能科技有限公司蔡飞组织编写。陆军工程大学潘志松教授任主编,南京飞灵智能科技有限公司蔡飞任副主编,南京飞灵智能科技有限公司顾艳华、陆迁、邓若凡参与编写。

本书由南京大学计算机科学与技术系徐洁磐教授审稿,他提出了很多关键性的宝贵意见,在此表示衷心感谢。

因编者水平和成书时间所限,本书难免存有疏漏和不妥之处,敬请各位读者指正。

本书所提及的机器学习平台由南京飞灵智能科技有限公司研发,联系人:蔡飞,联系方式:business@ feeling-ai. cn。

潘志松

2021 年 1 月

目　录

第1章

机器学习基础介绍

2016 年,谷歌 AlphaGo 以 4∶1 战胜围棋世界冠军、职业九段棋手李世石。从技术上来说,AlphaGo 的算法结合了机器学习和树搜索技术,并使用了大量的人类、计算机的对弈来进行训练。AlphaGo 的获胜不仅让机器学习、深度学习为人们所知,而且掀起了人工智能的"大众热"。机器学习一直是人工智能的核心研究领域之一,随着计算机技术向智能化、个性化方向发展,尤其是随着数据收集和存储设备的飞速升级,科学技术的各个领域都积累了大量的数据,利用计算机来对数据进行分析,成为绝大多数领域的共性需求。

本章介绍了人工智能的定义与学派,机器学习的定义、应用场景及分类,各种机器学习的方法,包括线性回归、决策树、支持向量机、朴素贝叶斯、神经网络、聚类、关联规则、降维、强化学习,最后简述了多种常见的评价指标。

●●●●●● 1.1　机器学习简介 ●●●●●●

机器学习是人工智能的重要分支,并逐渐成为推动人工智能发展的关键因素。因此,在探讨机器学习之前,需要先对人工智能有所了解。

1.人工智能概述

(1)人工智能的定义

人工智能(Artificial Intelligence,AI)是以实现人类智能为目标的一门学科,通过模拟的方法建立相应的模型,再以计算机为工具,建立一种系统以实现其目标。这种计算机系统具有近似人类智能的功能。

(2)人工智能的关键词

人工智能有三个关键词:人类智能、计算机、模拟。

①人类智能:当前人类所知的人类智能是大脑的思维活动,包括判断、学习、推理、联想、类比、顿悟、灵感等功能。此外还有很多尚未被发现的人类智能。

②计算机:当前,在人工智能中所使用的计算机包括了计算机网络,具有物联网功能和云计算能力,是一个分布式、并行操作的计算机系统。

③模拟:计算机模拟人类智能中的功能,构造出相应的模型,这些模型就是人类智

能的模拟,又称智能模型。

人工智能的智能模型仅是一种理论框架,它需要借助计算机,通过计算机中的数据结构、算法所编写而成的软件在一定的计算机平台上运行,从而实现模型的功能。

(3)人工智能的三个学派

从 1956 年正式提出人工智能学科算起,人工智能的研究发展已有 60 多年的历史。其间,不同学科背景的学者对人工智能做出了各自的理解,提出了不同的观点,由此产生了不同的学术流派。其中对人工智能研究影响较大的主要有三大学派:符号主义、连接主义和行为主义。

①符号主义(Symbolicism)。符号主义又称逻辑主义、心理学派或计算机学派,其主要思想是从人脑思维活动形式化表示角度研究探索人的思维活动规律。

符号主义学派认为人工智能源于数学逻辑。数学逻辑从 19 世纪末起获得迅速发展,到 20 世纪 30 年代开始用于描述智能行为。计算机出现后,又在计算机上实现了逻辑演绎系统。该学派认为人类认知和思维的基本单元是符号,而认知过程就是在符号表示上的一种运算。符号主义致力于用计算机的符号操作来模拟人的认知过程,实质就是模拟人的左脑抽象逻辑思维,通过研究人类认知系统的功能机理,用某种符号来描述人类的认知过程,并把这种符号输入到能处理符号的计算机中,从而模拟人类的认知过程,实现人工智能。

在知识表示中的谓语逻辑词表示、产生式表示、知识图谱表示,以及基于这些知识表示的演绎性推理中,符号主义学派起到了关键性的指导作用。

②连接主义(Connectionism)。连接主义又称仿生学派或生理学派,其主要思想是从人脑神经生理学结构角度探索人类智能活动规律。

连接主义学派认为人工智能源于仿生学,特别是人脑模型的研究。并从神经生理学和认知科学的研究成果出发,把人的智能归结为人脑的高层活动的结果,强调智能活动是由大量简单的单元通过复杂的相互连接后并行运行的结果。人工神经网络是其典型代表性技术。

有关连接主义学派的研究工作早在人工智能出现前的 20 世纪 40 年代的仿生学理论中就有很多研究,并基于神经网络构造出了世界上首个人工神经网络模型——MP(麦卡洛可-皮特斯)模型,自此之后,对此方面的研究成果不断出现。但在此阶段由于受模型结构及计算机模拟技术等多种方面的限制而进展不大。20 世纪 80 年代 Hopfield 模型的出现以及相继的反向传播(Back Propagation,BP)模型的出现,使人工神经网络的研究又开始走上发展道路。

③行为主义(Actionism)。行为主义又称进化主义或控制论学派,其主要思想是从人脑智能活动所产生的外部表现行为角度研究探索人类智能活动规律。

行为主义学派认为行为是有机体用以适应环境变化的各种身体反应的组合,它的理论目标在于预见和控制行为。控制论把神经系统的工作原理与信息理论、控制理论、逻辑及计算机联系了起来。早期的研究工作重点是模拟人在控制过程中的智能行为和作用,以及对自寻优、自适应、自校正、自镇定、自组织和自学习等控制论系统进行研究,并进行"控制动物"的研制。到20世纪六七十年代,上述这些控制论系统的研究取得一定进展,并在80年代诞生了智能控制和智能机器人系统。

行为主义学派最典型的技术就是机器人,特别是智能机器人。在近期人工智能发展的新高潮中,机器人与机器学习、知识推理相结合组成的系统成为人工智能新的标志。

2. 机器学习概述

机器学习(Machine Learning,ML)以连接主义学派为主,包含部分行为主义学派,是人工智能的核心,是使计算机具有智能的根本途径,其应用遍及人工智能的各个领域。

(1)机器学习的定义

机器学习是一门多领域交叉学科,它涉及概率论、统计学、凸分析、算法复杂度理论等多门学科。机器学习对数据进行自动分析,获得规律,并利用规律对未知数据进行预测、分类等,主要使用归纳、综合方式而不是演绎方式。

机器学习的研究对象是多维向量空间的数据,它从不同类型的数据(数字、文本、图像、音频、视频)出发,提取数据的特征,抽象出数据的模型,发现数据中的知识,又回到数据的分析与预测中去。

(2)机器学习的发展历程

机器学习的发展历程大体可分为四个阶段。

第一阶段是在20世纪50年代中期到60年代中期,属于热烈时期。在这个时期,所研究的是"没有知识"的学习,即"无知"学习。其主要研究方法是不断修改系统的控制参数以改进系统的执行能力,不涉及与具体任务有关的知识。

第二阶段是在20世纪60年代中期到70年代中期,机器学习进入冷静阶段。本阶段的研究目标是模拟人类的概念学习过程,并采用逻辑结构或图结构作为机器内部描述。机器能够采用符号来描述概念,并提出关于学习概念的各种假设。此外,神经网络学习因为理论缺陷未能达到预期效果,机器学习的研究转入低潮。

第三阶段是从20世纪70年代中期到80年代中期,称为复兴时期。在这个时期,人们从学习单个概念扩展到学习多个概念,探索不同的学习策略和各种学习方法。在这个阶段,人工智能找到了一个新的突破口,即知识工程及其应用——专家系统。知识工程是当时人工智能界所提出的一个新方向,它有完整的理论体系,并有系统的工程化开发方法。它与计算机紧密结合,依靠当时发达的计算机硬件与成熟的计算机软件及软件工程化开发思想,使人工智能走出了应用低谷。

当前机器学习研究状态处于第四阶段,始于20世纪80年代中期。机器学习综合应用了生物学、神经生理学、数学和计算机科学等学科形成了理论基础,成为一个独立的学科领域并快速发展。其融合了各种学习方法,且形式多样的集成学习系统研究正在兴起。

由于传统机器学习太单一,只能解决简单的问题,无法解决复杂问题,因此,机器学习引入了深度学习,并产生了人工智能新的发展。深度学习(Deep Learning,DL)的概念源于人工神经网络的研究。含多个隐藏层的多层感知机就是一种深度学习结构，它能根据大脑认知的规律，进行分层识别，从多层次的输入数据中学习更高层次的抽象特征。随着 21 世纪的到来，以"新计算能力 + 大数据 + 深度学习"的三驾马车方式为代表的新技术带来了人工智能新的崛起，以前众多陷于困境的应用因为这种新技术的应用而取得了突破性的发展。

（3）机器学习与人工智能和深度学习的关系

图 1.1.1 说明了机器学习与人工智能和深度学习的关系。

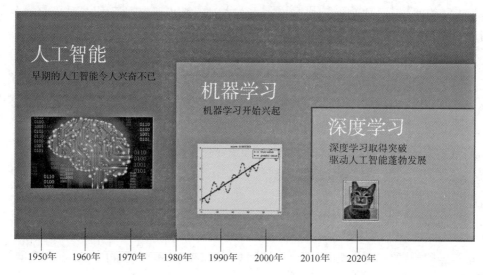

图 1.1.1 机器学习与人工智能和深度学习的关系

由图 1.1.1 可知，人工智能、机器学习和深度学习是具有包含关系的几个应用领域，机器学习是人工智能的子领域，而深度学习则是机器学习的分支。机器学习是一种实现人工智能的重要手段。深度学习具有相对于其他典型机器学习方法更强大的能力和灵活性。在很多人工智能问题上，深度学习方法解决了传统机器学习方法面临的问题，促进了人工智能领域的发展。

3. 机器学习三要素

模型（Model）、策略（Strategy）、算法（Algorithm）是机器学习的三要素。

（1）模型

模型是机器学习的最终结果，即决策函数 $f(x)$ 或条件概率函数 $P(X|Y)$，它被用来预测特定问题下未知数据的输出结果。

（2）策略

策略是机器学习过程中挑选出参数最优模型的评价准则（Evaluation Criterion）。常以经验风险最小化作为标准，是一个参数优化的过程，通过构造一个损失函数来描述经验风险，如交叉熵损失函数、平方损失函数等。

（3）算法

算法是指机器学习过程中具体学习出模型的方法，也就是如何求解全局最优解，并使得这个过程高效而且准确。

通俗来讲,算法是指方法或手段,模型是最终学习到的函数。例如,对数据 x、y 进行拟合,可以使用线性回归算法拟合,使用最小二乘法优化,最终学到的模型是 $y = 3x + 2$。在这个例子中,算法是"线性回归",模型是学习到的函数 $y = 3x + 2$,策略则是从假设空间中挑选出参数最优的模型的准则,即最小二乘法。

4. 机器学习开发

机器学习开发是基于理论研究所获得的理论模型,通过计算机得到具体模型的过程。机器学习开发有三个要素:算法、数据和算力。

(1)算法

算法是机器学习开发的核心。机器学习算法复杂,且数量众多,但目前很多开源软件包均对常用的机器学习算法进行了封装,用户可直接调用,方便快捷。

(2)数据

当一个算法模型设计好后,就需要大量数据去训练机器,从而使得机器更加"智能",得以在实际应用场景中施展拳脚。若想算法进一步提升性能,则需要更多精细化的数据加以训练,不断迭代。在机器学习领域,好的数据通常比算法更重要。深度学习算法构建在大样本数据基础上,数据越多,数据质量越好,则算法结果表现越好。

(3)算力

算力是算法和数据的基础设施,两者在算力的基础上进行机器学习开发。在普通计算机中,CPU 提供了算力帮助计算机快速运行。玩游戏的时候需要显卡提供算力,帮助计算机快速处理图形。而在机器学习中,需要有 CPU 和 GPU 的硬件来提供算力,帮助算法快速运算出结果。算力需要开发平台做支撑,该平台既可部署在学校/企业内部服务器上,也可部署在公有云(如 AWS 云、阿里云等)服务器上。由于公有云上资源多、可弹性伸缩、算力强,因此特别适合深度学习。

1.2　机器学习的作用

人工智能作为科技领域最具代表性的应用技术,在我国取得了重大的进展,在人脸识别、自动驾驶、机器翻译、智能制造、医学图像处理等多个应用领域取得了突破性进展,这标志着新的人工智能时代已经来临。

机器学习是实现人工智能的手段之一,也是当前主流的人工智能实现方法,主要用于预测、分类和关联。机器学习通过数据可以训练出完成一定功能的模型,成为解决不同领域问题的一项关键技术。接下来将简单介绍机器学习在人脸识别、自动驾驶、机器翻译、智能制造、医学图像处理这五个领域中的作用。

1. 人脸识别

人脸识别(见图 1.2.1)通常也称人像识别、面部识别,是基于人的脸部特征信息进行身份识别的一种生物识别技术,属于人工智能中的计算机视觉范畴,是一系列流程的统称,其包括图像获取、人脸分割、特征获取、匹配或识别等。人脸识别技术使用摄像机或摄像头采集含有人脸的图像或视频流,并自动在图像中检测和跟踪人脸,进而对检测到的人脸进行脸部的一系列操作。

图 1.2.1　人脸识别

人脸识别系统的研究始于 20 世纪 60 年代,80 年代后随着计算机技术和光学成像技术的发展得到提高,而真正进入初级的应用阶段则在 90 年代后期,并且以美国、德国和日本的技术实现为主。人脸识别系统成功的关键在于尖端的核心算法,并使识别结果具有实用化的识别率和识别速度。人脸识别系统集成了人工智能、机器识别、机器学习、模型理论、专家系统、视频图像处理等多种专业技术,同时需结合中间值处理的理论与实现,是生物特征识别的最新应用,其核心技术的实现,展现了弱人工智能向强人工智能的转化。

当前,随着机器学习的不断发展,尤其是深度学习加上大数据训练,使人脸识别的性能取得了突破性进展。深度学习在人脸识别上的具体应用包括:基于卷积神经网络的人脸识别方法、深度非线性人脸形状提取方法、基于深度学习的人脸姿态稳健性建模、约束环境中的全自动人脸识别、基于深度学习的视频监控下的人脸识别等。其中,卷积神经网络的权值共享结构网络更类似于生物神经网络,该方法通过对人脸图像的局部感知、共享权重,以及在空间和时间上的降采样,挖掘局部数据包含的特征,优化模型结构,是第一个成功训练多层网络结构的学习算法。

2. 自动驾驶

随着深度学习、机器学习及大数据云计算等技术的崛起,自动驾驶(见图 1.2.2)作为人工智能发展的一个重要方向,成为计算机行业发展和研究的重要领域。低级别自动驾驶技术以高级辅助驾驶技术为主走向成熟,自动驾驶技术参与者越来越多。自动驾驶与人们的生活息息相关,这使得它成为人们迫切想要实现及能够普遍使用到生活中的技术。

图 1.2.2 自动驾驶

自动驾驶运用人工智能技术、计算机视觉、雷达、监控装置和全球定位系统协同计算,让计算机可以在没有任何人类互动的操作下,自动安全地操作汽车。目前大部分的自动驾驶研发公司都采用了机器学习来实现车辆的操纵和路线规划。通过传感器、高精度地图信息等多种途径获取的海量数据是机器学习算法的基础。利用获取的大量数据进行训练,汽车可以将收集到的图形、电磁波等信息转换为可用的数据,利用深度学习实现自动驾驶。深度学习是自动驾驶技术成功的基础,该技术可以提高汽车识别道路、行人、障碍物等的时间效率,并保障了识别的正确率。

3. 机器翻译

机器翻译(见图 1.2.3)是指通过计算机将一门自然语言翻译成另一门自然语言,而不经过人工处理。1954 年,美国乔治敦大学在 IBM 公司协同下,用 IBM-701 计算机首次完成了英俄机器翻译实验,拉开了机器翻译研究的序幕。接下来的近 70 年里,随着计算机技术、互联网及人工智能技术的快速发展,机器翻译的研究越来越深入。例如,科大讯飞发布了首创的"人机耦合"概念,将机器翻译研究推向了更深的一步。

机器翻译根据翻译原理不同,主要分为三大类,分别为基于规则、基于统计和基于人工神经网络原理的机器翻译。基于规则的机器翻译是指根据统计规律,通过词典和规则库构成知识源,以一定的规则为基础进行的翻译。基于统计的机器翻译是指翻译是一种概率的问题,将源句子翻译到目标句子,因此,任何目标句子都可能成为译文,其差别在于其概率是不一样的。基于人工神经网络的机器翻译是指通过深度神经网络,自动学习翻译知识,通过理解源句子,经过复杂的推导运算和学习,生成流畅且符合规范的译文。

当前广泛应用于机器翻译的网络是长短期记忆人工神经网络和循环神经网络。这两种网络模型擅长对自然语言建模,把任意长度的句子转化为特定维度的浮点数向量,同时记住句子中比较重要的单词,让记忆保存比较长的时间。该模型很好地解决

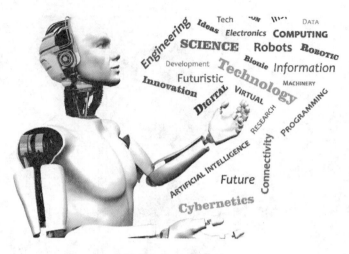

图1.2.3 机器翻译

了自然语言句子向量化的难题,对利用计算机处理自然语言具有非常重要的意义,使得计算机对语言的处理不再停留在简单的字面匹配层面,而是进一步深入到语义理解层面。

4. 智能制造

智能制造(见图1.2.4)是基于新一代信息技术,贯穿设计、生产、管理、服务等制造活动各个环节,具有信息深度自感知、智慧优化自决策、精准控制自执行等功能的先进制造过程、系统与模式的总称。智能制造具有以智能工厂为载体,以关键制造环节智能化为核心,以端到端数据流为基础,以网络互联为支撑等特征,可有效缩短产品研制周期、降低运营成本、提高生产效率、提升产品质量、降低资源能源消耗。

图1.2.4 智能制造

　　智能制造将人工智能融入设计、感知、决策、执行、服务等产品全生命周期。机器学习能够采用标准的算法,学习历史样本来选择、提取特征,进而构建和不断优化模型,使企业中原有的系统增加自主学习能力,解决生产过程中的不确定业务,提升系统的智能化水平,提高生产效率和产品核心竞争力。

　　5. 医学图像处理

　　在临床工作中,医学图像(见图1.2.5)为临床决策提供了重要的辅助信息。传统的图像诊断主要基于医生的主观判断,已不能满足精准医学发展的要求。近年来,以深度学习为代表技术的机器学习方法迅速发展,为拓展医学影像的临床应用范围提供了巨大的机遇。

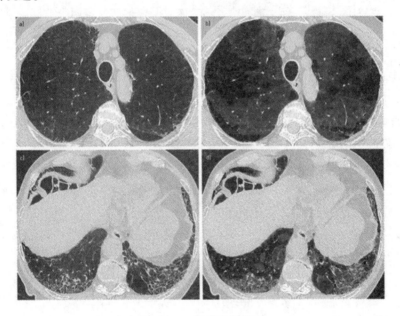

图1.2.5　医学图像处理

　　深度学习作为机器学习的新兴领域,在图像处理和计算机视觉方面的成功为医学图像的识别提供了新的思路。深度学习通过在给定的数据集上训练模型来完成新数据上的特定任务。传统的医学图像识别基于多特征融合方法及奇异值分解和小波变换方法,对于特征的提取效率低且挖掘到的信息有限,识别效果不理想。相比传统的医学图像识别方法,深度学习能够挖掘到医学图像中潜在的非线性关系,特征提取效率更高。

　　近年来,已有研究人员将深度学习应用在医学图像识别中,这些工作为进一步的临床应用研究提供了重要的依据。疾病检测与分类是针对一批样本人群进行的,以确定某个样本是否患病及其患病程度如何;而病变识别一般是针对某个样本自身医学图像中某个病变部位和其他部分的识别。当前深度学习方法在医学图像领域的上述两方面中被广泛应用,在图像配准、分割等图像预处理过程中也得到了广泛应用。

●●●●● **1.3 机器学习的分类** ●●●●●

要进行机器学习,首先要有数据。机器学习中的数据可以分为有标签数据和无标签数据两种。例如,一张标记为狗的图片就是有标签数据,一张没有标记的图片就是无标签数据。接下来介绍机器学习数据的基础术语。

假定收集了一批关于西瓜的数据,具体内容为:(色泽=青绿;根蒂=蜷缩;敲声=浊响),(色泽=乌黑;根蒂=稍蜷;敲声=沉闷),(色泽=浅白;根蒂=硬挺;敲声=清脆)……每对括号内是一条记录,"="的意思是"取值为"。

①数据集(Data Set):一组数据的集合称为"数据集",如这组西瓜数据记录的集合。

②样本(Sample):用于记录关于一个事件或对象的描述,如第一条记录中的(色泽=青绿;根蒂=蜷缩;敲声=浊响)。

③属性(Attribute),也称"特征"(Feature),反映事件或对象在某方面的表现或性质的事项,如描述西瓜时的"色泽""根蒂""敲声"。

④属性值(Attribute Value):属性的取值如西瓜的色泽为"青绿""乌黑",根蒂为"蜷缩""硬挺",敲声为"清脆""浑浊"。

⑤属性空间(Attribute Space),也称"样本空间"(Sample Space),是属性张成的空间,如把"色泽""根蒂""敲声"作为坐标轴,则张成一个用于描述西瓜的三维空间,每个西瓜都可在这个空间中找到自己的坐标。

⑥标签(Label),也称"标记",是样本结果的信息,如一个西瓜可以分为"好瓜"或"坏瓜",则"好瓜"或"坏瓜"为每个西瓜对应的标签。

⑦样例(Example):拥有标记信息的样本,如((色泽=青绿;根蒂=蜷缩;敲声=浊响),好瓜),((色泽=乌黑;根蒂=稍蜷;敲声=沉闷),坏瓜)。

按照机器学习数据的种类可以将机器学习分为四大类:监督学习、无监督学习、半监督学习和强化学习。

1. 监督学习

监督学习(Supervised Learing)是指进行训练的数据包含两部分信息:样本和类别标签。也就是说,监督学习在训练的时候每个数据样本所属的类别是事先知道的。在设计学习算法的时候,算法调整参数的过程会根据标签进行调整,类似于学习过程被监督了一样,而不是漫无目标地去学习。

2. 无监督学习

相对于监督学习而言,无监督学习(Unsupervised Learning)方法的训练数据没有类别标签,甚至很多时候不知道总共的类别有多少个。因此,无监督学习中的分类往往称为聚类,就是采用一定的算法,把特征性质相近的样本聚在一起成为一类。无监督学习算法还有一类应用是降维。

3. 半监督学习

半监督学习(Semi-supervised Learning)是一种结合监督学习和无监督学习的学习

方式。它是近年来研究的热点，原因是在建立模型的过程中，有标签的数据往往很少，而绝大多数的数据样本是没有确定标签的。这时，机器无法直接应用监督学习方式进行模型的训练，因为监督学习算法在有标签数据很少的情况下学习的效果往往很差。但是，机器也不能直接利用无监督学习方式进行学习，因为没有充分地利用那些已给出标签的数据。而半监督学习能使用大量的无标签数据，并同时使用有标签数据，来进行机器学习任务。

4. 强化学习

强化学习，即增强学习（Reinforcement Learning），又称再励学习、评价学习。在这种学习方式中，模型先被构建，然后输入数据刺激模型，模型得到的结果称为反馈，使用反馈对模型进行调整。它与监督学习的区别在于输入模型的数据来自环境的反馈而不是由人指定。

●●●●●● **1.4 机器学习的内容** ●●●●●

机器学习中有很多算法，常见算法分类如图1.4.1所示。

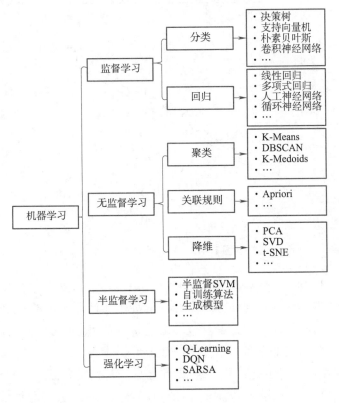

图1.4.1 机器学习算法分类

接下来简单介绍机器学习中部分算法的内容。

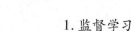

1. 监督学习

监督学习包括分类和回归两种。

分类的目标变量是离散型的,以电影分类为例,一部电影可以是动作片、爱情片、喜剧片、恐怖片等类别,通过学习这些已标记的电影,最后得出一个模型,这个模型能判断新电影的类别。

回归的目标变量是连续数值型的,它的预测模型是一个连续函数。例如,通过学习含有大量不同特征(面积、地理位置、朝向等)的房屋价格数据,预测一所已知特征的房子价格。

常用的监督学习算法有线性回归、决策树、支持向量机、朴素贝叶斯、人工神经网络等,接下来将对这五种算法进行简单介绍。

(1)线性回归

线性回归(Linear Regression,LR)是对一个或多个自变量和因变量之间的关系进行建模的一种回归算法。这种算法是一个或多个称为回归系数的模型参数的线性组合。只有一个自变量的情况称为一元回归,大于一个自变量的情况称为多元回归。简单的一元线性回归如图 1.4.2 所示。

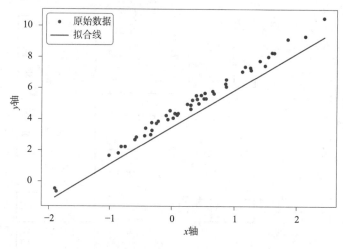

图 1.4.2 一元线性回归

假定训练集样本 $D = \{(x_1, y_1), (x_2, y_2), \cdots, (x_n, y_n)\}$,其中 $x_i, y_i \in \mathbf{R}$。线性回归试图学得一个线性模型 $f(x) = wx + b$,以尽可能准确地计算出预测值。对于给定的样本 x 与计算出的回归系数 w 和偏置 b,模型通过 $wx + b$ 计算可得到预测值 y',真实值 y 与预测值 y' 之间的误差平方和越小,说明预测结果越准确。

例如,影院可以依据历史票房数据、影评数据、舆情数据等互联网公众数据,利用线性回归对电影票房进行预测;农产品经销商可以通过分析价格数据,使用线性回归对农产品进行未来价格预测;房地产商可以利用历史人均收入数据、新增住房面积及上一年商品房价格等数据,使用线性回归来预测商品房未来价格,并找出影响房价的主要因素等。

（2）决策树

决策树（Decision Tree，DT）是一种广泛用于分类和回归任务的监督学习模型。决策树用于分类时，是指对大量数据有目地分类，并将从一组训练数据中学习到的函数表示为一棵决策树，是一种逼近离散值目标函数的方法。以西瓜分类为例，决策过程如图1.4.3所示。

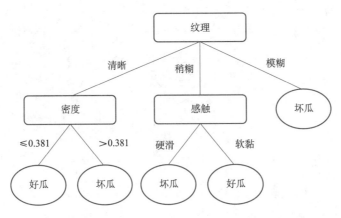

图1.4.3 西瓜分类的决策过程

由图1.4.3可知，决策树是一个树结构（可以是二叉树或非二叉树）。其每个非叶节点表示一个特征属性上的测试，每个分支代表这个特征属性在某个值域上的输出，而每个叶节点存放一个类别。使用决策树进行决策的过程就是从根节点开始，测试待分类项中相应的特征属性，并按照其值选择输出分支，直到到达叶子节点，将叶子节点存放的类别作为决策结果。

对于数据划分的优先级，决策树使用信息熵作为决策条件，期望决策树的分支节点所包含的样本尽可能属于同一类别。根据信息熵使用方法可以得到"信息增益""增益率""基尼指数"三种度量值，分别对应ID3、C4.5、分类回归树（Classification and Regression Tree，CART）三种决策树算法。

CART算法也可用于回归。回归树的用法和分析与分类树相似。回归树的叶节点包含单个值，树的单个节点包含的是线性方程，且变量对应的标签值为连续变量，即回归树的输出是一个实数。

近年来决策树被应用于各行各业，一般来说其应用往往针对某个具体的分析目标及场景。例如，金融行业中将贷款对象分为低贷款风险和高贷款风险两类，可以用决策树进行贷款的风险评估；在股票市场对每只股票的历史数据进行分析，通过相应的决策树技术进行预测，从而做出相对比较准确的判断；保险行业可以用决策树做险种推广预测；医疗行业可以用决策树对图像进行分类，从而进行辅助诊断等。

（3）支持向量机

支持向量机（Support Vector Machine，SVM）是一种二分类模型，定义为特征空间上间隔最大的线性分类器模型，学习策略是使其间隔最大化，通过寻求结构风险最小，从而获得最好的泛化能力。SVM 在解决小样本、非线性及高维模式识别中表现出很大优势。SVM 的标准算法称为支持向量分类(Support Vector Classification,SVC)。

假设训练样本集 $D = \{(x_1,y_1),(x_2,y_2),\cdots,(x_n,y_n)\}$,其中$x_i = (a_i,b_i)$,对应标签 $y_i = +1$ 或$y_i = -1$。在样本空间中,划分超平面可用方程:$w^{\mathrm{T}}x + b = 0$ 来描述,其中 w 为法向量,b 为位移项,如图 1.4.4 所示。

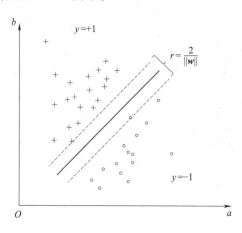

图 1.4.4　支持向量机

假设超平面(w,b)能将样本正确分类,即对于样本$(x_i,y_i) \in D$,若$y_i = +1$,则$w^{\mathrm{T}}x + b > 0$,否则$w^{\mathrm{T}}x + b < 0$。图中距离超平面最近的两个样本点使得等式$w^{\mathrm{T}}x + b = 0$ 成立,称为"支持向量"。两个支持向量到超平面的距离之和称为间隔γ,支持向量机的目标就是找到这个具有最大间隔的超平面(w,b)。

将 SVM 由分类问题推广至回归问题可以得到支持向量回归(Support Vector Regression,SVR)。支持向量回归中,标签 $y = (y_1,y_2,\cdots,y_n)$,$y_i \in \mathbf{R}$ 为连续值,SVR 希望学得一个回归模型$f(x)$,使得$f(x)$与 y 尽可能接近。

(4)朴素贝叶斯

贝叶斯分类算法是统计学的一种分类方法,它是一类利用概率统计知识进行分类的算法。贝叶斯定理为:$P(y|x) = \dfrac{P(x|y)P(y)}{P(x)}$,其中 $x = (x_1,x_2,\cdots,x_n)$ 为 n 个属性值,$P(y)$ 为先验概率,$P(x|y)$ 为条件概率,$P(y|x)$ 为后验概率。贝叶斯分类器利用某样本的先验概率计算出后验概率,即该对象属于某一类的概率,选择具有最大后验概率的类别作为所属类别。

朴素贝叶斯分类器在贝叶斯定理的基础上,基于一个简单的假定:给定目标值时属性之间相互条件独立,即 $P(y|x) = \dfrac{P(x|y)P(y)}{P(x)} = \dfrac{P(y)}{P(x)}\prod P(x_i|y)$。以一篇文章为例,独立性假设是指一个词的出现概率并不依赖于文档中的其他词。

朴素贝叶斯分类器在数据较少的情况下仍然有效,可以处理多类别问题。朴素贝叶斯分类利用贝叶斯概率及贝叶斯准则提供了一种利用已知值来估计未知概率的有效方法,可以通过特征之间的条件独立性假设,降低对数据量的需求。

(5)人工神经网络

人工神经网络(Artificial Neural Networks,ANN)简称神经网络(Neural Networks,NN),它是一种模仿动物神经网络行为特征,进行分布式并行信息处理的数学模型。机器将一组训练集送入网络,根据网络的实际输出与期望输出间的差别来调整网络权重,以达到监督学习效果。为了解决非线性问题,神经网络引入激活函数,多层级联的结构加上激活函数,令多层神经网络可以逼近任意函数,从而可以学习出非常复杂的函数。

神经网络中的多层感知机(Multilayer Perceptron,MLP)可用于分类和回归。在MLP中,分类和回归是一个多次重复计算加权求和的过程,首先计算代表中间过程的隐藏层单元(Hidden Unit),然后对隐藏层单元的输出进行加权求和并得到最终结果。一个简单的多层感知机如图1.4.5所示。

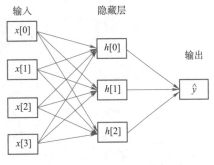

图1.4.5 多层感知机

神经网络常见的应用场景有:基于人工神经网络的宫颈筛查系统被美国食品和药物管理局用于帮助细胞技术人员发现癌细胞;Deere&Co 养老基金、LBS Capital Management、富达国际股票基金等公司都曾采用人工神经网络进行投资组合选择;人工神经网络能够从心电图的输出波预测或确认心肌梗死,能通过分析电极-脑电图模式识别痴呆;制造业中的工业调度及通信业中电信的高效路线问题都应用了人工神经网络。

2. 无监督学习

无监督学习直接从无标签的数据中提取特征,学习特征之间的关系。常用的无监督学习有聚类、关联规则和降维三种。聚类算法的目标是令同一类对象的相似度尽可能大,不同类对象之间的相似度尽可能小。关联规则用于从数据集中分析数据项之间潜在的关联关系。降维用于在保留数据结构和有用性的同时对数据进行压缩。

(1)聚类

聚类将相似的对象归到同一个簇中,几乎可以应用于所有对象,聚类的对象越相似,聚类效果越好。聚类与分类的不同之处在于,分类预先知道所分的类是什么,而聚类则预先不知道目标,但可以通过簇识别(Cluster Identification)来找出这些簇都是什么。一个简单的聚类效果如图1.4.6所示。

聚类算法有四种分类。

第一种基于划分:给定一个有 N 个元组或记录的数据集,分裂法将构造 K 个分组,每一个分组就代表一个聚类,常用的算法为k均值(k-means)。该方法计算量大,很适合发现中小规模数据库中的球状簇。

第二种基于层次:对给定的数据集进行层次分解,直到某种条件满足为止。具体又可分为"自底向上"和"自顶向下"两种方案。常用的算法有 BIRCH 算法、CURE 算法、CHAMELEON 算法。

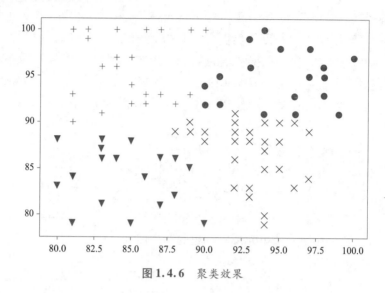

图 1.4.6 聚类效果

第三种基于密度：只要一个区域中点的密度大于某个阈值，就把它加到与之相近的聚类中去。常用的算法有 DBSCAN 算法、OPTICS 算法、DENCLUE 算法。

第四种基于网格：将数据空间划分成为有限个单元的网格结构，所有的处理都以单个的单元为对象。该方法处理速度很快，通常这与目标数据库中记录的个数无关，只与把数据空间分为多少个单元有关。常用的算法有 STING 算法、CLIQUE 算法、WAVE-CLUSTER 算法。

聚类算法自问世以来，已应用于各个领域。在图片处理上，可以用于图片内容相似度分析；在互联网中，可以对文本内容进行相似度分析，得到网页聚类；在商业上，聚类可以帮助市场分析人员从消费者数据库中区分出不同的消费群体，并且概括出每类消费者的消费模式或习惯。

（2）关联规则

关联规则最初是针对购物篮分析（Market Basket Analysis）问题提出的，后用于购物篮分析、分类设计、存货安排、捆绑销售、亏本销售分析等。例如，电子商务网站的交叉推荐销售，淘宝购物时，发现大多数买了该商品的人还买了哪些其他商品；看视频时，发现大多数看了该视频的人还看了哪些其他视频；浏览网页时，发现大多数浏览了该网页的人还浏览了哪些关联网站；听音乐时，个性化音乐推荐；超市里货架摆放设计。

关联规则的核心是基于两阶段频繁集思想的递推算法。该关联规则在分类上属于单维、单层及布尔关联规则，典型的算法是 Apriori 算法。Apriori 算法将发现关联规则的过程分为两个步骤：第一步，通过迭代，检索出事务数据库中的所有频繁项集，即支持度不低于用户设定的阈值的项集；第二步，利用频繁项集构造出满足用户最小信任度的规则。其中，挖掘或识别出所有频繁项集是该算法的核心，占整个计算量的大部分。

（3）降维

降维是特征预处理中数据去噪的一种常用方法,它在保留大部分相关信息的同时将数据压缩到较少维度的子空间上,降低了某些算法对预测性能的要求。降维有利于数据的可视化。例如,为了实现二维、三维散点图或直方图的数据可视化,可以把高维特征数据集投影到低维特征空间。

主成分分析(Principal Component Analysis,PCA)是最常用的线性降维方法。PCA的思想是将高维空间的数据投影到低维空间上,使得数据在低维空间上尽可能分散,从而保持数据的绝大部分信息。从高维到低维的变换采用线性变换,直接采用低维空间的基乘上数据矩阵即可实现线性变换。以二维数据为例,表1.4.1展示了五所房屋的房价和面积数据(已进行标准化)。

表1.4.1 标准化二维数据

房 屋	房价(百万元)	面积(百平方米)
a	5.4	5.4
b	−2.6	−2.6
c	−3.6	−3.6
d	2.4	2.4
e	−1.6	−1.6

将表中数据画在坐标轴上,横、纵轴坐标分别为"房价""面积",可以看出数据点在一条直线上。旋转坐标轴,让横轴与这条直线重合,旋转前后坐标如图1.4.7所示。

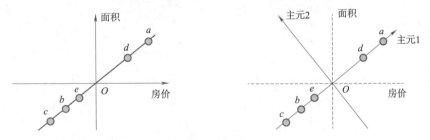

图1.4.7 二维数据坐标轴旋转前后对比图

旋转后的坐标系,横、纵轴坐标不再代表"房价"和"面积",而是两个数据的线性组合,新的坐标轴称为"主元1"和"主元2",由勾股定理可得每个数据的新坐标值。显然,五个数据的"主元2"值都为0,将表中所有房屋换算到新的坐标系上,如表1.4.2所示。

表1.4.2 重建坐标系后的二维数据

房 屋	主元1	主元2
a	7.64	0
b	−3.68	0

续表

房　　屋	主元1	主元2
c	-5.09	0
d	3.39	0
e	-2.26	0

因为"主元2"全都为0,可以视为多余,只需要"主元1",这样就把数据降为1维,而且没有丢失任何信息。这就是PCA的主要思想。对于非线性情况的数据,PCA计算最大化投影点的方差,使所有数据在主元1或者主元2上的投影尽可能分开。

流形学习是一种非线性的无监督降维方法,常用的算法有局部嵌入(Locally Linear Embedding,LLE)、局部切空间排列(Local Tangent Space Alignment,LTSA)、等距映射(Isometric Mapping,Isomap)、多维尺度变换(Multiple Dimensional Scaling,MDS)、拉普拉斯特征映射(Laplace Eigenmaps,LE)、t-分布邻域嵌入算法(t-Distributed Stochastic Neighbor Embedding,t-SNE)等。

以一组三维数据(Original Data)为例,使用多种方法进行降维,并对降维结果进行可视化,如图1.4.8所示。

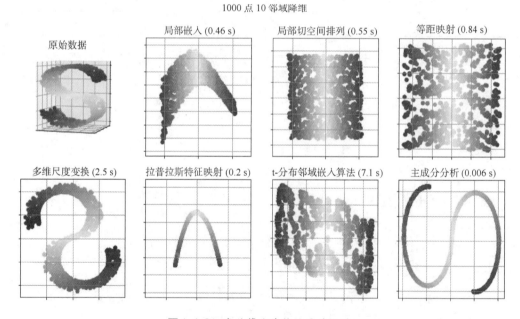

图1.4.8　多种算法降维效果对比图

由图1.4.8可知,主成分分析算法找到了一个最能体现样本之间差异的切面进行三维到二维的映射;多维尺度变换算法等流形学习模型都达到了展开彩带的效果。

3. 半监督学习

半监督学习是监督学习和无监督学习相结合的一种学习方法。半监督学习也可以进行分类、回归、聚类、降维四种任务。

半监督分类在无类标签样例的帮助下训练有类标签的样本,获得比只用有类标签的样本训练得到的分类器性能更优的分类器。

半监督回归在无输出的输入帮助下训练有输出的输入,获得比只用有输出的输入训练得到的回归器性能更好的回归器。

半监督聚类在有类标签的样本信息帮助下获得比只用无类标签的样例得到的结果更好的簇,提高聚类方法的精度。

半监督降维在有类标签的样本信息帮助下找到高维输入数据的低维结构,同时保持原始高维数据和成对约束的结构不变。

4. 强化学习

强化学习强调如何基于环境而行动,以取得最大化的预期利益,即智能体(Agent)如何在环境(Environment)给予的奖励(Reward)或惩罚刺激下,逐步形成对刺激的预期(Action),产生能获得最大利益的习惯性行为,如图1.4.9所示。

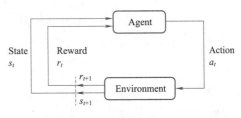

图1.4.9　强化学习流程

图1.4.9是在 t 时刻的 State(状态)下,Agent(智能体)会根据环境给予的 Reward(奖励)调整 Action(行为)的一个反馈系统,最终实现利益最大化。难点在于 Agent 的行为通常会改变环境,而环境又会影响行为策略。

常见的强化学习算法有 Q-Learning、深度 Q 网络(Deep Q-Learning Network,DQN)、SARSA 等。强化学习的应用场景很多,几乎囊括了所有需要做出一系列决策的问题,如通过算法决定机器人的电机做出怎样的动作、设计一个逻辑实现模型玩游戏的功能等。一个典型的强化学习应用是 AlphaGo。

●●●●●● 1.5　深度学习的内容 ●●●●●

传统的机器学习适用于数据集较小、复杂度低的时候,而数据量比较大的时候,深度学习方法更为合适。是一种特殊的机器学习,使得机器学习能够实现众多的应用,并拓展了人工智能的领域范围。

1. 深度学习概述

(1)简介

深度学习是相对于简单学习而言的。传统机器学习中的多数分类、回归等学习算法都属于简单学习或者浅层结构,浅层结构通常只包含1层或2层的非线性特征转换层,典型的浅层结构有支持向量机、感知器、逻辑回归等。而深度学习可通过学习一种深层非线性网络结构,从而模拟更加复杂的函数,但同时也使得待学习的参数激增。

图1.5.1展示了深度学习和传统机器学习在流程上的差异。

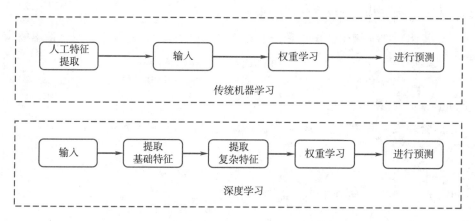

图 1.5.1 深度学习与传统机器学习在流程上的差异

如图 1.5.1 所示,传统机器学习算法需要在样本数据输入模型前经历一个人工特征提取的步骤,之后通过算法更新模型的权重参数,最后使用训练好的模型来预测新的数据。而深度学习算法将样本数据直接输入模型后,模型会从样本中提取基本特征,如图像的像素。之后随着模型的逐步深入,能从这些基本特征中组合出更高层的特征,如线条、简单形状等。这两步可以称为自动特征工程。自动特征工程是深度学习的主要特征。特别是对于图像等非结构化数据来说,自动特征工程很重要,因为人工的特征工程非常缓慢而且耗费劳力,并且对执行工程的人的领域知识有很大依赖性。

TensorFlow 是进行深度学习程序设计的一个框架工具,可用于语音识别或图像识别等众多深度学习领域。其他比较常用的框架还有 Pytorch、Caffe2、Theano、Deeplearning4j 等,这些框架都是开源的。

典型的深度学习模型有多层感知机、生成对抗网络(Generative Adversarial Network,GAN)、卷积神经网络(Convolutional Neural Network,CNN)、循环神经网络(Recurrent Neural Network,RNN)、自动编码器(Autoencoders)等。这些不同的神经网络模型的差异主要在于神经元的激活规则、神经网络模型的拓扑结构及参数的学习算法等。

(2)研究方向

在计算机视觉、自然语言处理和语音识别的研究中主要用深度学习解决问题。深度学习的最终目标是让机器能够像人一样具有分析学习能力,可以识别图像、文字和声音等数据。

①计算机视觉。计算机视觉(Computer Vision,CV)是指用计算机实现人的视觉功能——对客观世界三维场景的感知、识别和理解。计算机视觉不仅需要使机器能感知三维环境中物体的几何信息(形状、位置、姿态、运动等),而且能对它们进行描述、存储、识别与理解。可以认为,计算机视觉与研究人类或动物的视觉是不同的,它借助几

何、物理和学习技术来构筑模型,用统计的方法来处理数据。人工智能的完整闭环包括感知、认知、推理再反馈到感知的过程,其中视觉在人们的感知系统中占据大部分的感知过程,所以研究视觉是研究计算机感知的重要一步。

计算机视觉涉及许多领域自动化图像分析的核心技术。例如,工业机器视觉系统,计算机或机器人检查生产线上的产品有无缺陷。其中最突出的应用领域是医疗计算机视觉和医学图像处理。通常,医学图像数据是显微镜图像、X 射线图像、血管造影图像、超声图像和断层图像,计算机视觉可以从这样的图像数据中提取医疗特征信息,如器官的尺寸、血流量等,可用于患者的医疗诊断,如检测肿瘤、动脉粥样硬化或其他恶性变化等。

②自然语言处理。自然语言处理(Natural Language Processing,NLP)是计算机科学领域和人工智能领域的一个重要方向,它研究的是能实现人与计算机之间用自然语言进行有效通信的各种理论和方法。NLP 的最终目标是使计算机能够像人类一样理解语言。它是虚拟助手、语音识别、情感分析、关键词提取、自动文本摘要、机器翻译等的驱动力。

③语音识别。语音识别(Voice Recognition,VR)就是让机器通过识别和理解把语音信号转变为相应的文本或命令。语音识别技术主要包括特征提取技术、模式匹配准则及模型训练技术三方面。

语音识别的应用领域非常广泛,常见的应用系统有:语音输入系统,相对于键盘输入方法,它更符合人的日常习惯,也更自然、更高效;语音控制系统,即用语音来控制设备的运行,相对于手动控制来说更加快捷、方便,可以用于工业控制、语音拨号系统、智能家电、声控智能玩具等许多领域;智能对话查询系统,根据客户的语音进行操作,为用户提供自然、友好的数据库检索服务,如家庭服务、宾馆服务、旅行社服务系统、订票系统、医疗服务、银行服务、股票查询服务等。

2. 卷积神经网络

卷积神经网络的研究始于 20 世纪 80—90 年代,源于对视觉神经感受野的研究,时间延迟网络和 LeNet-5 是最早出现的卷积神经网络。进入 21 世纪后,随着深度学习理论的提出和数值计算设备的改进,卷积神经网络得到了快速发展,成为一种专门用于处理具有类似网格结构数据的神经网络,并被应用于计算机视觉、自然语言处理等领域。

一个典型的卷积神经网络主要包含以下六部分:输入、卷积层、激活层、池化层、全连接层和输出,如图 1.5.2 所示。

输入 → 卷积层 → 激活层 → 池化层 → …… → 全连接层 → 输出

图 1.5.2 卷积神经网络基本结构

下面以手写字母图片识别为例(见图1.5.3),对每层网络进行详细解释。

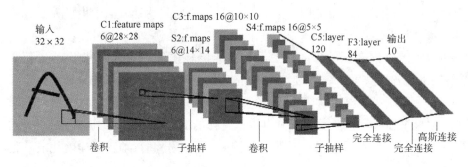

图 1.5.3　卷积神经网络识别手写字母图片

①输入层:输入的是一张手写字母图片。

②卷积层:卷积层使用卷积核加深网络,减少参数的数量,扩大感受野。

③激活层:由于卷积操作是特殊的线性变化,所以,在将卷积层的结果传递到池化层之前,需要经过去线性化处理,即激活。

④池化层:对激活之后的结果进行融合,提取有效特征。池化后矩阵变小,相当于减少神经元的个数,以此降低模型的复杂度,防止出现过拟合。

⑤全连接层:对提取的特征进行非线性组合以得到输出,即全连接层本身不被期望具有特征提取能力,而是试图利用现有的高阶特征完成学习目标。

⑥输出层:输出层的上游通常是全连接层,对于图像分类问题,输出层使用逻辑函数或归一化指数函数(Softmax Function)输出分类标签。

在计算机视觉领域,CNN 在学习数据充足时有稳定的表现。对于一般的大规模图像分类问题,CNN 可用于构建阶层分类器(Hierarchical Classifier),也可以在精细分类识别(Fine-Grained Recognition)中提取图像的判别特征以供其他分类器进行学习。对于后者,特征提取可以人为地将图像的不同部分分别输入 CNN,也可以由 CNN 通过无监督学习自行提取。CNN 还可以应用于物体识别、行为认知、风格迁移等计算机视觉技术中。

CNN 的一些算法在多个自然语言场景中取得成功,如语音处理、语音合成和语言建模等。但 CNN 在自然语言处理领域中的应用少于循环神经网络,且很多问题会采用 CNN + RNN 的组合方式进行解决。

3. 循环神经网络

循环神经网络的研究始于 20 世纪 80—90 年代,并在 21 世纪初发展为深度学习算法之一,是一类专门用于处理和预测序列数据的神经网络,常用于自然语言处理领域,如语音识别、语言建模、机器翻译等。其中双向循环神经网络(Bidirectional RNN,Bi-RNN)和长短期记忆网络(Long Short-Term Memory networks,LSTM)是常见的两种循环神经网络。

具有先后顺序的数据一般称为序列(Sequence),如随时间而变化的商品价格数据就是非常典型的序列。考虑某件商品 A 在 1 月到 6 月之间的价格变化趋势,可以记为一维向量：$(x_1, x_2, x_3, x_4, x_5, x_6)$。如果要表示 n 件商品在 1 月到 6 月之间的价格变化趋势，可以记为二维张量：$((x_1^{(1)}, x_2^{(1)}, \cdots, x_6^{(1)}), (x_1^{(2)}, x_2^{(2)}, \cdots, x_6^{(2)}), \cdots, (x_1^{(n)}, x_2^{(n)}, \cdots, x_6^{(n)}))$，其中 n 表示商品数量。

由于在 CNN 中，信息从网络的输入层到隐藏层再到输出层，网络只存在层与层之间的全连接或部分连接，而每层中的节点之间没有连接，所以信息不会在同层之间流动。而 RNN 为了刻画一个序列当前的输出与之前信息的关系，会在几个时间步内共享相同权重，体现在结构上就是 RNN 的隐藏层之间存在连接，隐藏层的输入来自输入层的数据及上一时刻隐藏层的输出。以单词预测为例，假设模型需要预测单词序列里下一个单词是什么，因为句子中前后单词并不是独立的，所以，一般会用到当前单词以及前面的单词，从而预测下一个单词。

一个典型的 RNN 展开结构如图 1.5.4 所示。

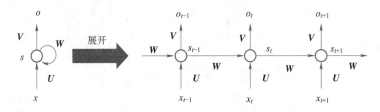

图 1.5.4 RNN 展开结构

从图 1.5.4 可以看到，RNN 在每一个时刻都会有一个输入 x_t，神经元根据 x_t 和上一时刻结果 s_{t-1} 得到输出 o_t。具体数值可以更直观地展示 RNN 的前向传播计算，如图 1.5.5 所示，图中 tanh 为激活函数，用于防止梯度消失。

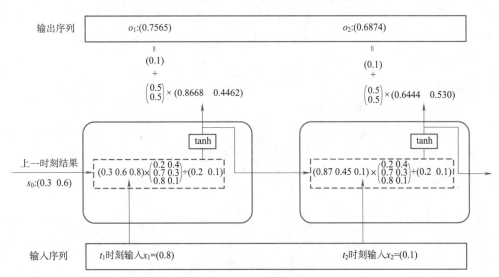

图 1.5.5 循环神经网络中前向传播计算

从 RNN 的执行机制可以看出，它很擅长解决与时间序列相关的问题。对于一个序列数据，可以将这个序列上的数据在不同时刻依次传入 RNN 的输入层，而每个时刻

RNN的输出可以是对序列中下一个时刻的预测,也可以是对当前时刻信息的处理结果。

RNN也可以用于情感分类任务。与图片分类不一样的是,输入数据是文本序列格式,通过分析给出的文本序列,提炼出文本数据表达的整体语义特征,从而预测输入文本的情感类型:积极或者消极。RNN用于情感分类任务的流程如图1.5.6所示。

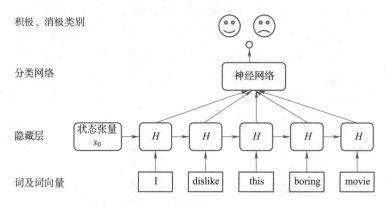

图 1.5.6 RNN 用于情感分类任务的流程

●●●●● 1.6 机器学习的评价指标 ●●●●●●

机器学习最终的目标是找到一个尽可能接近真实情况的模型,并希望该模型具有较好的泛化能力。对机器学习模型的泛化能力进行评估,不仅需要有效可行的实验估计方法,还需要有衡量模型泛化能力的评价指标,也称性能度量。针对监督学习和无监督学习两种学习方法,有不同的评价指标,接下来详细介绍。

1. 监督学习

监督学习主要分为两大类:分类和回归,每种方法都有相应的评价指标。

(1)分类问题的常见评价指标

①混淆矩阵。混淆矩阵是监督学习中的一种可视化工具,主要用于比较分类结果和实例的真实信息。如表1.6.1所示,矩阵中的每一行代表实例的真实类别,每一列代表实例的预测类别。

表 1.6.1 混淆矩阵

	预测为反类	预测为正类
反 类	TN(True Negative)	FP(False Positive)
正 类	FN(False Negative)	TP(True Positive)

TN(True Negative,真负):被模型预测为负的负样本。

FP(False Positive,假正):被模型预测为正的负样本。

FN(False Negative,假负):被模型预测为负的正样本。

TP(True Positive,真正):被模型预测为正的正样本。

②精确率、召回率与 F1 分数。

精确率(Precision)又称查准率,指被预测为正类的样本中有多少是真正的正类。

$$\text{Precision} = \text{TP}/(\text{TP} + \text{FP})$$

召回率(Recall)指正类样本中有多少被预测为正类。

$$\text{Recall} = \text{TP}/(\text{TP} + \text{FN})$$

精确率和召回率是非常重要的度量。如果一个算法的精确率是 0.5,召回率是 0.4;另外一个算法的精确率是 0.02,召回率是 1.0,那么两个算法到底哪个更好呢?

为了解决这个问题,引入 F1 分数(F_1)的概念,它是精确率和召回率的调和值,表达式如下:

$$F_1 = 2PR/(P + R)$$

其中,P 是精确率;R 是召回率。这样就可以用一个数值直接判断哪个算法性能更好。

③ROC 曲线和 AUC 值。在逻辑回归、随机森林、GBDT、XGBoost 等模型中,模型训练完成之后,每个样本都会获得对应的两个概率值,一个是样本为正样本的概率,一个是样本为负样本的概率。把每个样本为正样本的概率取出来,进行排序,然后选定一个阈值,将大于这个阈值的样本判定为正样本,小于阈值的样本判定为负样本,可以得到两个值,一个是真正率,一个是假正率。

真正率即判定为正样本且实际为正样本的样本数/所有的正样本数,假正率即判定为正样本实际为负样本的样本数/所有的负样本数。每选定一个阈值,就能得到一对真正率和假正率,由于判定为正样本的概率值区间为[0,1],那么阈值必然在这个区间内选择,因此,在此区间内不停地选择不同的阈值,重复这个过程,就能得到一系列的真正率和假正率,以这两个序列作为横纵坐标,就可得到 ROC 曲线。ROC 曲线下方的面积,即为 AUC 值。对于 ROC 曲线,理想的曲线要靠近左上角。ROC 曲线和 AUC 值展示如图 1.6.1 所示。

④PR 曲线。PR 曲线是以精确率和召回率为变量做出的曲线,其中召回率为横坐标,精确率为纵坐标,如图 1.6.2 所示。当精确率和召回率的值接近时,F_1 值最大,效果最好。

(2)针对回归问题的模型评价指标

①平均绝对误差(MAE):表示估计值与真值之间绝对误差的平均值。

$$\text{MAE} = \frac{1}{N} \sum_{i=1}^{N} |\hat{y}_i - y_i|$$

其中,y_i和$\hat{y_i}$分别为真实值和预测值。

②均方误差(MSE):表示估计值与真值之差平方的期望值。

$$\text{MSE} = \frac{1}{N} \sum_{i=1}^{N} (\hat{y}_i - y_i)^2$$

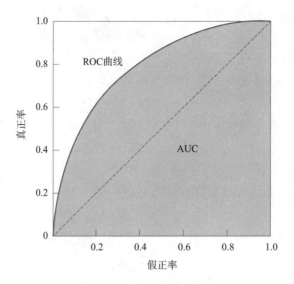

图 1.6.1 ROC 曲线和 AUC 值

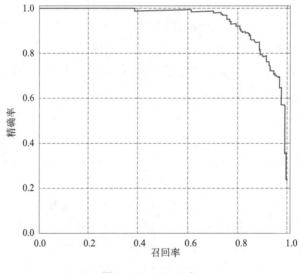

图 1.6.2 PR 曲线

③均方根误差(RMSE):均方误差的算术平方根。

$$RMSE = \sqrt{\frac{1}{N}\sum_{i=1}^{N}(\hat{y}_i - y_i)^2}$$

2. 无监督学习

无监督学习主要分为三大类:聚类、降维、关联规则,其中降维和关联没有通用的指标去衡量模型的好坏。接下来介绍聚类算法的评价指标。

聚类算法采用轮廓系数作为评价指标,该指标结合了内聚度和分离度两种因素,可以用来在相同原始数据的基础上评价不同算法或者算法不同运行方式对聚类结果所产生的影响。轮廓系数由 a、b 两个指标构成,a 表示一个样本与其所在相同聚类的平均聚类，b 表示一个样本与其距离最近的下一个聚类中的点的平均距离，则针对这个样本，其轮廓系数 s 计算公式为：$s = \dfrac{b-a}{\max(a,b)}$，其中 $\max(a,b)$ 表示取 a,b 中较大的值。针对一个数据集，其轮廓系数为其所有样本的轮廓系数的平均值。轮廓系数的值 $s \in [-1,1]$，-1 表示完全错误的聚类，1 表示完美的聚类，0 表示聚类重叠。

习　题　1

1.1　什么是机器学习？

1.2　人工智能、机器学习与深度学习的关系是什么？

1.3　机器学习的三要素是什么？

1.4　机器学习常用在哪些领域？

1.5　常见的机器学习算法分类有哪些？各分类包含哪些算法？

第 2 章

机器学习开发方法

机器学习分为理论部分与开发部分。其中理论部分主要研究模拟人类智能的算法,而开发部分则是将算法用计算机开发成一个模型。这个模型是一种特殊算法程序,它可以模拟实现人类智能活动,从而达到用计算机程序取代人类智能的目的。

有关机器学习理论已在上章中讨论,本章不再赘述。本章仅讨论在机器学习理论中算法的基础上与计算机相结合开发模型的方法,包括机器学习开发架构与机器学习开发步骤两部分内容。

●●●●●● 2.1　机器学习开发架构 ●●●●●●

机器学习的目标是开发一个具有智能功能的特殊算法程序。首先,该系统须有一定开发架构,这种架构由数据、算法与算力三部分按一定结构组织而成。

1. 数据

数据是指对事实、概念的一种表达形式。数据是人工智能应用开发的基础之一,没有数据,机器就无法学习,一切算法都无从谈起。人工智能之所以拥有人的思维和智慧,其核心在于人工智能可以通过海量的数据进行机器学习。

人工智能中的数据与一般计算数据不同,其需要的数据量更大。随着人工智能功能复杂程度的提高,人工智能对数据的需求量也在迅速增加。在相同算法与平台的环境下,获得更多的有效数据,才能得到更正确的结果。

机器学习数据来源于以下三方面,称为源数据。

(1)来自外部客观世界的数据

外部客观世界包括自然界、社会界,如图像、视频、声音、语音、自然语言等。它们通过与计算机的接口设备进入,经处理后以向量、矩阵及多维矩阵形式表示。

(2)来自内部网络世界的数据

内部网络世界包括互联网中的结构化及非结构化数据,如数据库数据、HTML 数据及文本数据等。这些数据需要经过网络爬虫等工具进行选择,并经数据预处理多种方法:数据清理、数据集成、数据变换、数据规约等,最终获得所需数据。它们均以样本形式表示。

（3）人工组织的数据

为便于机器学习,某些专门机构用人工或自动方法所组织的专业数据集。它分两种:一种是固定外部客观世界的对象集,如专业人脸数据集、专业花卉数据集等,它们是原始的对象,未经软件工具处理;另一种是已经处理的专业数据集,以样本结构形式表示,可直接供算法使用,如规范的学生数据集、规范的商品数据集等。

以上三种源数据经选择后,大多都需使用特定软件工具处理,形成固定的数据结构,供不同算法使用。

2. 算法

（1）算法的定义

算法是指解题方案的准确而完整的描述,是一系列解决问题的清晰步骤。算法代表着用系统的方法描述解决问题的策略机制。也就是说,能够对一定规范的输入,在有限步骤与时间内获得所要求的输出。

在数学和计算机科学中,算法是如何解决一类问题的明确规范。算法可以执行计算、数据处理和自动推理任务。计算机中算法有五个要素:可行性、确定性、有穷性、输入、输出。

①可行性:算法中执行的任何计算步骤都是可以被分解为基本的可执行的操作步骤,即每个计算步骤都可以在有限时间内完成。

②确定性:表示算法的每个步骤都有明确定义和严格规定的,不允许出现多义性等模棱两可的解释。

③有穷性:表示算法必须在有限个步骤内执行完毕。

④输入:每个算法必须有 $0 \sim n$ 个数据作为输入。

⑤输出:每个算法必须有 $1 \sim m$ 个数据作为输出,没有输出的算法表示算法"什么都没做"。

在人工智能机器学习研究中,算法是核心。人工智能中的算法比一般计算机算法有着更专业的理解,它的算法是将客观现象提炼成数据,并对数据进行归纳,从而得到知识作为其输出的过程。因此它是一种归纳算法。而其输出的知识往往也是一种算法,它的参数具有相对确定性,因此可以用常值表示。

在人工智能机器学习理论中,算法的形成需经历四个步骤:数学理论、数学公式、算法求解、获取知识。

①数学理论:在机器学习中为研究某类人类智能活动,需建立一种数学理论作为工具,用数学演算方法模拟智能活动。

②数学公式:通过数学理论中的数学表达式及数学推理的方法进行研究。研究的结果是一组数学公式,它是智能的某种模拟。

③算法求解:数学公式的解是智能活动结果,其求解过程则是智能活动过程,称为求解算法,简称算法。亦即是说,对数学公式通过算法可获得解。

④获取知识:数学公式的解是一种知识,称为模型,模型往往也是一种算法。

通过上述四个步骤获得算法,是人工智能机器学习的理论研究部分,而这种算法是以抽象形式表示,无法在计算机上操作运行。

（2）算法程序

为了使抽象形式表示的算法能在计算机上运行,必须使算法程序化。当前有很多方法。常用的是使用多种开源软件包,通过一个通用程序经调用将其组合成一个算法程序。如通过 Python 程序调用开源软件包 NumPy、Pandas、Scikit-learn、TensorFlow、PyTorch、Keras 等,可以组成一个算法程序。

在本书中讨论的是机器学习开发,它的算法部分主要是指算法程序的编程方法。

3. 算力

算力为算法运行及数据规范化提供基础。在机器学习中,需有极高运行速度及极大存储容量的算力要求。它包括:

①高端服务器,如超级计算机、大型服务器等。

②服务器集群、云计算等结构形式。

③并行计算方式。

④分布式计算方式。

4. 架构

机器学习开发架构（见图 2.1.1）的数据、算法与算力三部分之间以算法为核心,有以下结构关系。

①算法与数据:用数据训练算法、检验算法以获得模型。

②算法与算力:以算力为支撑运行算法。

③数据与算力:以算力为支撑获得数据。

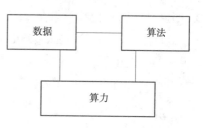

图 2.1.1 机器学习开发架构

2.2 机器学习开发步骤

机器学习开发有两个步骤,分别是建设平台与开发模型,如图 2.2.1 所示。

图 2.2.1 机器学习开发的步骤

1. 建设平台

平台是机器学习开发的基础,它提供模型开发所需的基础资源。具体而言,平台即是算力资源、算法资源及数据资源。

①算力资源。算力资源又称硬件资源,它组成了硬件平台。硬件平台包括服务器、云平台、接口设备等多种设备。

②算法资源。算法资源组成了算法平台。算法平台由编写算法程序的工具包及相关程序设计语言系统所组成。

③数据资源。数据资源组成了数据平台。数据平台由数据源到规范数据的转化过程中所需的工具、接口所组成。

为使读者了解平台的内容，下面以飞灵机器学习平台为例对一个具体的建设平台进行介绍。

飞灵机器学习平台是由南京飞灵智能科技有限公司开发的机器学习平台，其内容包括提供算力资源、算法资源及数据资源等全部资源。

（1）算力资源

算力资源包括公有云（阿里云、亚马逊云）及私有云等多种资源。

（2）算法资源

为方便用户快速进行人工智能的相关开发，以 Python 为主语言，提供了包含丰富算子的底层软件包，如 NumPy、Pandas、Scipy 等，机器学习工具库 Scikit-learn，深度学习工具库 TensorFlow、PyTorch、Keras 等，开箱即用。

下面详细介绍几个常用的机器学习算法软件包。

①NumPy。NumPy（Numerical Python，数值计算）是 Python 的一个扩展程序库，支持大量的维度数组与矩阵运算，也针对数组运算提供大量的数学函数库。NumPy 通常与 SciPy（Scientific Python，科学计算库）和 Matplotlib（绘图库）一起使用，主要算法有数据归一化、数据标准化、数据拼接等。

②Pandas。Pandas（Python Data Analysis Library）是 Python 的一个数据分析包，该工具为解决数据分析任务而创建，已在学术和商业领域中广泛应用，包括金融、神经科学、经济学、统计学、广告、Web 分析等。Pandas 纳入大量库和标准数据模型，提供高效的操作数据集所需的工具，主要算法有数据切片、数据分组与聚合、数据抽样等。

③Scikit-learn。Scikit-learn（也称 sklearn）是针对 Python 的机器学习开源工具库。它基于 NumPy 和 SciPy 等数值计算库，提供高效的机器学习算法实现，主要包括线性回归算法、逻辑回归算法、决策树算法等监督学习算法和包括 k-means 聚类、DBSCAN 聚类、PCA 降维在内的无监督学习算法，以及包含 XGBoost 算法、LightGBM 算法、AdaBoost 算法在内的集成算法。

④TensorFlow。TensorFlow 是谷歌的一个开源计算框架，该框架可以很好地实现各种深度学习算法。TensorFlow 采用数据流图操作，支持所有流行语言，如 Python、C++、Java、R 和 Go，可以在多种平台上工作，甚至是移动平台和分布式平台。Python 中的 TensorFlow 库提供了大量的辅助函数来简化构建图的工作，并集成和实现了各种机器学习基础的算法，如 VGG、Inception v1 ResNet、DenseNet 等。

⑤PyTorch。Torch 是一个经典的对多维矩阵数据进行张量操作的库，在机器学习和其他数学密集型方向有着广泛应用。PyTorch 是 Torch 的 Python 版本，是由 Facebook 开源的神经网络框架，专门针对 GPU 加速的深度神经网络编程。PyTorch 的计算图是动态的，可以根据计算需要实时改变计算图。作为经典机器学习库 Torch 的端口，

PyTorch 提供了 Adagrad、RmsProp、Momentum、Adam 等优化算法。

⑥Keras。Keras 是一个用 Python 编写的高级神经网络 API，它能够以 TensorFlow、CNTK、Theano 作为后端运行。Keras 的开发重点是支持快速的实验。TensorFlow 2.0 将 Keras 作为唯一高层接口，提供了 layers、activations、optimizers 等模块用于神经网络的搭建。

这些机器学习工具库包括各种常见算法并提供实操代码。具体详情如表 2.2.1 和表 2.2.2 所示。

表 2.2.1　各种常见算法（1）

分　类		
基础数据处理	机器学习	时间序列分析
数据切片	线性回归	季节性分解
数据分组与聚合	岭回归	ARIMA
描述性统计分析	Lasso 回归	ARCH
数据抽样	k-means 聚类	GARCH
数据拼接	DBSCAN	EMA
交叉验证	贝叶斯分类器	FFT
数据归一化	KNN	Kalman 滤波
数据标准化	决策树	小波分析
PCA	支持向量机	
拉格朗日插值	Gradient Tree Boosting	
线性插值	XGBoost	

表 2.2.2　各种常见算法（2）

分　类		
深度学习	图像处理	基础自然语言处理
VGG	灰度直方图	中文分词
Inception v1	几何变换	英文分词
Inception v2	形态学变换	词性标注
Inception v3	阈值方法	n-gram
Inception v4	高斯滤波	Skip-Gram
Inceptionresnet v1&v2	边缘检测	CBOW
ResNet	角点检测_harris 算法	Word2Vec

续表

分 类		
深度学习	图像处理	基础自然语言处理
DenseNet	角点检测_fast 算法	句法分析
ResNext	角点检测_Shi-Tomasi 算法	关键词提取
Xception	GLCM 灰度共生矩阵	TF-IDF
Basic-RNN	高斯金字塔	LDA
LSTM	拉普拉斯金字塔	HMM
GRU	Feature Matching	CRF
Bi-LSTM	Sift 算法_特征检测与匹配	TextRank
ELMo	Surf 算法_特征检测与匹配	自动摘要
BERT	RANSAC	文本分类
	Snake 算法	情感分类
	Selective search	
	Image stitching	
	光流场算法	

（3）数据资源

数据资源采用人工组织的数据。该平台提供了各行业的数据集,包括金融、交通、商业、推荐系统、医疗健康等,用户可直接基于此进行机器学习的开发,省去数据的搜寻、整理与清洗等工作,方便、快捷、高效,具体详情如表2.2.3～表2.2.12所示。

表 2.2.3　金融

分 类	简 介
美国股票新闻数据	从 Reddit WorldNews Channel 网站上抓取的新闻数据(2008.6.8 到 2016.7.1)和对应时间的道琼斯工业指数(DJIA)股票指数数据
美国医疗保险市场数据	针对全美个人和小企业医疗健康与牙医保险的市场数据,涵盖保险范围、种类、费率、保险计划内容、网络、商业条款、收益与支出等,由美国健康与国民服务部发布
信用卡欺诈数据	欧洲的信用卡持卡人在 2013 年 9 月 2 天时间里的 284 807 笔交易数据,其中有 492 笔交易是欺诈交易,占比 0.172%。数据采用 PCA 变换映射为 V1～V28 数值型属性,只有交易时间和金额这两个变量没有经过 PCA 变换。输出变量为二值变量,1 为正常,0 为欺诈交易

分 类	简 介
贷款违约预测竞赛数据	贷款违约预测竞赛数据,是个人的金融交易数据,已经通过了标准化、匿名处理。包括 200 000 个样本的 800 个属性变量,每个样本之间互相独立。每个样本被标注为违约或未违约,如果是违约则同时标注损失,损失在 0 ~ 100 之间,意味着贷款的损失率。未违约的损失率为 0,通过样本的属性变量值对个人贷款的违约损失进行预测建模。数据来自英国帝国理工学院
房屋租赁信息查询次数预测竞赛	根据房屋租赁信息创建的日期和其他相关特征,预测该租赁信息预计被查询点击的次数,进而提供欺诈控制和信息质量监测,使房屋业主和代理人更好地理解租户的需求和偏好
Lending Club 信贷违约数据	Lending Club 信用贷款违约数据是美国网络贷款平台 LendingClub 在 2007—2015 年间的信用贷款情况数据,主要包括贷款状态和还款信息。附加属性包括信用评分、地址、邮编、所在州等,累计 75 个属性(列),890 000 笔贷款(行)。数据字典在另外一个单独的文件中

表 2.2.4 交通

分 类	简 介
纽约 Uber 接客数据	数据包含 Uber 在美国纽约市的乘车记录,分为两段:2014 年 4 月到 9 月之间,约 450 万项;2015 年 1 月到 6 月间,约 1 430 万项。另外包括 10 家租车公司行级别的数据,以及 329 家租车公司汇总级的数据
德国交通标识识别数据	German Traffic Sign Recognition Benchmark(GTSRB)是一个德国交通标志检测数据,通过模式识别技术辅助驾驶员进行交通标识识别。包括以下几个方面:①单图像检测;②900 个图像(分为 600 个训练图像和 300 个评估图像);③划分为适合不同性质的各种检测方法的性质的三个类别;④一个可以立即分析并能排序提交结果的在线评估系统
交通信号识别视频数据	Traffic Lights Recognition(TLR)是一个交通信号灯识别的视频数据,是在真实道路上采集的交通信号灯视频,分辨率为 640 × 480 像素,由法国一所大学提供
Capital 共享单车骑行数据	Capital 共享单车骑行数据,包括使用次数、骑行时间、骑行时长、起点和终点经纬度坐标等属性
花旗银行共享单车骑行数据	花旗银行共享单车骑行数据,包括使用次数、骑行时间、骑行时长、起点和终点经纬度坐标等属性
芝加哥出租车行驶记录	芝加哥市 2013 年至今的出租车载客行驶记录,包括出租车 ID、行程开始时间、行程结束时间、行程里程数、上下车乘客数、上下车社区区域

表 2.2.5 商业

分 类	简 介
Amazon 食品评论数据	截至 2012 年 10 月在亚马逊网站上 568 454 条食品评论数据,包括用户、评论内容、评论食品、食品评分等数据,数据来自 Kaggle.com

分　类	简　　介
Amazon 无锁手机用户评论数据	一个商品评论数据,抓取了40万条亚马逊网站上无锁移动手机的价格、用户评分、评论等数据
Kaggle 各项竞赛情况数据	包括竞赛名称、内容、奖励、形式、行业、参赛队伍、参赛者等相关信息,对数据竞赛举办和进行过程中发生的变化具有很好的指导意义
Bosch 流水线降低次品率数据	数据来自产品在 Bosch 真实生产线上制造过程中的设备记录,体现了每件产品在生产过程中的相关参数和设备运转情况,希望以此来降低次品产品的产生和下线
在线广告实时竞价数据	是一个在线广告实时竞价数据,优异预测广告客户在特定时间段是否会为网页上的广告位出价。变量包括浏览器、操作系统、用户当前在线时长
Grupo Bimbo 面包店库存和销量预测竞赛	Grupo Bimbo 是一家大型面包连锁店,通过各家分店的历史销售和库存数据,预测未来的 100 多种面包的库存和销量,进而对商品质量和存货量进行优化

表 2.2.6　推荐系统

分　类	简　　介
Netflix 电影评价数据	该数据集中包含随机挑选的 48 万位 Netflix 客户对1.7 万部电影的超过 1 百万条评价,数据时间段为 1998 年 10 月—2005 年 11 月。评价以 5 分制评分为基准,每部电影评价为 1～5 分,客户信息进行了脱敏处理
MovieLens 20m 电影推荐数据集	MovieLens 20m 电影推荐数据集包含 138 493 位用户对 27 278 部电影的 20 000 263 项评分(1～5 分),电影标签数为 465 564 个,数据采集自网站 movielens. umn. edu,时间段为 1995 年 1 月—2015 年 3 月
Retailrocket 商品评论和推荐数据	Retailrocket recommender system dataset 是一个真实电子商务网站用户的行为数据,包括 4～5 个月内网站访问者的行为数据,行为分为三类:点击、加入购物车、交易。总计由 1 407 580 位访问者的 2 756 101 个行为事件,其中浏览行为 2 664 312 个,添加到购物车行为 69 332 个,交易行为 22 457 个
1 万本畅销书的 6 百万读者评分数据	包括 1 万本畅销书的 6 百万读者评分数据,每个评分 1～5 分不等
Book Crossing 推荐系统数据	Book Crossing 是一个书籍推荐系统数据,用以向用户推荐偏好的书籍
Jester 推荐系统数据	Jester 推荐系统数据是从 Jester Online Joke Recommender System 抓取的匿名用户对 Joke 的评分数据

表 2.2.7　医疗健康

分　类	简　介
食品营养成分数据	包括 10 万多种食品的营养物质、有效成分、过敏原等,由全世界 150 多个国家和地区的志愿者协作贡献生成
癌症 CT 影像数据	是一个癌症 CT 图像数据,包括 69 位不同患者 475 个病例中等规模的 CT 影像和患者年龄。该数据是 TCGA-LUAD 肺癌 CT 影像数据库的一部分
软组织肉瘤 CT 图像数据	是由手术病理确认的软组织肉瘤的医学 PET-CT 图像,从 2004 年 11 月到 2011 年 11 月,有 19 例病例发现了肺部转移
医疗 CT 影像、年龄和对比标注数据	从 69 位患者的 475 个系列中提取出的医疗 CT 切片影像,以及相对应的患者年龄、形态和比对标签信息
FIRE 视网膜图像数据	是一个视网膜眼底图像数据集,包含 129 张眼底视网膜图像,由不同特征组合成 134 对图像组合。这些图像组合根据特质被划分为三类。眼底图像由 Nidek AFC-210 眼底照相机采集,分辨率为 2 912 × 2 912 像素,视觉仰角为 40°
遗传突变分类竞赛	遗传突变是癌症肿瘤的原因之一,临床病理学家一般是基于临床诊断和病例文本来手工标注和审查突变的性质。该竞赛需要根据以往肿瘤专家提供的人工突变标注,对遗传突变种类进行自动分类

表 2.2.8　图像数据

分　类	简　介
微软 COCO 图像数据集	是一个由微软维护的图像数据集,可进行对象识别、图像分割和图片中字幕识别等机器视觉任务的数据集,包括超过 30 万幅图像、超过 200 万个实例、80 多类对象等
Imagenet 小尺寸图像数据集	从 ImageNet 图像集中随机生成的小尺寸图像数据集,包括 32 × 32 像素和 64 × 64 像素两个尺度
CBCL StreetScenes Challenge 场景数据	是一组用来进行物体检测的数据集,包括图片和相应的物体标注。每组图片是在马萨诸塞州波士顿市使用 DSC-F717 相机拍摄,之后对图片中的九类物体进行手工标注。九类物体包括汽车、行人、自行车、建筑物、树木、天空、道路、人行道、店铺,每类物体使用相同的方式进行标注
MIT Places2 图像数据	是一个场景图像数据集,包含 1 千万张图片、400 多个不同类型的场景环境,可用于以场景和环境为应用内容的视觉认知任务,由麻省理工学院(MIT)维护
Biwi Kinect Head Pose 头部姿势数据	是一个人头部姿势图像数据集,包含 15 000 多张 20 个不同人头部姿势的图像
3D MNIST 数字识别数据	用以识别三维空间中的数字字符

表 2.2.9　视频数据

分　类	简　介
UCF YouTube 人类动作视频数据	是一个人类动作视频数据集,包括11 个动作类:篮球投篮、骑自行车、潜水、高尔夫挥杆、骑马、足球杂耍、挥杆、网球挥杆、蹦床上跳来跳去、排球扣球和狗散步。内容更加接近与现实世界的视频识别条件:摄像机抖动、物体的外观和姿势、对象规模尺度、复杂的背景场景、照明条件等。视频被分为 25 组,其中有超过四个动作片段。同一组中的视频片段具有相同的特征,如相同的演员、相似的背景、相似的视角等
UCF iPhone 运动中传感器数据	是一个 iPhone 的惯性测量单元在有氧运动状态下(如骑自行车、爬楼梯、下楼梯、跑步、站立等)的数据,包括 iPhone 手机上 3D 加速传感器、陀螺仪、磁力感应的感应值。每条记录由 60 Hz 频率采集,剔除开始和结束时间,最终为 500 个样本。iPhone 始终被夹在右臂的皮带上
SBUKinect Interaction 肢体动作视频数据	是一个人类肢体动作识别视频数据,用以识别人的肢体动作
ALOV++ 物体追踪视频数据	是一个物体追踪视频数据,旨在对不同的光线、通透度、背景杂乱程度、焦距下的相似物体的追踪。视频主要来自 Youtube 网站上的视频,平均长度为9.2 s,最长的为35 s
INRIA 行人视频数据	是一个包含行人的视频数据,可用以进行行人检测和识别等机器视觉任务
TudBrussels 行人视频数据	TudBrussels Pedestrian dataset 是一个包含行人的视频数据,可用以进行行人检测和识别等机器视觉任务

表 2.2.10　音频数据

分　类	简　介
Sinhala TTS 语音识别数据	是一个高质量僧伽罗语语音识别数据,由谷歌工作人员在斯里兰卡收集
TIMIT 语音识别数据	是一个英语语音识别数据,包括 630 人 8 个不同地区的美国方言录制的音频信息
LibriSpeech ASR corpus 语音数据	是一个语音数据,包括 1 000 h 的英文发音和对应文字
THUYG-20 维吾尔语语音数据	THUYG-20 是一个开放的维吾尔语语音数据库,由清华大学和新疆大学共同创建

表 2.2.11　自然语言处理

分　类	简　介
LETOR 信息检索数据	是一个网页搜索排序数据集,包括搜索关键词和搜索结果数据,可用以评价文档排序算法的效果

续表

分　类	简　介
WikiText 英语词库数据	WikiText 英语词库数据（The WikiText Long Term Dependency Language Modeling Dataset）是一个包含 1 亿个词汇的英文词库数据，这些词汇是从 Wikipedia 的优质文章和标杆文章中提取得到的，包括 WikiText-2 和 WikiText-103 两个版本。每个词汇还同时保留产生该词汇的原始文章，这尤其适合当需要长时依赖自然语言建模的场景
英语语言模型单词预测竞赛数据	为自然语言建模任务，是一个 Kaggle 竞赛，来自 Billion word 数据集。将英文语料中的每个句子中的一个单词剔除，通过所构建的语言模型对该缺失的单词进行预测
美国假新闻数据	该数据是一个假新闻标记数据，包括从 244 个网站上利用 Chrome 的 BS Detector 扩展工具识别出的假新闻数据
TED 平行语料库	是多语言平行语料库，包括多语言并行语料库和单语语料库。包括 12 种语言超过 1.2 亿个对齐句子并进行了句子对齐。所有的预处理都是自动完成的
中文经典典籍语料	包括古诗词、古代名著、小说等语料

表 2.2.12　社会数据

分　类	简　介
波士顿 Airbnb 公开数据	是共享民宿网站 Airbnb 的开放数据，包括在波士顿地区的民宿列表、不同时间的价格、用户评分及评论等
世界各国经济发展数据	是一个由世界银行发布的全球 100 多个国家和地区的 1 000 多个经济指标，以反映各国家和地区的经济发展情况，时间跨度为 1960—2015 年
全世界鲨鱼袭击人类数据	该数据为鲨鱼袭击人类统计数据，属性包括病例数、日期、袭击类型、国家、地区、位置、活动、名称、性别、年龄、损伤、是否致命、时间、鲨鱼种类、调查员或来源
2016 年美国总统大选中的宣传海报数据	数据包含 30 000 多个经过视觉字符识别的候选人选举海报，记录了发布时间、链接、标题、作者、网络、点赞数等
欧洲足球运动员赛事表现数据	数据包括欧洲 2008—2016 赛季中的 25 000 多场比赛，10 000 多个运动员，11 个欧洲国家的联赛，运动员和球队的属性，赌博赔率，比赛详情等
IMDB 五千部电影数据	数据包括 IMDB 网站上抓取的 5 043 部电影 28 个属性信息，4 906 张海报，电影时间跨度超过 100 年和 66 个国家和地区，包括 2 399 位导演和数千位演员。属性包括电影名称、评论数、评分、导演、上映时间、上映国家和地区、主要演员、语言、IMDB 评分等

2. 开发模型

开发模型是机器学习的核心，在本章中主要使用平台提供的数据、算法、算力做算法编程并最终获得模型。它的开发步骤是：

（1）数据生成

选择源数据，然后使用平台提供的数据生成工具将源数据转换成算法中所需的规范结构数据。在这里的数据应是海量数据，它包括训练数据与测试数据。通常按照7∶3或8∶2来划分训练集与测试集。

（2）模型开发

①选择抽象算法。算法的选择是模型开发的核心。在机器学习中，算法分为有监督学习、无监督学习、半监督学习、强化学习四种，每一种均有很多算法，需要根据业务目标选择适合的算法。

②用平台工具编写算法程序。根据所选择的算法，使用平台工具编写算法程序。例如，用 TensorFlow 编写深度学习算法程序。

③选择参数与结构。在编写算法程序同时需选择参数与结构。算法参数也称"超参数"，通常由人工设定多个参数候选值后产生初始模型。参数配置不同，学得模型的性能往往有显著差别。常见的超参数有决策树的选择特征标准 Criterion、神经网络的学习速率（Learning Rate）、支持向量机算法的正则化参数 C、核函数 gamma、k-means 算法中的聚类数 n_clusters 等。

此外，还需由人工设定某些算法的结构，如人工神经网络中的隐藏层的层数及每层的神经元个数等。

④连接数据与算法程序，组成一个计算单位。通过通用语言程序如 Python 将数据作为算法程序的输入，组成一个计算单位。

⑤训练与测试数据。接着用训练数据可启动运行这个计算单位，在运行中不断调整参数使其逐步趋于稳定，达到损失值最小化。模型训练过程如图 2.2.2 所示。

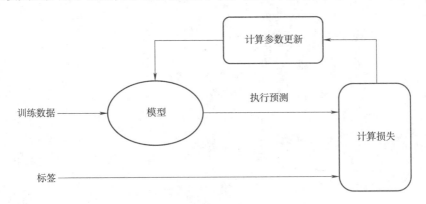

图 2.2.2　模型训练过程

- 特征：将训练数据作为输入，然后返回一个预测作为输出。
- 计算损失：通过损失函数，计算该次参数下的损失值。
- 计算参数更新：检测损失函数的值，并更新参数，以降低损失为最小。

在模型训练完成之后，通过测试集对模型进行评估，利用真实数据和预测数据进行对比判定模型的好坏。模型评估之后，要整理出四类文件，确保模型能够正确运行，四类文件分别为：Model 文件、Label 编码文件、元数据文件(算法、参数和结果)、变量文件(自变量名称列表、因变量名称列表)。通过封装服务接口，实现对模型的调用，以便返回预测结果。

⑥算法与模型的关系。模型是通过训练数据在算法上运行后所得到的结果。模型是一个参数相对稳定的特殊算法程序。它表示所获得的新知识，是机器学习中所具有创新知识产权的核心。

至此，模型的开发步骤结束。

当前著名的模型有人脸识别模型、抖音推荐算法模型等。

最后顺便说明一下，模型是一种知识，它本身具有应用价值，但并未直接产生应用作用，为达到此目的，必须设计与开发一个计算机应用系统，该系统中必须加入以模型为内核。这种计算机应用系统称为智能计算机应用系统。其设计、开发方法与传统计算机应用系统类似。如以人脸识别模型为内核的民航登机安全识别系统，如以抖音推荐算法模型为内核的美国 TikTok 视频软件系统等。

习 题 2

2.1　简述机器学习理论部分与开发部分的不同之处。

2.2　简述机器学习开发架构三个部分的内容。

2.3　简述机器学习开发的两个步骤。

2.4　什么是算法、算法程序及模型？简述它们间的异同。

2.5　简述模型的应用，并通过实例说明。

第3章

Python 基础及机器学习软件包

Python 是一种常用的人工智能语言,使用 Python 编写机器学习程序具备以下几点优势:

①方便调试的解释性语言:Python 是一门解释型的编程语言,源代码通过编码器转换为独特的字节码,这个过程不需要保持全部代码一次性通过编译;Python 解释器逐行进行处理,调试过程方便,所以适用于机器学习。

②跨平台执行作业:Python 支持的平台多,包括 Windows/Linux/UNIX/macOS,只要一个平台安装有用于运行这些字节码的虚拟器,那么 Python 就可以进行跨平台作业,所以,Python 作为编码媒介是一种非常不错的选择。

③广泛的应用编程接口:Python 除了被用于编程开发第三方库之外,业内还有许多著名的公司都在应用,这些平台同时也面向互联网用户提供机器学习的 Python 编程接口。很多时候无须自己撰写,通过 Python 语言并且遵照 API 编写协议即可。

④丰富的开源工具包:使用 Python 构建功能强大的机器学习系统时,如果没有特殊开发需求,一般情况下是不需要从零开始编写代码的。

本章通过代码详细介绍 Python 的使用方法,以及 NumPy、Pandas、Matplotlib 三个软件包的基础知识。本书中默认使用的 Python 版本为 3.6。

●●●●●● 3.1   Python 简介 ●●●●●

Python 是一种广泛使用的高级编程语言,简单易读,众多开源的科学计算库都提供了 Python 的调用接口。Python 具备强大的科学及工程计算能力,它不但具有以矩阵计算为基础的强大数学计算能力和分析功能,而且具有丰富的可视化图形表现功能和方便的程序设计能力,可应用于科学计算和统计、人工智能、教育、游戏开发、桌面界面开发、软件开发等领域。

1. 标识符

标识符是编程语言中允许作为名字的有效字符串集合。在 Python 里,标识符区分大小写,所有标识符可以包括英文、数字及下画线(_),但不能以数字开头。

2. 关键字

Python 有一些具有特殊功能的标识符,称关键字。也称保留字,因为 Python 已经使用了这些标识符,所以不允许开发者定义与关键字相同的标识符。Python 的标准库提供了一个 keyword 模块,可以输出当前版本的所有关键字,如'False'、'None'、'True'、'and'、'as'、'assert'、'break'、'class'、'continue'、'def'等。

3. 行与缩进

Python 通常是一行写完一条语句。如果语句很长,也可以使用反斜杠或者括号来实现多行语句,使得代码简洁清晰。

Python 最具特色的操作就是使用缩进来表示代码块,不需要使用大括号。同一代码块的语句必须包含相同的缩进空格数。

●●●●●● 3.2 基本数据类型和运算 ●●●●●●

Python 中的变量不需要声明。每个变量在使用前都必须赋值,变量赋值以后该变量才会被创建。Python 使用等号“ = ”给变量赋值,等号左边为变量名,右边是存储在变量中的对象,Python 允许同时为多个变量赋值。变量没有类型,类型是变量所指的内存中对象的类型。Python 中有两种基本数据类型:数字和字符串。

1. Number(数字)

Python 支持以下四种数字类型:int(整型)、float(浮点型)、bool(布尔值)、complex(复数),常用的数字变量赋值操作代码如下所示:

```
a = 4.0
b = 5
c = True
d = 4 + 5j
print(type(a),type(b),type(c),type(d))
```

输出:

```
<class 'float'> <class 'int'> <class 'bool'> <class 'complex'>
```

Python 支持数字类型之间的转换,使用函数 int(x)可将 x 转换为一个整数,使用 float(x)可将 x 转换为一个浮点数,使用 complex(x,y)可将 x 变为复数的实数部分,将 y 转换为虚数部分,转换操作代码如下所示:

```
a = 4.0
b = 5
print(int(a),float(b),complex(int(a),b))
```

输出:

```
4  5.0  (4 + 5j)
```

2. String(字符串)

字符串是 Python 中最常用的数据类型。

（1）创建字符串

在 Python 中可以使用引号（'或"）来创建字符串，代码如下所示：

```
var1 = 'Machine'
var2 = 'Learning'
print(var1,var2)
```

输出：

```
Machine  Learning
```

（2）字符串运算

Python 可以进行多种字符串运算，如截取、连接、格式化等。

访问子字符串时可以使用方括号来进行截取，截取字符串时，Python 从 0 开始计数并遵循左闭右开原则，即 str[0:2]是不包含第三个字符的，代码如下所示：

```
a = "Machine"
print("a[1]输出结果:",a[1])
print("a[0:2]输出结果:",a[0:2])
```

输出：

```
a[1]输出结果:a
a[0:2]输出结果:Ma
```

Python 中使用加号（＋）连接字符串，使用乘号（＊）重复输出字符串，代码如下所示：

```
a = "Machine"
b = "Learning"
print("a+b 输出结果:",a+b)
print("a* 2 输出结果:",a* 2)
```

输出：

```
a+b 输出结果:MachineLearning
a* 2 输出结果:MachineMachine
```

（3）特殊字符

在 Python 中需要特殊字符时，在字符前使用反斜杠（\）。Python 中常见特殊字符如表3.2.1所示。

表3.2.1　Python 中常见特殊字符

转义字符	描　　述
\'	单引号
\"	双引号
\n	换行
\r	回车

3. 运算

Python 语言支持以下类型的运算符:算术运算符、比较（关系)运算符、赋值运算符、

逻辑运算符、位运算符、成员运算符、身份运算符、运算符优先级。

（1）算术运算符

常用的算术运算符有加、减、乘、除、取模、幂、取整,代码如下所示:

```
a = 25
b = 10
print("a + b 的值为:", a + b)       #加法
print("a - b 的值为:", a - b)       #减法
print("a * b 的值为:", a * b)       #乘法
print("a / b 的值为:", a / b)       #除法
print("a % b 的值为:", a % b)       #取模
print("a // b 的值为:", a // b)      #取整
print("a 的平方为:", a ** 2)         #幂
```

输出:

```
a + b 的值为:35
a - b 的值为:15
a * b 的值为:250
a / b 的值为:2.5
a % b 的值为:5
a // b 的值为:2
a 的平方为:625
```

（2）比较运算符

常用的比较运算符包括等于(==)、不等于(! =)、大于(>)、小于(<)、大于等于(>=)、小于等于(<=),比较运算结果返回布尔值 False 或 True,代码如下所示:

```
a = 15, b = 8
print(a == b, a ! = b, a > b, a < b, a >= b, a <= b)
```

输出:

```
False True True False True False
```

（3）逻辑运算符

Python 中的逻辑运算符有 and、or、not,对应布尔中的与或非,如表 3.2.2 所示。

表 3.2.2　Python 中的逻辑运算符

运算符	逻辑表达式	描　　述
and	a and b	如果 a 为 False,a and b 返回 False,否则返回 b 的计算值
or	a or b	如果 a 是 True,返回 a 的值,否则返回 b 的计算值
not	not a	如果 a 为 True,返回 False;如果 a 为 False,返回 True

下述代码展示了运算符的用法：

```
a = 0
b = 5
c = 1
print('a and b:% d,a or b:% d'% (a and b,a or b))
print('c and b:% d,c or b:% d'% (c and b,c or b))
print('not a:% s,not c:% s'% (not a,not c))
```

输出：

```
a and b:0,a or b:5
c and b:5,c or b:1
not a:True,not c:False
```

（4）位运算符

位运算是把数字作为二进制进行计算，Python中的位运算符包括按位与(&)、按位或(|)、按位异或(^)、按位取反(~)、左移(<<)、右移(>>)等，以下代码展示了简单的位运算：

```
a,b = 9,12
print(bin(9),bin(12))    #转为二进制
print(9&12,bin(8))       #按位与
print(9|12,bin(13))      #按位或
print(9 << 2,bin(36))    #左移两位
```

输出：

```
0b1001  0b1100
8  0b1000
13  0b1101
36  0b100100
```

输出中，0b为二进制标识，位运算结果与二进制相对应。

●●●●● 3.3 容　器 ●●●●●

容器是Python中的一个抽象概念，是对专门用来装其他对象的数据类型的统称。在Python中，有四类最常见的内建容器类型：列表、元组、字典、集合。接下来将详细介绍这四种容器。

1. List（列表）

列表是Python中最基本的数据结构。列表中的每个元素都分配一个位置，称为索引，第一个索引是0，第二个索引是1，依此类推。

（1）创建列表

创建一个列表，只要把逗号分隔的不同的数据项使用方括号括起来即可，代码如下所示：

```
list1 = ['Machine','Learning',1995,2020]
list2 = [1,2,3,4,5]
list3 = ["a","b","c","d"]
print(type(list1),type(list2),type(list3))
```

输出：

```
< class 'list' > < class 'list' > < class 'list' >
```

（2）列表操作

列表可进行的操作包括索引、切片、加、乘、检查成员等，简单操作代码如下所示：

```
list1 = [1,2,3,4,5]
list2 = ["a","b","c","d"]
print('list1 中的第二个元素是:',list1[1])
print('list1 中的前三个元素是:',list1[0:3])
print('列表的加法 list1 + list2:',list1 + list2)
print('列表的乘法 2*list1:',2*list1)
print('数字 2 在列表 2 中吗:',2 in list2)
```

输出：

```
list1 中的第二个元素是:2
list1 中的前三个元素是:[1,2,3]
列表的加法 list1 + list2:[1,2,3,4,5,'a','b','c','d']
列表的乘法 2*list1:[1,2,3,4,5,1,2,3,4,5]
数字 2 在列表 2 中吗:False
```

（3）内置函数操作

Python 中内置函数可对列表进行添加、删减、排序等操作。

①添加元素。Python 中常用的添加元素的函数有以下三种：append( )、extend( )、insert( )。append( )对于列表的操作主要实现的是在特定的列表最后添加一个元素，一次只能添加一个元素，并且只能在列表最后，使用格式为 L. appned(元素 A)；extend( )对于列表的操作主要实现的是对于特定列表的扩展和增长，可以一次添加多个元素，不过也只能添加在列表的最后，使用格式为 L. extend([元素 A,元素 B,...])；insert( )对于列表的操作主要是在列表的特定位置添加想要添加的特定元素，使用格式为 L. insert(元素 A,元素 B)，表示在列表 L 里面的第 A 个元素后加入元素 B。简单操作代码如下所示：

```
list1 = [1,2,3,4,5]
list2 = ['a','b','c']
list3 = [1,2,3,'a','b','c']
list1.append('a')
list2.extend([1,2,3])
list3.insert(1,2020)
print(list1,'\n',list2,'\n',list3)
```

输出：

```
[1,2,3,4,5,'a']
['a','b','c',''d',1,2,3]
[1,2020,2,3,'a','b','c']
```

②删减元素。Python 中常用删减元素的函数有以下两种：L.remove( )、L.pop( )。L.remove( )的作用是移除掉列表中特定元素，使用格式为 L.remove(元素 A)；L.pop( )的作用是返回列表中最后一个元素，并且在此基础上进行删除掉。简单操作代码如下所示：

```
list1 =[1,2,3,4,5]
list2 =["a","b","c","d"]
list1.remove(3)
m = list2.pop()
print('列表 1 删除元素 3 后的剩余元素:',list1)
print('列表 2 删除的最后一个元素是:',m)
print('列表 2 删除最后一个元素后的剩余元素:',list2)
```

输出：

```
列表 1 删除元素 3 后的剩余元素:[1,2,4,5]
列表 2 删除的最后一个元素是:d
列表 2 删除最后一个元素后的剩余元素:['a','b','c']
```

③列表排序。Python 中常用的排序函数有 L.reverse( )、L.sort( )。reverse( )函数将列表进行前后翻转；sort( )函数将列表中的数据进行从小到大排列。简单操作代码如下所示：

```
L =[5,30,1,8,23,100,34]
L.reverse()
print('L 列表翻转:',L)
L.sort()
print('列表从小到大排序:',L)
L.sort(reverse = True)
print('列表从大到小排序:',L)
```

输出：

```
L 列表翻转:[34,100,23,8,1,30,5]
列表从小到大排序:[1,5,8,23,30,34,100]
列表从大到小排序:[100,34,30,23,8,5,1]
```

2. Tuple(元组)

Python 的元组与列表类似，运算操作一致，不同之处在于元组的元素不能修改。列表使用方括号，元组使用小括号，也可以不用括号。

（1）创建元组

Python 中几种创建元组的方式如下所示：

```
tup1 = ('Machine','Learning',1995,2020)
tup2 = (1,)#元组中只包含一个元素时,需在元素后添加逗号,否则括号会被当作运算符使用
```

```
tup3 = "a","b","c","d"
tup4 = ()            #创建空元组
print(type(tup1),type(tup2),type(tup3),type(tup4))
```

输出：

```
<class 'tuple'> <class 'tuple'> <class 'tuple'> <class 'tuple'>
```

（2）元组操作

元组可进行的操作包括索引、切片、加、乘等,简单操作代码如下所示：

```
tup1 = ('Machine','Learning',1995,2020)
tup2 = (1,)
print('元组1的第三个元素是:',tup1[2])
print('元组的加法 tup1 + tup2:',tup1 + tup2)
print('元组的乘法 tup2 * 5:',tup2 * 5)
```

输出：

```
元组1的第三个元素是:1995
元组的加法 tup1 + tup2:('Machine','Learning',1995,2020,1)
元组的乘法 tup2 * 5:(1,1,1,1,1)
```

（3）内置函数操作

Python 中元组没有列表中的增、删、改的操作,可对元组进行操作的内置函数有 $len(T)$、$max(T)$、$min(T)$、$tuple(iterable)$、$T.count$（元素 A）、$T.index$（元素 A）。其中 $tuple(iterable)$ 将可迭代对象转换为元组, $T.count$（元素 A）统计某个元素 A 在元组中出现的次数, $T.index$（元素 A）从元组中找出元素 A 第一个匹配项的索引值。简单操作代码如下所示：

```
tup = (15,10,95,95,20,10,10,20)
list1 = [1,2,3,4,5]
print('元组的长度是:',len(tup))
print('元组中最大和最小的元素分别是:',max(tup),min(tup))
print('进行转换后列表1的类型是:',type(tuple(list1)))
print('元组中元素10的个数是:',tup.count(10))
print('元组中元素20出现的第一个匹配的索引值是:',tup.index(20))
```

输出：

```
元组的长度是:8
元组中最大和最小的元素分别是:95 10
进行转换后列表1的类型是:<class 'tuple'>
元组中元素10的个数是:3
元组中元素20出现的第一个匹配的索引值是:4
```

3. Dict(字典)

字典是一种可变容器模型,可存储任意类型对象。字典的每个键值"key => value"对用冒号":"分割,每个对之间用逗号","分割,整个字典包括在大括号"{}"中,使用键值对应方式查询。

（1）创建字典

Python 有多种方式可以创建字典，代码如下所示：

```
dict0 = {'Alice':2341,'Beth':'2020','Cecil':'3258'}
dict1 = {'abc':456}
dict2 = {'abc':123,98.6:37}
print(type(dict0),type(dict1),type(dict2))
```

输出：

```
< class 'dict' > < class 'dict' > < class 'dict' >
```

字典创建是不允许同一个键出现两次，创建时如果同一个键被赋值两次，后一个值会被记住，代码如下所示：

```
dict = {'Name':'小明','Age':7,'Name':'小红'}
print(dict)
```

输出：

```
{'Name':'小红','Age':7}
```

（2）字典操作

Python 中字典可做访问、修改、删除等操作。

①访问字典。Python 中访问字典时，把相应的键放入方括号中，代码如下所示：

```
dict = {'Name':'Alice','Age':7,'Class':'First'}
print("名字:",dict['Name'])
print("年龄:",dict['Age'])
```

输出：

```
名字:Alice
年龄:7
```

②修改字典。Python 中向字典添加新元素的方法是增加新的键/值对，修改或删除已有键/值对，代码如下所示：

```
dict = {'Name':'Alice','Age':13,'Class':'First'}
dict['Age'] =14          #更新年龄
dict['School'] = "Middle"    #添加学校
print(dict)
```

输出：

```
{'Name':'Alice','Age':14,'Class':'First','School':'Middle'}
```

③删除字典元素。字典可以删除单个元素，也可以清空字典，代码如下所示：

```
dict1 = {'Name':'Alice','Class':'First','Age':14,'School':'Middle'}
dict2 = {'Name':'Amy','Class':'Second','Age':15,'School':'Middle'}
del dict1['Name']        #删除键'Name'
dict2.clear()            #清空字典
print('字典 1:',dict1)
print('字典 2:',dict2)
```

输出:

```
字典1:{'Class':'First','Age':14,'School':'Middle'}
字典2:{}
```

(3)内置函数操作

Python 中内置函数可对字典进行多种操作。接下来简单介绍两个操作。

①计算元素个数。代码如图所示:

```
dict = {'Name':'Alice','Class':'First','Age':14,'School':'Middle'}
print('字典中一共有多少对键值对:',len(dict))
```

输出:

```
字典中一共有多少对键值对:4
```

②fromkeys( )函数。Python 中 fromkeys( )函数用于创建一个新字典,以序列中元素作为字典的键,value 为字典所有键对应的初始值,使用格式为 dict. fromkeys(seq[,value]),其中[ ]表示操作可选,即也可不设置 value,简单操作代码如下所示:

```
seq = ('name','age','sex')
dict = dict.fromkeys(seq,10)
print('新的字典为:',dict)
```

输出:

```
新的字典为:{'name':10,'age':10,'sex':10}
```

4. Set(集合)

集合不同于列表和元组类型,集合存储的元素是无序且不能重复的。

(1)创建集合

Python 中可以使用大括号{ }或者 set( )函数创建集合,代码如下所示:

```
basket = {'apple','orange','apple','pear','orange','banana'}
print(type(basket),basket)
letter = set('abracadabra')
print(type(letter),letter)
```

输出:

```
<class 'set'>   {'apple','pear','banana','orange'}
<class 'set'>   {'b','d','r','a','c'}
```

(2)集合运算

同数学中的集合一样,集合可以执行并、交、差运算。Python 中集合的运算代码如下所示:

```
a = set('abracadabra')
b = set('alacazam')
print('集合a中包含而集合b中不包含的元素:',a-b)
print('集合a或b中包含的所有元素:',a|b)
print('集合a和b中都包含了的元素:',a&b)
print('不同时包含于a和b的元素',a^b)
```

输出：

```
集合a中包含而集合b中不包含的元素:{'b','d','r'}
集合a或b中包含的所有元素:{'b','z','a','c','m','l','r','d'}
集合a和b中都包含了的元素:{'c','a'}
不同时包含于a和b的元素{'b','z','l','r','d','m'}
```

（3）集合的基本操作

Python中有多种集合基本操作，比如添加元素、删除元素，简单操作代码如下所示：

```
a = set('abracadabra')
b = set('alacazam')
a.add('z')
print(a)
b.remove('a')
print(b)
```

输出：

```
{'d','z','r','a','c','b'}
{'l','z','c','m'}
```

5. 可变与不可变容器

以上四种类型容器中，Tuple 是不可变数据，List、Dictionary、Set 是可变数据。可以使用 Python 中的 type( ) 函数查看数据类型，使用 id( ) 查看数据引用的地址。以 Tuple 和 List 为例进行对比，操作代码如下所示：

```
tup = (1,2,3,4)
print('原元组:',type(tup),id(tup))
tup = (5,6,7,8)
print('重新赋值后的元组:',type(tup),id(tup))

y1 =[1,2,3,4,5,6]
print('列表y1:',type(y1),id(y1))
y2 =[1,2,3,4,5,6]
print('列表y2:',type(y2),id(y2))
y2.append(9)
print('列表y2 添加元素后:',type(y2),id(y2))
```

输出：

```
原元组:<class 'tuple'>1459484755112
重新赋值后的元组:<class 'tuple'>1459484297880
列表y1:<class 'list'>1459484719368
列表y2:<class 'list'>1459484777672
列表y2 添加元素后:<class 'list'>1459484777672
```

从以上输出可以看出，重新赋值的元组 tup 被绑定到新的地址，而不是修改了原来的对象，所以元组的不可变是指元组所指向的内存中的内容不可变。

对于可变类型 list，对一个变量进行操作时，其值是可变的，值的变化并不会引起新建对象，即地址是不会变的，只是地址中的内容变化了。

•••••• 3.4　分支和循环 ••••••

1. 分支

分支结构是根据判断条件结果（True 或 False）而选择不同向前路径的运行方式，分支结构使用 if 语句进行判断。其中常见的分支结构是多分支结构和条件判断。

（1）多分支结构

多分支结构需要判断多个条件，根据判断当前条件是否成立来决定是否执行对应语句块，当所有条件都不成立时，执行 else 的语句块。操作代码如下所示：

```python
x = -2
if x > 0:
    print('这个数是正数')
elif x > -10:
    print('这个数是负数且大于 -10')
else:
    print('这个数是负数且小于 -10')
```

输出：

```
这个数是负数且大于 -10
```

（2）条件判断

条件判断是 if 语句中的一部分，它使用条件判断操作符、条件组合关键字进行判断。除了上文用到的大于（>）以外，常用的条件判断操作符包括小于（<）、小于等于（<=）、大于等于（>=）、等于（==）、不等于（!=），常用的条件组合关键字包括与（and）、或（or）、非（not），使用方法与 3.1 节中比较运算符和逻辑运算符方法一致。接下来使用简单多分支判断求分段函数的值，操作代码如下所示：

```python
x = 35
if  x > 1:
    y = 3 * x - 5
elif  x <= 1 and x >= -1:
    y = x + 2
else:
    y = 5 * x + 3
print('f(%.2f) = %.2f' % (x, y))
```

输出：

```
f(35.00) = 100.00
```

2. 循环

Python 中的循环语句有 for 和 while 两种。

（1）for 语句

for 循环语句可以遍历任何序列的项目，它可以从遍历结构中逐一提取元素放到循环变量里。当遍历结构中的所有元素都放入循环变量,并且都已循环执行之后,那么循环程序退出。常用遍历结构有计数循环、字符串遍历循环、列表遍历循环。for 语句一般形式代码如下所示:

```
for i in [123,'abc',456]:
    print(i)
```

输出:

```
123
abc
456
```

(2)while 语句

while 语句不用来遍历某一个结构,而是根据条件判断来进行循环。如果这个条件成立,那么下面的语句块就会被执行,执行之后再次判断条件,如果这个条件再次成立,它就会继续执行下面的语句块,然后再回来判断循环,反复执行语句块,直到条件不满足时结束。操作代码如下所示:

```
count = 0
while count < 3:            #判断条件
    print(count,"小于 3")   #执行语句
    count = count + 1
```

输出:

```
0 小于 3
1 小于 3
2 小于 3
```

(3)跳出循环

Python 中可以使用 else、break 和 continue 三种方法跳出循环,接下来将一一展示。

①else。else 结构不会影响原循环的执行过程,当循环自然死亡(指 for 循环中取值取完,while 中条件语句成为 False)的时候就会执行 else 中的代码段;循环因为遇到 break 而结束的时候,不会执行 else 后面的代码段。简单来讲,else 语句块可以作为"正常"完成循环的一种"奖励"。

在 for 语句中使用 else 结构查找列表中是否有数 456,操作代码如下所示:

```
nums = [123,456,789]
for num in nums:
    if num == 456:
        print("是 456")
    else:
        print("不是 456")
else:
    print("已读取完")
```

输出：

```
不是 456
是 456
不是 456
已读取完
```

②break。break 是 Python 中的一个关键字只能写在循环体中，当循环过程中遇到了 break 整个循环直接结束。使用 break 跳出 for 循环的操作代码如下所示：

```
for c in "PYTHON":
    if c == "T":
        break
    print(c)
else:
    print("正常退出")
```

输出：

```
P
Y
```

③continue。当循环体执行过程中遇到 continue，会结束当次循环，直接进入下次循环的判断；for 循环的判断就是变量取下一个值，while 循环就是直接判断条件语句是否为 True。在 for 循环中使用 continue 的操作代码如下所示：

```
for c in "PYTHON":
    if c == "T":
        continue
    print(c)
else:
    print("正常退出")
```

输出：

```
P
Y
H
O
N
正常退出
```

●●●●● 3.5　函数和类 ●●●●●

1. 函数

Python 中的函数是组织好的，可重复使用的，用来实现单一或相关联功能的代码段。函数能提高应用的模块性和代码的重复利用率。

（1）函数定义

Python 中定义函数的简单规则如下：

①函数代码块以 def 关键词开头,后接函数标识符名称和圆括号(),以冒号":"结尾。

②任何传入参数和自变量必须放在圆括号中间,圆括号之间可以用于定义参数。

③函数的第一行语句可以选择性地使用文档字符串——用于存放函数说明。

④函数内容以冒号起始,并且缩进。

⑤return[表达式]结束函数,不带表达式的 return 相当于返回 None。

以长方形体积公式为例,定义一个函数,给了函数一个名称(vol),指定了函数包含的三个参数(width,length,height)和代码块结构(width * length * height),代码如下所示:

```
def vol(width,length,height):
    return width* length* height
print('vol = ',vol(4,5,6))
```

输出:

```
vol =120
```

(2)匿名函数

Python 可以使用 lambda 来创建匿名函数。所谓匿名,即不再使用 def 语句这样标准的形式定义一个函数,lambda 只是一个表达式。定义函数的简单规则如下:

①lambda 的主体是一个表达式,而不是一个代码块。仅仅能在 lambda 表达式中封装有限的逻辑进去。

②lambda 函数拥有自己的命名空间,且不能访问自己参数列表之外或全局命名空间里的参数。

以乘法和除法公式为例,使用 lambda 来定义两个函数,代码如下所示:

```
mul = lambda arg1,arg2:arg1* arg2
div = lambda arg1,arg2:arg1/arg2
print("相乘后的值为:",mul(40,20))
print("相除后的值为:",div(40,20))
```

输出:

```
相乘后的值为:800
相除后的值为:2.0
```

(3)函数调用

Python 提供了一个办法,可以将定义后的函数和变量存放在文件中,这个文件称为模块,其扩展名是".py"。Python 使用 import 或者 from-import 来导入相应的模块与模块中的函数:

①将整个模块(somemodule)导入,格式为:import somemodule。

②从某个模块中导入某个函数(somefunction),格式为:from somemodule import somefunction,也可以将函数重命名为缩写使用:from matplotlib import pyplot as plt。

③从某个模块中导入多个函数,格式为:from somemodule import firstfunc,secondfunc。

④将某个模块中的全部函数导入,格式为:from somemodule import *。

Python 中有一个为使用模块或者函数提供说明的函数:help(),该函数可以打印输出一个模块或者函数的使用文档。如使用 help( ) 函数显示 math 模块中 asin 函数的使用方法,即返回 x 的反正弦值,操作代码如下所示:

```
from math import asin      #从 math 模块中调用 asin 函数

print(help(asin)))
```

输出:

```
Help on built-in function asin in module math:
asin(...)
    asin(x)

    Return the arc sine(measured in radians)of x.
None
```

(4)变量作用域

一个程序的所有的变量并不是在哪个位置都可以访问的,变量的作用域决定了在哪一部分程序可以访问哪个特定的变量名称。

①定义在函数内部的变量拥有一个局部作用域,称为局部变量。

②定义在函数外的拥有全局作用域,称为全局变量。

局部变量只能在其被声明的函数内部访问,而全局变量可以在整个程序范围内访问。调用函数时,所有在函数内声明的变量名称都将被加入作用域中。展示局部变量与全局变量区别的操作代码如下所示:

```
total =0                #这是一个全局变量

def sum(arg1,arg2):     #返回 2 个参数的和
    total = arg1 + arg2 #total 在这里是局部变量
    print("函数内局部变量的值:",total)
    return total

sum(total,20)           #调用 sum() 函数
print("函数外全局变量的值:",total)
```

输出:

```
函数内局部变量的值: 20
函数外全局变量的值: 0
```

2. 类

类(Class)是用来描述具有相同的属性和方法的对象的集合,它定义了该集合中每个对象所共有的属性和方法。类是抽象的模板,而实例是根据类创建出来的一个个具体的"对象",方法是类中定义的函数,语法格式如下所示:

```
class ClassName:
    <statement-1 >
    ...
    ...
    <statement-N >
```

类对象支持两种操作:实例化和属性引用。

(1)实例化

通俗地理解实例化就是类名后加括号,格式为:类名( )。与一般函数定义不同,类方法必须包含参数 self,且为第一个参数,代码如下所示:

```
class MyClass:
    def f(self):
        return 'hello world'

x = MyClass()      #实例化类
print(x)
```

输出:

```
< __main__.MyClass object at 0x7f0918297048 >
```

这里打印出了类的默认表达格式,包括类名(MyClass)和对象地址(0x7f0918297048)。类中 self 代表实例本身,但在调用时不用传递该参数,它体现了类方法与普通函数的最大区别。但 self 名称不是必需的,在 Python 中 self 不是关键词,可以定义成 a 或 b 或其他名字,比如将上面代码中的 self 替换成 Myself,程序也是正确的。

(2)属性引用

类实例化后,可以使用其属性。实际上,创建一个类之后,可以通过类名访问其属性,类命名空间中所有的命名都是有效属性名。属性引用和 Python 中所有的属性引用使用一样的标准语法:obj. name。代码如下所示:

```
class MyClass:
    i = 12345
    def f(self):
        return 'hello world'
    def g(self,gx,gy):
        self.gx = gx* (gy +1)
        return self.gx

x = MyClass()                          #实例化类

print("MyClass 类的属性 i 为:",x.i)          #访问类的属性
print("MyClass 类的方法 f 输出为:",x.f())     #访问类的方法
print("MyClass 类的方法 g 输出为:",x.g(5,6))
```

输出:

```
MyClass 类的属性 i 为:12345
MyClass 类的方法 f 输出为:hello world
MyClass 类的方法 g 输出为:35
```

上述代码创建了一个新的类实例并将该对象赋给局部变量 x,x 为空的对象,这里属性引用为 x. i,类方法的访问为 x. f( )和 x. g(arg1 ,arg2)。

(3)__init( )__方法

创建类时有一个名为__init__( )的特殊方法,该方法在类实例化时会自动调用。__init__( )方法可以有参数,参数通过__init__( )传递到类的实例化操作上。如下所示

的代码展示了一个简单实例：

```
class MyClass:
    def __init__(self,gx,gy):
        self.gx = gx
        self.gy = gy

    def f(self):
        return self.gx,self.gy

    def g(self):
        self.g = self.gx*(self.gy +1)
        return self.g


x = MyClass(5,6)
print('参数为:',x.f())
print('结果为:',x.g())
```

输出：

```
参数为:(5,6)
结果为:35
```

上述代码 MyClass 在实例化类时传入了参数部分，这就是自动调用的体现。

●●●●●● 3.6 文件操作 ●●●●●●

1. 打开文件

Python 使用内置 open() 函数打开一个文件，在对文件进行处理过程都需要使用到这个函数，如果该文件无法被打开，会抛出错误。open() 函数常用形式是接收两个参数：文件名（file）和模式（mode）。代码如下所示：

```
f = open('filename.txt',mode = 'r')      #在本文件夹下面的一个文件
print(f)
f.close()
```

输出：

```
< _io.TextIOWrapper name = 'filename.txt' mode = 'r' encoding = 'UTF-8 ' >
```

完整的语法格式为：open(file，mode = 'r'，buffering = − 1，encoding = None，errors = None，newline = None，closefd = True，opener = None)。

接下来介绍几个常用参数：

①file 为文件路径，可使用相对路径或绝对路径。

②mode 为文件打开模式，有多种参数可选，如表 3.6.1 所示，默认为只读 r。

③buffering 设置缓冲。

④encoding 为编码格式，一般使用 UTF-8 格式。

⑤newline 为换行符设置，可以是 None、''、\n、\r、\r\n 等。

表 3.6.1　文件模式

模　　式	描述(假设该文件已存在)
r	打开文件只读,不能写
w	打开文件只写,并从开头开始编辑,即原有内容会被删除
x	写模式,新建一个文件,如果文件已经存在就会打开失败
a	打开只写文件,不清空文件,在文件后尾追加的方式写入
b	以二进制的模式打开文件
rb +	以二进制格式打开一个文件用于读写

当文件操作结束时,最好使用 file. close( )操作主动关闭文件。尽管 Python 有垃圾回收(garbage collector)机制,去清理不用的对象,但是最好还是自己关闭文件。Python 还给出一种不需要使用 close( )操作的方法,代码如下所示:

```
with open('filename.txt','r')as f:
    print(f)
```

with 语句称为上下文管理器,使用 with 语句时,关闭文件的操作会被自动执行。

2. 写入文件

下面介绍两种写入文件的方法:write( )和 writelines( )。

(1)write( )

write( )方法可将任何字符串写入一个打开的文件,其中写入的字符串可以是二进制数据,而不是仅仅是文字。如果该文件不存在,则创建新文件进行写入。例如,创建一个新文件"File1. txt",以"w"模式打开,写入四行内容。操作代码如下所示:

```
lines =[ 'line','line1 \n','line2 \n']
with open('File1.txt','w')as f:      #在相对路径下创建文件 File1.txt
    s = ''                           #空字符串
    for data in lines:               #循环方式写入
        s += data
    f.write(s)
    f.write('This is File1!\nHave a good read! \n')      #直接写入
```

上述代码使用了循环方式将列表(lines)中元素连接为字符串,一共写入了四行文字,因为在写入字符串时,结尾加上换行符"\n"的部分,写入的文字将自动换行。将文件打开后内容如图 3.6.1 所示。

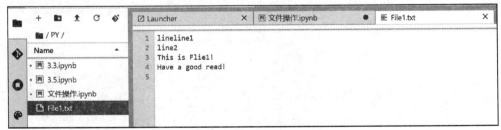

图 3.6.1　文件内容 1

从图 3.6.1 中可以看到,在相对路径下生成的文件与 ipynb 文件在相同目录下。

(2) writelines( )

writelines( )的参数是一组可迭代的字符串,比如列表。下述代码创建一个新文件 File2. txt,以 w 模式打开,使用 writelines( )方法写入参数,代码如下所示:

```
lines =['line','line1 \n','line2 \n']
with open('File2.txt','w')as f:
    f.writelines(lines)
    f.writelines('This is Flie2! \nHave a good read! \n')
```

上述代码使用 writelines( )方法直接写入了两种参数:列表(lines)和字符串"This is Flie2! \nHave a good read! \n",将文件打开后内容如图 3.6.2 所示。

图 3.6.2　文件内容 2

write( )与 writelines( )的区别在于:write( )中的参数格式必须为字符串(str),writelines( )中的参数可以为字符串,也可以为列表(list)。以下代码打印了两种方式中写入参数的类型:

```
lines =['line','line1 \n','line2 \n']
sentence = 'This is Flie! \nHave a good read! \n'
s = ''
for data in lines:          #循环方式写入
    s +=data
print('write()中传入参数的类型为:',type(s),type(sentence))
print('writelines()中传入参数的类型为:',type(lines),type(sentence))
```

输出:

```
write()中传入参数的类型为:< class 'str' > < class 'str' >
writelines()中传入参数的类型为:< class 'list' > < class 'str' >
```

3. 读取文件

下面介绍四种读取文件的方法:read( )、readline( )、readlines( )、循环文件对象,读取的文件为相对路径下的 File. txt,内容如图 3.6.3 所示。

图 3.6.3　文件内容 3

（1）read（ ）

read（ ）方法返回的是文件内容，是字符串类型的结果。该方法还带一个数值类型的参数，指定读取多少内容，如果省略了或者是负数，那么就返回文件的全部内容。代码如下：

```
with open('File.txt','r + ')as f:
    line = f.read(8)
    print('读取前 8 个字符:',line)        #换行符也会被读取
    line2 = f.read()
    print('读取剩下内容:',line2)

with open('File.txt','r + ')as f:
    line = f.read()
    print(type(line))
    print('读取所有内容:',line)
```

输出：

```
读取前 8 个字符:这是第一行
              这是
读取剩下内容:第二行
              这是第三行
<class 'str'>
读取所有内容:这是第一行
              这是第二行
              这是第三行
```

（2）readline（ ）

readline（ ）返回的也是字符串，不过是一行内容，继续调用就会返回下一行内容，代码如下：

```
with open('File.txt','r + ')as f:
    line = f.readline()
    print('数据类型:',type(line))
    print('读取的数据为:',line)
    print('读取的数据为:',f.readline())     #再次执行则读取下一行
    print('读取的数据为:',f.readline())
```

输出：

```
数据类型:<class 'str'>
读取的数据为:这是第一行

读取的数据为:这是第二行

读取的数据为:这是第三行
```

该方法也带一个数值类型的参数,指定读取一行时最多读取的字符(字节)数,如果省略了或者是负数,就返回该行的全部内容,代码如下:

```
with open('File.txt','r + ')as f:
    line = f.readline(3)
    print('读取前 3 个字符:',line)
    line2 = f.readline()
    print('读取第一行剩下内容:',line2)
print('输出完成')

with open('File.txt','r + ')as f:
    line = f.readline()
print('读取第一行内容:',line)
print('输出完成')
```

输出:

```
读取前 3 个字符:这是第
读取第一行剩下内容:一行

输出完成
读取第一行内容:这是第一行

输出完成
```

因为 readline( )是按行读取,按行打印,而 print( )函数默认输出完,需要换行,所以每打印一行中间都有空一行。使用 strip( )方法可以去掉最后的换行符"\n",代码如下:

```
with open('File.txt','r + ')as f:
    line = f.readline()
print('不使用 strip():',line)
print('输出完成')

with open('File.txt','r + ')as f:
    line = f.readline().strip()
print('使用 strip():',line)
print('输出完成')
```

输出:

```
不使用 strip():这是第一行

输出完成
使用 strip():这是第一行
输出完成
```

(3)readlines( )方法

readlines( )方法一次性读取整个文件内容,并按行返回一个列表,方便遍历。readlines( )与 readline( )相似,在循环读取并打印时会进行换行,所以也可使用 strip( )删去换行符。在 readlines( )中可使用 len( )方法查询文件行数,代码如下:

```
with open('File.txt','r')as f:
    lines = f.readlines()
    print(type(lines))
    print('文件行数:',len(lines))
    print(lines)
    for line in lines:          #依次读取每行
        line = line.strip()     #去掉行尾换行符
        print('读取的数据为:',line)
```

输出:

```
<class 'list'>
文件行数:3
['这是第一行\n','这是第二行\n','这是第三行']
读取的数据为:这是第一行
读取的数据为:这是第二行
读取的数据为:这是第三行
```

因为 readlines()返回的是一个列表,所以可以按索引读取指定行数内容,代码如下:

```
with open('File.txt','r')as f:
    print('输出第一行:',f.readlines()[0].strip())
```

输出:

```
输出第一行:这是第一行
```

(4)循环文件对象

直接循环文件对象的方法节省内存,快速,并且代码还简单,代码如下:

```
with open('File.txt','r')as f:
    for line in f:
        print(line.strip())
```

输出:

```
这是第一行
这是第二行
这是第三行
```

上述代码中的"for line in f",其实可以从 f.readlines()中读取,但是如果文件很大,就会一次性读取到内存中,非常占内存,而这里 f 存储的是对象,只有读取一行,它才会把这行读取到内存中。这样一行一行进行读取,内存占用较少,同时速度较快,使用 with 语句,无论内部是否出现异常,在结束时文件对象都会被关闭。

●●●●● 3.7　错误与异常 ●●●●●

在程序出现错误时,会产生一个异常,若程序没有处理它,则会抛出该异常,程序的运行也随之终止。异常可被认为是程序运行时发生错误的信号,这种错误分成两类:语法错误与异常。

1. 语法错误

Python 的语法错误也称解析错误，是初学者经常碰到的，代码如下：

```
a = 100
print a
```

输出：

```
File "< ipython-input-9-60376370f138 >", line 2
print a
      ^
SyntaxError:Missing parentheses in call to 'print'.Did you mean print(a)?
```

在上述代码中，SyntaxError 指 Python 解释器语法错误，函数 print 被检查到有错误，是输出变量缺少了括号"( )"，正确语法为"print(a)"。语法分析器会指出出错的一行，并且在最先找到的错误的位置标记一个小箭头。

2. 异常

(1)异常类型

在语法正确情况下，运行代码时也有可能发生错误。运行期间检测到的错误称为异常。异常以不同的类型出现，这些类型都作为信息的一部分打印出来，常见异常及其描述如表 3.7.1 所示。

表 3.7.1　常见异常及其描述

异　　常	描　　述
IndexError	请求的索引超出序列范围
NameError	尝试访问一个未声明的变量
TypeError	参数类型错误
ValueError	参数值错误
KeyError	请求一个不存在的字典关键字
IOError	输入/输出错误
AttributeError	尝试访问未知的对象属性

(2)异常检测与处理

①try-except。异常可以使用 try-except 语句进行检测，一个 except 子句可以同时处理多个异常，这些异常将被放在一个括号里成为一个元组。一个 try 语句可能包含多个 except 子句，分别来处理不同的特定异常。最多只有一个分支会被执行。处理程序将只针对对应的 try 子句中的异常进行处理，而不是其他 try 处理程序中的异常。try-except 语句格式如下所示：

```
try:
    {执行代码}
except(异常1,异常2):
    {发生异常1/2 时执行的代码}
```

```
except (异常3):
    {发生异常3时执行的代码}
```

首先,执行 try 子句(在关键字 try 和关键字 except 之间的语句);如果没有异常发生,忽略 except 子句,try 子句执行后结束;如果在执行 try 子句的过程中发生了异常,那么 try 子句余下的部分将被忽略。如果异常的类型和 except 之后的名称相符,那么对应的 except 子句将被执行;如果一个异常没有与任何的 except 匹配,那么这个异常将会传递给上层的 try 中。以下代码展示了一个 ValueError 型错误:

```
s = '我叫小明。'
i = int(s)
```

输出:

```
ValueError                       Traceback(most recent call last)
< ipython-input-5-d340ac565c59 > in < module > ()
        1 s = '我叫小明。'
----> 2 i = int(s)
        3 print(i)
ValueError:invalid literal for int()with base 10:'我叫小明。'
```

输出中指出了异常代码所在行,并说明异常类型为 ValueError,参数值错误,因为 int() 中参数可以为字符串,但只能包含整数。接下来使用 try-except 语句进行检测,操作代码如下所示:

```
import sys

try:
    s = '我叫小明。'
    i = int(s)
except OSError as err:
    print("OS error:{0}".format(err))
except ValueError:
    print("Could not convert data to an integer.")
except (RuntimeError,TypeError,NameError):
    pass
except:
    print("Unexpected error:",sys.exc_info()[0])
```

输出:

```
Could not convert data to an integer.
```

由输出可知,异常 ValueError 产生后对应的 except 子句"Could not convert data to an integer."被执行。最后一个 except 子句可以忽略异常的名称,它将被当作通配符使用,可以使用这种方法打印一个错误信息,然后再次抛出异常。

②try-except-else。try-except 语句还有一个可选的 else 子句,如果使用这个子句,那么 else 必须放在所有的 except 子句之后。else 子句将在 try 子句没有发生任何异常的时候执行。该语句格式如下所示:

```
try:
    {执行代码}
except(异常 1):
    {发生异常 1 时执行的代码}
else:
    {没有异常时执行的代码}
```

以下代码展示了一个 try-except 语句使用实例:

```
try:
    s = '1111'
    i = int(s)
except ValueError:
    print("Could not convert data to an integer.")
else:
    print('运行正确。')
```

输出:

```
运行正确。
```

③try-finally。try-finally 语句无论是否发生异常都将执行最后的代码。该语句格式如下所示:

```
try:
    {执行代码}
except(异常 1):
    {发生异常 1 时执行的代码}
else:
    {没有异常时执行的代码}
finally:
    {最后执行的代码}
```

加入 finally 语句,具体操作代码如下所示:

```
try:
    s = '1111'
    i = int(s)
except ValueError:
    print("Could not convert data to an integer.")
else:
    print('运行正确。')
finally:
    print('运行结束。')
```

输出:

```
运行正确。
运行结束。
```

●●●●●● 3.8　Python 库引用 ●●●●●

1. Python 库

Python 数据工具箱涵盖从数据源到数据可视化的完整流程中涉及的常用库、函数和外部工具。其中既有 Python 内置函数和标准库，又有第三方库和工具。

（1）标准库

Python 的标准库是 Python 安装时默认自带的库，它是 Python 的一个组成部分。Python 中常用标准库如表 3.8.1 所示。

表 3.8.1　Python 中常用标准库

标准库名	描　述
os	操作系统接口，用于新建、删除、权限修改等目录操作，以及调用执行系统命令
urllib	简单地读取特定 URL 并获得返回信息
string	字符串处理库，可实现字符串查找、分割、组合、替换、大小写转换及其他格式化处理
random	为各种分布实现伪随机数生成器，支持数据均匀分布、正态分布、对数正态分布等
math	数学函数库，包括正弦、余弦、对数运算、圆周率、绝对值、取整等数学计算方法
time	时间
HTMLParser	Python 自带的 HTML 解析模块，能够很容易地实现 HTML 文件的分析
re	字符串正则匹配

（2）第三方库

Python 的第三方库需要下载后安装到 Python 的安装目录下，不同的第三方库安装及使用方法不同。这些第三方库是开源的科学计算软件包为 Python 提供的调用接口，例如著名的计算机视觉库 OpenCV、三维可视化库 VTK、医学图像处理库 ITK 等。表 3.8.2 展示了 Python 中常用第三方库。

表 3.8.2　Python 中常用第三方库

名　称	描　述
Matplotlib	类 MATLAB 的第三方库，用以绘制一些高质量的数学二维图形
NumPy	基于 Python 的科学计算第三方库
SciPy	基于 Python 的 MATLAB 实现，旨在实现 MATLAB 的所有功能
BeautifulSoup	网页处理
PIL	图像处理库
pygame	游戏开发

名　称	描　述
opencv	图像处理及计算机视觉算法
sklearn	机器学习算法
Pandas	结构化数据

（3）安装第三方库

使用第三方库之前要确保该库已被安装。pip 安装是 Python 中最简单的一种安装第三方库的模式，在知道第三方库名称的情况下，可以使用"pip install 库名"在终端进行安装，提示"successful installed 库名版本号"即安装成功。图 3.8.1 展示了安装库 pygame 的过程，Downloading 后为 pygame 库安装包所在链接，最后一行提示 Successfully installed pygame-1.9.6，表示 pygame 库安装成功，版本号为 1.9.6。

```
(base) [root@deploy-8ef5689d-ad93-4c4c-bb51-d15141e570ff-5fdd7f8484-mcxtv ~]# pip install pygame
Collecting pygame
  Downloading https://files.pythonhosted.org/packages/8e/24/ede6428359f913ed9cd1643dd5533aefeb5a2699cc95bea089de50ead586/pygame-1.9.6-cp36-cp36m-manylin
ux1_x86_64.whl (11.4MB)
     100% |████████████████████████████████| 11.4MB 96kB/s
Installing collected packages: pygame
Successfully installed pygame-1.9.6
```

图 3.8.1　安装第三方库

2. 引用库

Python 中使用 import 语句引用库，当解释器遇到 import 语句时，如果模块在当前的搜索路径就会被导入。import 语句有以下三种常用的引用方式。

（1）import 库

使用该方式导入 Python 中内置的 re 正则库和第三方机器学习算法库 sklearn，代码如下：

```
import re
import sklearn

print('re 库:',re)
print('sklearn 库:',sklearn)
```

输出：

```
re 库:<module 're' from '/usr/local/iCompute/lib/Python3.6/re.py' >
sklearn 库: < module 'sklearn'from '/usr/local/iCompute/lib/Python3.6/site-packages/sklearn/__init__.py' >
```

从输出可以看出，re 库的位置在 Python 文件夹下，是内置的标准库；sklearn 库则在 site-packages 文件夹下，这个文件夹是 Python 中默认的第三方库安装路径，所有的第三方库都在该文件下。在使用库中函数时需要在对象之前加上库名作为前缀，即"库名.函数名"，代码如下所示：

```
import math

print('大于等于 4.12 的最小整数是:',math.ceil(4.12))#取大于等于 4.12 的最小整数值
```

输出：

大于等于4.12的最小整数是:5

（2）from 库 import 函数或者 *

使用该方式时可以省去作为前缀的库名，代码如下：

```
from math import ceil      #等同于 from math import*

print('大于等于4.12的最小整数是:',ceil(4.12))#取大于等于4.12的最小的整数值
```

输出：

大于等于4.12的最小整数是:5

（3）import 模块 as 别名

该方式适用于库名较长的库导入方法，也可以与第（2）种方式结合，即"from 库 import 函数 as 别名"。代码如下所示：

```
import tensorflow as tf
from math import cos as f

print(tf.constant(2.))
print('cos0 = ',f(0))
```

输出：

```
tf.Tensor(2.0,shape = (),dtype = float32)
cos0 = 1.0
```

●●●●●● 3.9　NumPy 简介 ●●●●●●

NumPy（Numerical Python，数值计算）是 Python 的一种开源的数值计算扩展库，它包括数学、逻辑、数组形状变换、排序、选择、I/O、离散傅里叶变换、基本线性代数、基本统计运算、随机模拟等。NumPy 通常与 SciPy（Scientific Python，科学计算）和 MATPLOTLIB（绘图库）一起使用，这种组合广泛用于替代 MATLAB，是一个强大的科学计算环境，有助于通过 Python 学习数据科学或者机器学习。

由于 NumPy 是扩展库，不包含在标准版 Python 中，因此在使用前首先要使用语句"import numpy as np"导入 NumPy 库，通过这样的形式，NumPy 相关方法均可通过 np 来调用。

1. ndarray 对象

NumPy 库的核心是 N 维数组对象 ndarray，是一系列同类型数据的集合。NumPy 数组在创建时具有固定的大小，数组中的元素都需要具有相同的数据类型。表3.9.1展示了 ndarray 对象中基本数据类型。

表3.9.1　ndarray 对象中基本数据类型

名　称	描　述
bool_	布尔型数据类型（True 或者 False）

续表

名 称	描 述
int64	整数(−9 223 372 036 854 775 808 ~ 9 223 372 036 854 775 807)
uint64	无符号整数(0 ~ 18 446 744 073 709 551 615)
float64	双精度浮点数,包括 1 个符号位、11 个指数位、52 个尾数位

接下来介绍一个 ndarray 对象包含的基本属性。表 3.9.2 给出了部分 ndarray 对象的属性和对应的解释。

表 3.9.2 ndarray 对象的属性

属 性	说 明
ndarray. ndim	秩,即轴的数量或维度的数量
ndarray. shape	数组的维度,对于矩阵为 n 行 m 列,对于三维数组则是(n,m,r)
ndarray. size	数组元素的总个数,相当于 ndarray. shape 中 n * m(n * m * r)的值
ndarray. dtype	ndarray 对象的元素类型

(1)创建数组

在 NumPy 中,有多种创建数组的方法,接下来简单介绍三种。

①numpy. array()。使用 numpy. array()创建数组是一个常用的方法,代码如下所示:

```
import numpy as np

x = np.array([[1.0,0.0,0.0],[0.,1.,2.]])    #定义一个二维数组,大小为(2,3)
print('数组:',x,type(x))
print('数组维度:',x.ndim)
print('数组大小:',x.shape)
print('数组中元素总和:',x.size)
print('数组中元素类型:',x.dtype)
```

输出:

```
数组:[[1.0.0.]
    [0.1.2.]] <class 'numpy.ndarray'>
数组维度:2
数组大小:(2,3)
数组中元素总和:6
数组中元素类型:float64
```

由输出可知,x 为 ndarray 类型,维度为 2,为 2 行 3 列,共有 6 个元素,元素类型为双精度浮点数 float64。

②numpy. arange()。numpy. arange([start,]stop,[step,]dtype = None)在给定的时间间隔([start,stop))内返回均匀间隔的值,step 表示步长(默认为 1),即两个相邻值之间的距离,结果返回一个 ndarray 数组,代码如下所示:

```
import numpy as np

print('[-2,2)中以1.2为间隔输出数组:',np.arange(-2,2,1.2))
print('[10,30)中以5为间隔输出数组:',np.arange(10,30,5))
```

输出:

```
[-2,2)中以1.2为间隔输出数组:[-2.  -0.8  0.4  1.6]
[10,30)中以5为间隔输出数组:[10  15  20  25]
```

③numpy.linspace()。numpy.linspace(start,stop,num,endpoint)在规定的时间间隔内,若endpoint=True,则将在区间[start,stop]中返回num个等间距的ndarray数组;若endpoint=False,则将在区间[start,stop)中返回num个等间距的ndarray数组,代码如下所示:

```
import numpy as np

x=np.linspace(0,12,3)                     #endpoint 默认为 True
y=np.linspace(0,12,4,endpoint=False)      #结束点不包括12
print('均匀间隔数组x:',x)
print('数组x长度:',len(x))
print('均匀间隔数组y:',y)
print('数组y长度:',len(y))
```

输出:

```
均匀间隔数组x:[0.  6.12.]
数组x长度:3
均匀间隔数组y:[0.3.6.9.]
数组y长度:4
```

numpy.arange()和numpy.linspace()可以使用自身的reshape()方法指定数组形状,代码如下:

```
import numpy as np

print('输出2x2数组:',np.arange(-2,2,1.2).reshape(2,2))
print('输出3x3数组:',np.linspace(0,5,9).reshape(3,3))
```

输出:

```
输出2x2数组:[[-2.    -0.8]
             [ 0.4    1.6]]
输出3x3数组:[[0.     0.625 1.25 ]
             [1.875 2.5 3.125]
             [3.75   4.375 5. ]]
```

(2)特殊数组

NumPy中有三种常用特殊数组,分别为zeros、ones、empty。numpy.zeros(shape,dtype=float,order='C')产生的数组为全零数组,元素全为零,通常用于初始化矩阵;numpy.ones(shape,dtype=None,order='C')产生全1数组,元素全为1;numpy.empty()产生数组为空数组。操作代码如下所示:

```
import numpy as np

print('全零数组: \n',np.zeros((2,3)))
print('全1数组: \n',np.ones((2,3),dtype = 'int16'))
print('空数组: \n',np.empty((5,2),dtype = list))
```

输出:

```
全零数组:
   [[0.0.0.]
    [0.0.0.]]
全1数组:
   [[1 1 1]
    [1 1 1]]
空数组:
   [[None None]
    [None None]
    [None None]
    [None None]
    [None None]]
```

（3）数组索引

Numpy 数组每个元素、每行元素、每列元素都可以用索引访问，数组中元素的索引位置从 0 开始。下述代码展示了一维数组中的索引：

```
import numpy as np

x = np.arange(6)
print('一维数组:',x)
print('数组中第四个元素:',x[3])       #索引从 0 开始
print('数组中第二至第五个元素',x[1:5])
```

输出:

```
一维数组:[0 1 2 3 4 5]
数组中第四个元素:3
数组中第二至第五个元素[1 2 3 4]
```

二维数组中，各索引位置上的元素不再是标量，而是一维数组，下述代码展示了二维数组中的索引：

```
import numpy as np

x = np.arange(9).reshape(3,3)
print('3x3 数组 x:',x)
print('数组中第二个元素:',x[1])
print('数组的第一行:',x[0,:])
print('第二行第三个元素:',x[1,2])
```

输出:

```
3x3 数组 x:[[0 1 2]
            [3 4 5]
            [6 7 8]]
```

数组中第二个元素:[3 4 5]
数组的第一行:[0 1 2]
第二行第三个元素:5

（4）数组运算

数组的加减乘除及乘方运算方式为相应位置的元素分别进行运算,代码如下所示:

```
import numpy as np

a = np.array([20,30,40,50])
b = np.array([1,2,3,4])
print('加法:',a + b)
print('减法:',a - b)
print('乘法:',a*b)
print('减法:',a/b)
print('点乘:',np.dot(a,b))
```

输出:

```
加法:[21 32 43 54]
减法:[19 28 37 46]
乘法:[ 20  60 120 200]
除法:[20.15.13.33333333 12.5]
点乘:400
```

其中乘法为 $a*b = [20*1, 30*2, 40*3, 50*4]$,点乘为 $dot = 20*1 + 30*2 + 40*3 + 50*4 = 400$。

2. 矩阵

NumPy 的矩阵对象与数组对象相似,主要不同之处在于,矩阵对象的计算遵循矩阵数学运算规律。

（1）创建矩阵

矩阵使用 matrix( )函数创建,代码如下所示:

```
import numpy as np

A = np.matrix('1.0 2.0;3.0 4.0')
B = np.matrix([[5.0,6.0],[7.0,8.0]])
print(A,type(A))
print(B,type(B))
```

输出:

```
[[1.2.]
 [3.4.]] <class 'numpy.matrixlib.defmatrix.matrix'>
[[5.6.]
 [7.8.]] <class 'numpy.matrixlib.defmatrix.matrix'>
```

（2）数组与矩阵

在 Python 中列表(list)、数组(array)、矩阵(matrix)之间经常相互转换。

首先是列表转换为数组和矩阵,使用 NumPy 中的 array( )和 matrix( )就可以实现,

代码如下所示:

```
import numpy as np

list_0 =[[1,2,3],[4,5,6]]      #列表
array = np.array(list_0)       #列表转化为数组
martix = np.matrix(list_0)     #列表转化为矩阵
print('列表:',list_0,type(list_0))
print('数组:',array,type(array))
print('矩阵:',martix,type(martix))
```

输出:

```
列表:[[1,2,3],[4,5,6]] <class 'list'>
数组:[[1 2 3]
     [4 5 6]] <class 'numpy.ndarray'>
矩阵:[[1 2 3]
     [4 5 6]] <class 'numpy.matrixlib.defmatrix.matrix'>
```

NumPy 中也支持数组与矩阵之间的转换,代码如下所示:

```
import numpy as np

A = np.matrix([[5.0,6.0],[7.0,8.0]])      #矩阵
B = np.linspace(0,12,9)                    #数组

arrayA = np.array(A)                       #矩阵转为数组
listA = A.tolist()                         #矩阵转为列表
matrixB = np.matrix(B)                     #数组转为矩阵
listB = B.tolist()                         #数组转为列表

print(type(A),'->',type(arrayA))
print(type(A),'->',type(listA))
print(type(B),'->',type(matrixB))
print(type(B),'->',type(listB))
```

输出:

```
<class 'numpy.matrixlib.defmatrix.matrix'> -> <class 'numpy.ndarray'>
<class 'numpy.matrixlib.defmatrix.matrix'> -> <class 'list'>
<class 'numpy.ndarray''> -> <class 'numpy.matrixlib.defmatrix.matrix'>
<class 'numpy.ndarray'> -> <class 'list'>
```

(3)矩阵运算

矩阵的常用数学运算有转置、叉乘、求逆等,代码如下所示:

```
import numpy as np

A = np.matrix([[1.0,2.0],[3.0,4.0]])
B = np.matrix([[5.0,6.0],[7.0,8.0]])

print('A 的转置:',A.T)
print('A 的逆:',A.I)
print('A*B:',A*B)
```

输出：

```
A的转置:[[1.3.]
        [2.4.]]
A的逆:[[ -2.  1.]
      [ 1.5 -0.5]]
A*B:[[19.22.]
    [43.50.]]
```

（4）解方程组

行列式在线性代数中非常有用。它从方阵的对角元素计算。对于 2×2 矩阵,它是左上和右下元素的乘积与其他两个乘积的差。即对于矩阵 $[[a, b], [c, d]]$,行列式计算为 $ad - bc$。NumPy 中使用 numpy. linalg. det() 函数计算输入矩阵的行列式,代码如下所示：

```
a = np.matrix([[6,1,1],[4, -2,5],[2,8,7]])
print('行列式 = ',np.linalg.det(a))
print('直接计算 = ',6*(-2*7-5*8)-1*(4*7-5*2)+(4*8-(-2)*2))
```

输出：

```
行列式 = -306.0
直接计算 = -306
```

NumPy 中使用 numpy. linalg. solve() 解线性方程组,假设方程组为

$$\begin{pmatrix} 1 & 1 & 1 \\ 2 & 0 & 5 \\ 2 & 5 & -1 \end{pmatrix}\begin{pmatrix} x \\ y \\ z \end{pmatrix} = \begin{pmatrix} 6 \\ -4 \\ 27 \end{pmatrix}$$

可表示为 $\boldsymbol{AX} = \boldsymbol{B}$,即求 $\boldsymbol{X} = \boldsymbol{A}^{-1}\boldsymbol{B}$,逆矩阵也可以用 numpy. linalg. inv() 函数来求,具体方法代码如下所示：

```
import numpy as np

a = np.matrix([[1,1,1],[2,0,5],[2,5, -1]])
b = np.array([[6],[ -4],[27]])
ainv = np.linalg.inv(a)

print('方程解:',np.linalg.solve(a,b))
print('计算:A^(-1)B:',np.dot(ainv,b))
```

输出：

```
方程解:[[13.]
        [ -1.]
        [ -6.]]
计算:A^(-1)B:[[13.]
            [ -1.]
            [ -6.]]
```

从输出可以看到,用 numpy. linalg. solve() 函数计算出的解与直接计算的答案一致。

●●●●● **3.10　Pandas 简介** ●●●●●

Pandas(Python Data AnalysisLibrary)是 Python 的一个数据分析包,该工具为解决数据分析任务而创建。Pandas 纳入大量库和标准数据模型,提供高效的操作数据集所需的工具。带有 Pandas 的 Python 已广泛应用于学术和商业领域中,包括金融、神经科学、经济学、统计学、广告、Web 分析等。

Pandas 有快速高效的 DataFrame 对象,用于带有集成索引的数据操作。可用于在内存数据结构和不同格式之间读取和写入数据,包括 CSV 和文本文件、Microsoft Excel、SQL 数据库及快速 HDF5 格式。

由于 Pandas 是扩展库,不包含在标准版 Python 中,因此在使用前首先要使用语句 import pandas as pd 导入 Pandas 库,通过这样的形式,Pandas 相关方法均可通过 pd 来调用。

1. Pandas 数据

(1)数据类型

Pandas 默认的数据类型是 int64 和 float64,Pandas 中基本数据类型如表 3.10.1 所示。

表 3.10.1　Pandas 中基本数据类型

名　　称	描　　述
bool	布尔型数据类型(True 或者 False)
int64	整数(-9 223 372 036 854 775 808 ~ 9 223 372 036 854 775 807)
float64	双精度浮点数,包括 1 个符号位、11 个指数位、52 个尾数位
datetime64[ns]	日期类型
timedelta[ns]	时间类型
category	通常以 string 的形式显示,包括颜色、尺寸的大小,还有地理信息等
object	Pandas 使用对象 ndarray 来保存指向对象的指针

(2)数据属性

接下来介绍 Pandas 产生的数据所包含的基本属性。表 3.10.2 给出了 Pandas 的基本属性和对应的解释。

表 3.10.2　Pandas 的基本属性

属　　性	描　　述
index	返回索引
values	返回数据值
columns	返回列名
dtypes	返回基础数据的 dtype 对象
ndim	根据定义,基础数据的维数1
shape	返回基础数据形状的元组
size	返回基础数据中的元素数

2. Series

Series(系列)是 Pandas 中的一种数据结构,是一维数组,与 NumPy 中的一维数组(Array)类似。

(1)创建 Series

Series 能够保存任何类型数据,包括整数、字符串、浮点数、Python 对象等,其中轴标签统称索引。Pandas 中有多种创建 Series 的方法,接下来将介绍几种。

①数组创建。数组创建代码如下所示:

```
import pandas as pd

series1 = pd.Series(data = ['a','b',3])
series2 = pd.Series(data = [1,2,3],index = ['a','b','c'])
print(series1,series2)
print('返回类型:',type(series1))
print('series1 的维度数量:{0},维度:{1},元素数:{2}.'.format(series1.ndim,
series1.shape,series1.size))
print('series1 的索引:{0},元素值:{1}.'.format(series1.index,series1.values))
print('series2 的索引:{0},元素值:{1}.'.format(series2.index,series2.values))
```

输出:

```
0    a
1    b
2    3
dtype:object
a    1
b    2
c    3
dtype:int64
返回类型:<class 'pandas.core.series.Series'>
series1 的维度数量:1,维度:(3,),元素数:3.
series1 的索引:RangeIndex(start = 0,stop = 3,step = 1),元素值:['a' 'b' 3].
series2 的索引:Index(['a','b','c'],dtype = 'object'),元素值:[1 2 3].
```

上述代码的输出中,左侧一列为该 Series 的索引,右侧为索引对应的数据。series1 的数据类型为 object,由于 Pandas 没有用字节字符串的形式,所以使用了 object ndarray;series2 的数据类型为 int64。由打印出的维度属性可以知道 series1 是一个长度为 3 的一维数组。series1 不显示指定 index,则使用默认索引:[0,1,2],即打印出的 range 索引"RangeIndex";series2 指定索引为 index = ['a','b','c']。

②字典创建。字典创建代码如下所示:

```
import pandas as pd

data = {'b':1,'a':0,'c':2,'d':3}    #字典
series = pd.Series(data,index = ['a','b','c','e'])
print(series)
```

输出:

```
a    0.0
b    1.0
```

```
c    2.0
e    NaN
dtype:float64
```

由上述代码的输出可以看到,原先字典中键的顺序['b','a','c']变成了指定的['a','b','c'],对于指定索引 index 未出现的'd',则自动过滤掉了,若 index 中出现字典中没有的索引,则该索引对应值为 NaN。NaN 来自 NumPy 中 numpy.nan,意思是 Not a Number,在这里可以理解为缺失值。

③常量创建。如果 Series 中的数据是常量值,则必须提供索引,将重复该值以匹配索引的长度,代码如下:

```
import pandas as pd

series = pd.Series(5,index =[1,2])
print(series)
```

输出:

```
1    5
2    5
dtype:int64
```

(2)索引与切片

①使用索引检索数据。Pandas 可以使用索引来检索 Series 对应数据,检索多个值时需要用中括号包裹对应的索引,如果用没有的标签检索则会抛出异常,代码如下:

```
import pandas as pd

series = pd.Series(data =[1,2,3,4,5],index =['a','b','c','d','e'])
print('索引 a 对应的元素:',series['a'])
print('索引 a,d 对应的元素:',series[['a','d']])
```

输出:

```
索引 a 对应的元素:1
索引 a,d 对应的元素:a    1
               d    4
               dtype:int64
```

②切片。Series 中的切片与 Python 中的切片一样,代码如下:

```
import pandas as pd

series = pd.Series(data =[1,2,3,4,5],index =["a","b","c","d","e"])
print('取前两个索引与对应元素:',series[0:2])
print('最后一个元素:',series[-1])
print('取后三个索引与对应元素:',series[-3:])
```

输出:

```
取前两个索引与对应元素:a    1
                b    2
                dtype:int64
最后一个元素:5
```

```
取后三个索引与对应元素:c    3
                       d    4
                       e    5
                       dtype:int64
```

series[0:2]表示,从索引0开始取,直到索引2为止,但不包括索引2,即索引0、1,正好是两个元素。如果第一个索引是0,还可以省略,为"series[:2]"。同样的,Series也支持倒数切片。

(3)修改元素值

Pandas使用以下代码来修改Series中的元素:

```
import pandas as pd

series = pd.Series(data =[1,2,3],index =['a','b','c'])
print('原 series:',series)
series['a'] = 4
print('修改后的 series:',series)
```

输出:

```
原 series:a    1
          b    2
          c    3
          dtype:int64
修改后的 series:a    4
               b    2
               c    3
               dtype:int64
```

(4)Series运算

Series支持元素之间的四则运算,在运算中自动对齐相同索引的数据,如果索引不对应,则补NaN。以下代码展示了Series中的加法和乘法。

```
import pandas as pd

s1 = pd.Series(data =[1,2,3,4],index =["a","b","c","d"])
s2 = pd.Series(data =[2,3,4,5],index =["a","b","c","f"])
print('加法结果:',s1 + s2)
print('乘法结果:',s1 * s2)
```

输出:

```
加法结果:a    3.0
        b    5.0
        c    7.0
        d    NaN
        f    NaN
        dtype:float64
```

```
乘法结果:a    2.0
          b    6.0
          c   12.0
          d    NaN
          f    NaN
dtype:float64
```

3. DataFrame

DataFrame 是 Pandas 中的另一种数据结构,是二维的表格型数据结构,可以将 DataFrame 理解为 Series 的容器。它的行标签为 index,列标签为 columns,用于存放 index 对象,也就是说,可以通过 columns 和 index 来确定一个元素的位置。

(1)创建 DataFrame

①通过字典列表创建。通过字典列表创建 DataFrame 的代码如下所示:

```
import pandas as pd

data = {'身高':[170,165.5,163.2,169,172.1],
        '姓名':['小明','小红','小芳','大黑','张三'],
        '年龄':[20,21,25,24,29]}
df = pd.DataFrame(data,index =[1,2,3,4,5],columns =['姓名','身高','年龄','职业'])
print(df)
print('表格的维度数量:{0},表格的维度:{1},表格的元素数:{2}.'.format(df.ndim,df.shape,df.size))
print('输出每列的数据类型:')
print(df.dtypes)
```

输出:

```
   姓名    身高    年龄    职业
1  小明   170.0   20    NaN
2  小红   165.5   21    NaN
3  小芳   163.2   25    NaN
4  大黑   169.0   24    NaN
5  张三   172.1   29    NaN
表格的维度数量:2,表格的维度:(5,4),表格的元素数:20.
输出每列的数据类型:
姓名    object
身高    float64
年龄    int64
职业    object
dtype:object
```

由属性中的 df.ndim、df.shape、df.size 分别可以得到表格的维度数量、表格的维度、表格的元素总数。由 df.dtypes 查询可以得到每一列的数据类型。在使用字典创建 DataFrame 时,键作为列索引,值不齐全的默认补为 NaN。

②通过 Series 构成的字典创建。通过 Series 创建 DataFrame 的代码如下所示：

```
import pandas as pd

data = {'one':pd.Series([1,2,3],index =['a','b','c']),
        'two':pd.Series([9,8,7,6],index =['a','b','c','d'])}
print(pd.DataFrame(data))
```

输出：

```
    one   two
a   1.0   9
b   2.0   8
c   3.0   7
d   NaN   6
```

③通过 NumPy 二维数组创建。通过 Series 创建 NumPy 的代码如下所示：

```
import pandas as pd

df = pd.DataFrame(np.arange(10).reshape(2,5))
print(df)
```

输出：

```
   0 1 2 3 4
0  0 1 2 3 4
1  5 6 7 8 9
```

（2）DataFrame 属性

因为 DataFrame 是一个二维表型，所以除了 Series 中的几种属性，DataFrame 中还有一个 columns 属性，使用 DataFrame.columns 可以查询表中所有列名，并且可以通过属性 index 和 columns 来更改索引和列名，代码如下所示：

```
import pandas as pd

df = pd.DataFrame(np.arange(10).reshape(2,5))
print('索引值:',df.columns)
df.index =['A','B']                      #修改索引
df.columns =['a','b','c','d','e']        #修改列名
print(df)
```

输出：

```
索引值:RangeIndex(start =0,stop =5,step =1)
   a b c d e
A  0 1 2 3 4
B  5 6 7 8 9
```

输出中打印出了二维表修改前的索引，并且打印出修改了索引和列名后的表。

（3）查询 DataFrame

DataFrame 可使用 loc[ ]和 iloc[ ]方法查询不同行列的元素，其中 loc[ ]为自定义索

引,参数可以为自定义的索引,iloc[ ]为位置索引,里面的参数只能为数字。表3.10.3 展示了两种方法的使用方法与描述。

表3.10.3　使用方法与描述

序号	loc[ ]方法	iloc[ ]方法	描　　述	返回值类型
1	loc['parameter']	iloc[num]	选择'parameter'行或第 num 行数据	Series
2	loc[['parameter']]	iloc[[num]]	选择'parameter'行或第 num 行数据	DataFrame
3	loc[:,'parameter']	iloc[:,num]	选择'parameter'列或第 num 列数据	Series
4	loc[:,['parameter']]	iloc[:,[num]]	选择'parameter'列或第 num 列数据	DataFrame
5	df.loc[:,['p1','p2']]	df.iloc[:,[num1,num2]]	选择指定列'p1'、'p2'或 num1、num2 数据	DataFrame
6	loc[:,'p1':'p2']	iloc[:,num1:num2]	选择'p1'到'p2'列或 num1 到 num2 列所有数据	DataFrame
7	df.loc[['p1','p2'],'p3':'p4']	df.iloc[[n1,n2],n3:n4]	选择指定行,指定列数据	DataFrame

① 按 index(行)索引。按行索引的代码如下所示:

```
import pandas as pd

df = pd.DataFrame(np.arange(9).reshape(3,3),index =['A','B','C'],columns =['a','b','c'])
print('DataFrame:',df)
print('_____[1]_____')
print(df.iloc[1],type(df.iloc[1]))
print(df.loc['B'],type(df.loc['B']))
print('_____[2]_____')
print(df.iloc[[2]],type(df.iloc[[2]]))
print(df.loc[['C']],type(df.loc[['C']]))
```

输出:

```
DataFrame:    a    b    c
     A     0    1    2
     B     3    4    5
     C     6    7    8
_____[1]_____
a    3
b    4
c    5
Name:B,dtype:int64 < class 'pandas.core.series.Series' >
a    3
b    4
c    5
Name:B,dtype:int64 < class'pandas.core.series.Series' >
```

```
_____[2]_____
   a  b  c
C  6  7  8 <class 'pandas.core.frame.DataFrame'>
   a  b  c
C  6  7  8 <class 'pandas.core.frame.DataFrame'>
```

②按 columns(列)索引。按列索引的代码如下所示：

```
import pandas as pd

df = pd.DataFrame(np.arange(9).reshape(3,3),index =['A','B','C'],columns =['a','b','c'])
print('_____[5]_____')
print(df.loc[:,['a','c']],type(df.loc[:,['a','c']]))
print(df.iloc[:,[0,2]],type(df.iloc[:,[0,2]]))
print('_____[6]_____')
print(df.iloc[:,0:4],type(df.iloc[:,0:4]))
print(df.loc[:,'a':'c'],type(df.loc[:,'a':'c']))
```

输出：

```
_____[5]_____
   a  c
A  0  2
B  3  5
C  6  8 <class 'pandas.core.frame.DataFrame'>
 . a  c
A  0  2
B  3  5
C  6  8 <class 'pandas.core.frame.DataFrame'>
_____[6]_____
   a  b  c
A  0  1  2
B  3  4  5
C  6  7  8 <class 'pandas.core.frame.DataFrame'>
   a  b  c
A  0  1  2
B  3  4  5
C  6  7  8 <class'pandas.core.frame.DataFrame'>
```

(4)处理缺失值

对缺失值的智能处理是 Pandas 一大特点。Pandas 中常用操作包括使用 df. dropna( ) 函数去掉缺失值的行或列,使用 df. fillna( ) 函数替换缺失值,使用 df. isnull( ) 函数判断数据是否丢失,代码如下所示：

```
import pandas as pd
import numpy as np

df = pd.DataFrame(np.arange(12).reshape((4,3)),columns =['A','B','C'])
df.iloc[0,1] = np.nan
df.iloc[3,2] = np.nan
```

```
print('原始表格:',df)
print('查找有缺失值的行:',df[df.isnull().values == True])
print('剔除有缺失值的行:',df.dropna(how = 'any'))
print('填充缺失值:',df.fillna(value = 0.0))
```

输出:

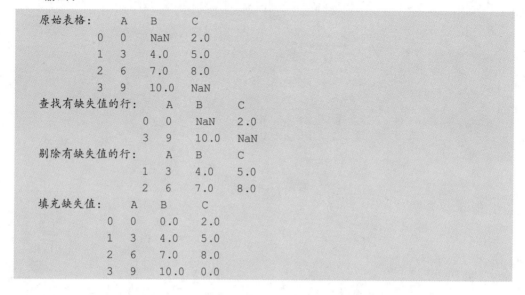

3.11 Matplotlib 简介

Matplotlib 是 Python 的一个 2D 图形库,能够生成折线图、散点图、直方图等各种格式的图形,并可在生成图形的界面进行交互。Matplotlib 中常用子库的名称与描述如表 3.11.1 所示。

表 3.11.1 Matplotlib 中常用子库的名称与描述

子库名称	描 述
pyplot	用于交互式绘图和简单的编程案例
colors	将数字或颜色参数转换为 * RGB * 或 * RGBA * 的模块
text	用于在图形中包含文本
image	用于基本的图像加载、重新缩放和显示操作
axis	用于刻画 x、y 轴
collections	用于高效地绘制具有大多数属性(如大量线段或多边形)的大型对象集合
mathtext	用于解析 TeX 数学语法的一个子集并将它们绘制到 Matplotlib 后端
streamplot	二维向量场的流线图

其中,pyplot 是 Matplotlib 中的一个最重要的子库,接下来将详细介绍。

1. Matplotlib. pyplot

pyplot 是 Matplotlib 中的一个子库,它包含一系列类似 MATLAB 中绘图函数的相关函数。每个 Matplotlib. pyplot 中的函数会对当前的图像进行一些修改,例如,产生新的图像,在图像中产生新的绘图区域,在绘图区域中画线,给绘图加上标记,等等,如表 3.11.2 所示。

表 3.11.2　matplotlib. pyplot 中常用功能

名　　称	描　　述
axes([arg])	在当前图形上添加轴
axis(* args, ** kwargs)	获取或设置一些轴属性的便捷方法
imread(fname[,format])	从文件中读取图像到数组
legend(* args, ** kwargs)	给图像加上图例
plot(* args[,scalex,scaley,data])	将输入绘制为线或标记
savefig(* args, ** kwargs)	保存当前图形到文件
scatter(x,y[,s,c,marker,cmap,norm,...])	将输入绘制为散点图
show(* args, ** kw)	显示图像
title(label[,fontdict,loc,pad])	为图设置标题
xlim(* args, ** kwargs)	设置 x 轴取值范围
ylabel(ylabel[,fontdict,labelpad])	设置 y 轴标签

由于 Matplotlib 是扩展库,不包含在标准版 Python 中,因此在使用前需要使用语句 import matplotlib. pyplot as plt 或者 from matplotlib import pyplot as plt 导入 Matplotlib 库中的 matplotlib. pyplot,通过这样的形式,Matplotlib 中 pyplot 的相关方法均可通过 plt 来调用。

2. Matplotlib 示例

下面介绍在 matplotlib. pyplot 中如何创建两种图形,与修改图形内容的方法。

(1)曲线类型

①plot()。plot(x,y,color,marker,linestyle,linewidth)函数中常使用的参数包括传入数据 x/y、线段颜色、标记样式、线型、线宽度。表 3.11.3 展示了 plot()函数中可用的线型、标记与颜色。

表 3.11.3　plot()中可用的线型、标记与颜色

线型汇总		标记汇总		颜色汇总	
标记符	线型	标记符	图形	字符	颜色
-	实线	+	加号符	r	红色
- -	双画线	o	实心圆	g	绿色
:	虚线	*	星号	b	蓝色

续表

线型汇总		标记汇总		颜色汇总	
标记符	线型	标记符	图形	字符	颜色
:.	点画线	.	实心圆	c	青绿色
		x	叉号符	m	粉色
		s	正方形	y	黄色
		d	菱形	k	黑色
		...		w	白色

如果 plot 中传入数据为一个 list 对象,则 plot 画出的图中横坐标是 list 的 index,纵坐标是 list 的 value,plot 会在图上形成多个点,然后将点连成线,如果 list 满足线性关系,形成的图像是直线,否则形成的是折线。代码如下所示,运行结果如图 3.11.1 所示。

```
import matplotlib.pyplot as plt

a =[0,1,5,6,8]
print('a 的类型与尺寸:',type(a),len(a))
plt.plot(a,marker = 'o')
plt.show()
```

输出:

```
a 的类型与尺寸:<class 'list'>5
```

由输出可知,图形横坐标为列表 a 的索引:[0,1,2,3,4],纵坐标是列表 a 的值:[0,1,5,6,8],由于不满足线性关系,所以是折线,最后图像由 plt.show() 函数显示,如果不加 plt.show(),将返回一个 matplotlib.lines.Line2D 对象。

如果传入的数据是两个,横坐标就是传入的第一个参数,纵坐标就是传入的第二个参数,传入的参数的长度必须一致,为形如 shape[n,] 的数组,否则将会出现 ValueError 的异常。下面以一个简单的正弦函数图像进行说明,操作代码如下所示,运行结果如图 3.11.2 所示。

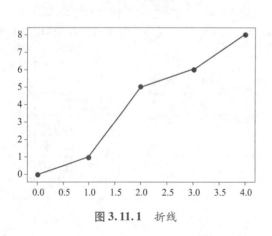

图 3.11.1 折线

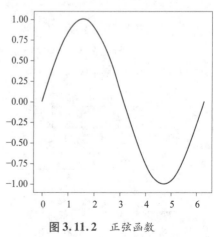

图 3.11.2 正弦函数

```
import matplotlib.pyplot as plt
import numpy as np

x = np.linspace(0,2*np.pi,100)
y = np.sin(x)
print('x的类型与尺寸:',type(x),x.shape)
print('y的类型与尺寸:',type(y),y.shape)
plt.plot(x,y,marker = 'o',lw = 1)
plt.show()
```

输出：

```
x的类型与尺寸:<class 'numpy.ndarray'> (100,)
y的类型与尺寸:<class 'numpy.ndarray'> (100,)
```

上述代码使用 NumPy 中的 np. linspace( )函数创建了一个 $0 \sim 2\pi$ 总共 100 个数的等差数组,将该数组作为 x 轴上的值,np. sin(x)将 x 作为自变量传到 sin( )函数中,得到 y。然后通过 plt. plot(x,y)画一个自变量 x 和因变量 y 的图像。

②scatter( )。scatter(x,y,s,color,marker,linewidths)中常使用的参数包括传入数据 x/y、图形大小、标记颜色、标记样式、标记点长度,scatter( )中可使用的 color 与 marker 与表 3.11.3 一致。scatter( )中传入的数据是两个,横坐标为传入的第一个参数 x,纵坐标为传入的第二个参数 y,其中 x/y 为形如 shape[n,]的数组,传入的参数的长度必须一致,否则将会出现 ValueError 的异常。代码如下所示,运行结果如图 3.11.3 所示。

```
import matplotlib.pyplot as plt
import numpy as np

x = np.linspace(0,2*np.pi,25)
y = np.sin(x)
print('x的类型与尺寸:',type(x),x.shape)
print('y的类型与尺寸:',type(y),y.shape)
area = (30*np.random.rand(25))**2    #随机生成点的大小
plt.scatter(x,y,s = area,marker = '.')
plt.show()
```

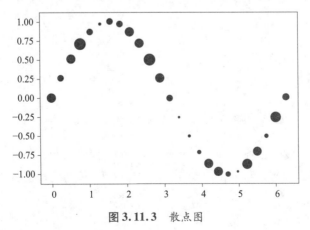

图3.11.3　散点图

输出：

```
x 的类型与尺寸：<class 'numpy.ndarray' > (25,)
y 的类型与尺寸：<class 'numpy.ndarray' > (25,)
```

上述代码中，np. linspace( )函数创建了一个 $0 \sim 2\pi$ 总共 25 个数的等差数组，将该数组作为 x 轴上的值，np. sin(x)将 x 作为自变量传到 sin 函数中，得到 y。通过 plt. scatter(x, y)画出自变量 x 和因变量 y 的散点图图像，并在图像上标记 25 个大小不一的实心圆点，圆点大小随机生成。

（2）使用 pyplot 对图形进行修改

①添加轴名、标题与图例。pyplot 中使用 title 添加图形的名称，使用 xlabel 与 ylabel 标记横轴与纵轴，使用 legend 添加图例，图例名称为 plot( )中参数 label 的值，代码如下所示，运行结果如图 3. 11. 4 所示。

```python
import matplotlib.pyplot as plt
import numpy as np

x = np.linspace(0,2*np.pi,100)
y = np.sin(x)
plt.title('sin 函数')
plt.xlabel('x 轴')
plt.ylabel('y 轴')
plt.plot(x,y, label = 'sin')
plt.legend()
plt.show()
```

输出：

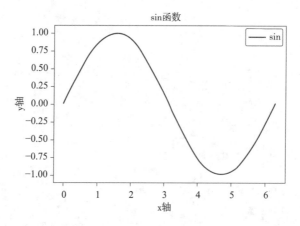

图 3. 11. 4 添加轴名、标题与图例

②在一张图上绘制多个曲线。pyplot 中输出图形数量与代码中 plot( )、scatter( )等图形函数的数量一致。代码如下所示，运行结果如图 3. 11. 5 所示。

```python
import matplotlib.pyplot as plt
import numpy as np
```

```
x = np.linspace(0,2* np.pi,20)
y1 = np.sin(x)
y2 = np.cos(x)
plt.title('三角函数')
plt.xlabel('x轴')
plt.ylabel('y轴')
plt.plot(x,y1,ls = ' -- ',lw = 3,label = 'sin')
plt.plot(x,y2,marker = 'o',label = 'cos')
plt.legend()              #添加图例
plt.show()
```

输出:

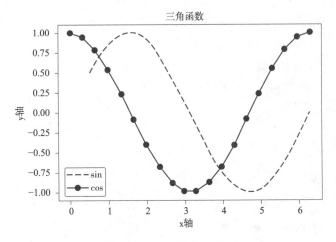

图 3.11.5　绘制多个曲线

上述代码有两个 plot( )函数,输出中对应生成了两个曲线图。并输出图像可知,y1 设置为虚线(ls = '--'),线宽为 3(lw = 3),标签为 sin(label = 'sin');y2 在曲线上标记了对应数量的圆点(marker = 'o'),标签为 cos(label = 'cos')。

③绘制子图。pyplot 中除了将多个曲线绘制在同一张图中,也支持将一组图放在一起进行比较,使用 subplot(numRows,numCols,plotNum)可以在输出中生成多个子图,即整个图片被划分为 numRows 行,numCols 列,并从左往右,从上往下编号为 1、2,plotNum 参数指定创建对象所在的区域。如果三个参数的都小于 10,则可以简写在一起,例如,subplot(4,3,2)也可以写成 subplot(432),代码如下,运行结果如图 3.11.6 所示。

```
import matplotlib.pyplot as plt
import numpy as np

plt.rcParams[ 'figure.figsize'] = (5.0,5.0)      #设置输出图像为正方形
x = np.linspace(0,10,20)
plt.subplot(221)                                 #左上角图
```

```
plt.plot(x,x**2+1)                    #二次函数
plt.subplot(222)                      #右上角图
plt.plot(x,marker='.')                #直线
sub3=plt.subplot(223)                 #左下角图
sub3.scatter(x,np.sin(x))             #正弦函数
sub4=plt.subplot(224)                 #右下角图
theta=np.arange(0,2*np.pi,0.01)
x2=2.0*np.cos(theta)
y2=2.0*np.sin(theta)
sub4.plot(x2,y2)                      #圆
plt.show()
```

输出：

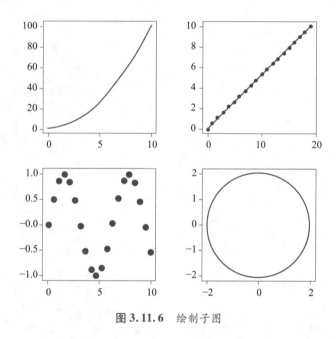

图3.11.6 绘制子图

④保存图像。pyplot 中使用 savefig(figurename)函数将生成的图形进行保存,值得注意的是,savefig()函数必须在 show()函数之前运行,否则保存的为一张空白图像,代码如下,运行结果如图 3.11.7 所示。

```
import matplotlib.pyplot as plt
import numpy as np

x=np.linspace(0,10,20)
plt.plot(x,x**2+1)        #二次函数
plt.savefig('out.jpg')
plt.show()
```

输出：

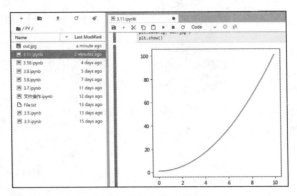

图 3.11.7　保存图像

由输出可知上述代码将二次函数图像保存在当前路径下,命名为 out. jpg。

3. 数据类型

Matplotlib 中可使用的数据除了 data 还包括 image,以上实例都基于 data 实现,接下来将简单介绍 image 数据的使用方法。

(1)显示图像

Matplotlib 中的 image 模块可以使用 imread()函数读入图像,读入后的图像存储为一个三维数组,matplotlib. pyplot 中还提供了用于显示图像的函数 imshow()。以下代码展示了从当前路径读取一张图片 example. jpg 并显示,运行结果如图 3.11.8 所示。

```python
from matplotlib import pyplot as plt
from matplotlib.image import imread

img = imread('example.jpg')
print(type(img))
print('图像尺寸是',img.shape)
plt.title('测试图像')
plt.imshow(img)
plt.show()
```

输出:

```
<class 'numpy.ndarray'>
图像尺寸是(1 080,1 620,3)
```

图 3.11.8　使用 Matplotlib 显示图像

由输出可知,imread()函数返回的是一个数组,并且可以查看该数组的大小。

(2)在图像上标点

Matplotlib 读入图像后可在图像上进行多种操作。这里展示了在图上进行标点,代码如下,运行结果如图 3.11.9 所示。

```
import matplotlib.pyplot as plt
from matplotlib.image import imread

img = imread('example.jpg')
x = [400,400,680,600]      #定义好要绘制的点的坐标(x,y)
y = [200,500,600,200]
plt.imshow(img)
plt.plot(x,y,'r* ')
plt.plot(x[:4],y[:4],'y-- ')
plt.show()
```

输出:

图 3.11.9　在图像上标点

习　题　3

3.1　简述 Python 为什么适合作为机器学习编程语言。

3.2　Python 中的容器有哪些?其中哪些是可变容器,哪些是不可变容器?

3.3　编写一个循环计算 1~100 的奇数和。

3.4　运行以下代码,请问生成的 File1 文件中内容是什么?

```
lines = ['line \n','line1','line2']
with open('File1.txt','w')as f:
    s = ''
    for data in lines:
        s += data
    f.write(s)
    f.write('This is File1! \nHave a good read! \n')
```

3.5　使用 Matplotlib 库和 NumPy 库,画一个圆心坐标为(1,0)、半径为 2 的圆。

第4章

机器学习工具 Scikit-learn 等相关工具包

Scikit-learn 工具包是机器学习最主要的工具包,为用户提供各种机器学习算法接口,让用户简单且高效地进行数据挖掘和数据分析,它对所有人开放,且在很多场景易于复用。它构建于现有的 NumPy(基础 n 维数组包)、Scipy(科学计算基础包)、Matplotlib(全面的 2D/3D 画图)、Sympy(Symbolic Mathsmatics)、Pandas(数据结构和分析)之上,做了易用性封装。

Scikit-learn 提供的主要功能是数据建模,而非加载、操作、总结数据(这些任务利用 NumPy、Pandas 就可实现),故提供了如下功能:

①测试数据集:sklearn. datasets 模块提供了乳腺癌、kddcup、99、iris、加州房价等诸多开源数据集。

②降维(Dimensionality Reduction):减少属性的个数以进行特征筛选、统计可视化。

③特征提取(Feature extraction):定义文件或者图片中的属性。

④特征筛选(Feature selection):为了建立监督学习模型而识别出有真实关系的属性。

⑤按算法功能分类,分为监督学习:分类(Classification)和回归(Regression)等,无监督学习:聚类(Clustering)等。

⑥交叉验证(Cross Validation):评估监督学习模型的性能。

⑦参数调优(Parameter Tuning):调整监督学习模型的参数以获得最大效果。

⑧流行计算(Manifold Learning):统计和描绘多维度的数据。

本章将以线性回归、决策树、支持向量机、朴素贝叶斯、聚类、神经网络阐述 Scikit-learn 工具包,以 Apriori 关联学习阐述 apyori 工具包。

●●●●●● 4.1 线性回归算法及应用 ●●●●●●

线性模型虽然形式简单、构建模型容易,却蕴含着机器学习中很多重要的基本思想。一些功能更为强大的非线性模型均可在线性模型的基础上通过引入层级结构或高维映射得到。因此本章首先介绍线性回归算法及其应用。

1. 回归分析

回归分析是一种预测性的建模方法,它研究的是因变量(目标)和自变量(预测器)之间的关系,这种方法通常用于预测分析。回归模型是表示输入变量到输出变量之间映射的函数,回归问题的学习等价于函数拟合,使用曲线来拟合数据点,目标是使曲线到各数据点的距离差异最小,使用一条函数曲线使其很好地拟合已知函数且很好地预测未知数据。

2. 线性回归算法

线性回归是回归问题中的一种,线性回归假设目标值与特征之间线性相关,即满足一个多元一次方程。

(1)基本形式

给定数据集 $D = \{(x_1, y_1), (x_2, y_2), \cdots, (x_m, y_m)\}$,其中 $x_i = (x_{i1}, x_{i2}, \cdots, x_{id})$,$y_i \in \mathbf{R}$。样本属性有 d 个,x_i 是 x 在第 i 个属性上的取值。线性模型试图学得一个通过属性的线性组合来进行预测的函数,以尽可能准确地预测实值输出标记,即

$$f(\boldsymbol{x}) = w_1 x_1 + w_2 x_2 + \cdots + w_d x_d + b \tag{4.1.1}$$

其向量形式为

$$f(\boldsymbol{x}) = \boldsymbol{w}^{\mathrm{T}} \boldsymbol{x} + b \tag{4.1.2}$$

式中,$\boldsymbol{w} = (w_1, w_2, \cdots, w_d)$,模型的确定取决于 $\boldsymbol{w}$ 和 b,即如何衡量 $f(x)$ 与 y 之间的差别。由于 $\boldsymbol{w}$ 直观地表达了各属性在预测结果中的重要性,因此线性模型也有很好的解释性,适用于数值型数据和标称型数据。

最简单的线性回归为"一元线性回归",即属性只有一个。样本属性有多个的线性回归称为"多元线性回归"。

(2)基本原理

为了便于讨论,改写式(4.1.2)的向量形式,令 $b = w_0 x_0$,其中 $x_0 = 1$,此时 $\boldsymbol{w} = (w_0, w_1, w_2, \cdots, w_d)$,$\boldsymbol{x}_i = (1, x_{i1}, x_{i2}, \cdots, x_{id})$,则

$$f(\boldsymbol{x}) = \boldsymbol{w}^{\mathrm{T}} \boldsymbol{x}$$

欲确定合适的 $\boldsymbol{w}$,需要一个标准来对结果进行衡量,定量化一个目标函数式,在求解过程中不断优化。根据 $f(\boldsymbol{x})$ 与 y 的误差 $f(\boldsymbol{x}) - y$,可将损失函数定义为均方误差的形式,即预测值与真实值之间的平方距离,$(f(\boldsymbol{x}) - y)^2$ 是回归任务中最常用的性能度量,有很好的几何意义,对应了常用的欧几里得距离(或简称"欧氏距离")。可试图将均方误差最小化,即

$$J(\theta) = \frac{1}{m} \sum_{i=1}^{m} (f(\boldsymbol{x}_i) - y_i)^2 = \frac{1}{m} \sum_{i=1}^{m} (\boldsymbol{w} \boldsymbol{x}_i - y_i)^2 \tag{4.1.3}$$

基于均方误差最小化进行模型求解的方法称为"最小二乘法",在线性回归中,最小二乘法试图找到一条直线,使所有样本到直线上的欧式距离之和最小。

求解 $\boldsymbol{w}$ 使 $J(\theta)$ 最小化的过程称为线性回归模型的最小二乘"参数估计"。将 $J(\boldsymbol{\theta})$ 对 $\boldsymbol{w}$ 求导(由于样本数 m 是固定的,故可不考虑),得到:

$$\frac{\partial J(\theta)}{\partial w} = 2\Big(w \sum_{i=1}^{m} x_i^2 - \sum_{i=1}^{m} x_i y_i \Big) \tag{4.1.4}$$

令式(4.1.4)为零可得到 w 最优解的闭式解为

$$w = \frac{\sum_{i=1}^{m} x_i y_i}{\sum_{i=1}^{m} x_i^2} \tag{4.1.5}$$

转成向量形式，若 $x^T x$ 为满秩矩阵或正定矩阵，则式(4.1.5)为 $w = x^T x^{-1} x^T y$。

然而，实际任务中 $x^T x$ 往往不是满秩矩阵，比如在许多任务中会出现属性个数较多，甚至超过样本数，导致 x 的列数大于行数，$x^T x$ 显然不满秩，此时可能会有多个解 $\hat{w}$，它们均能使均方误差最小化。最常用的做法是引入正则化项，根据算法的归纳偏好来决定选择哪个解作为输出。

3. 线性回归函数接口

Scikit-learn 中的线性回归函数主要调用 linear_model. LinearRegression( ) 函数，调用操作代码如下所示：

```
import sklearn

lr = sklearn.linear_model.LinearRegression(fit_intercept = True,normalize =
False,copy_X = True,n_jobs = 1)
```

其主要的参数、属性和方法介绍如下：

(1)参数

fit_intercept：是否计算截距，可供选择的取值有 False(不计算)、True(计算，默认值)。

normalize：是否会标准化输入参数，fit_intercept 取值为 False 时忽略该参数，可供选择的取值有 False 和 True(默认值)。

copy_X：是否复制原数据，可供选择的取值有 False(X 会被改写)、True(X 不会被改写，默认值)。

n_jobs：表示用于计算的 CPU 资源数，默认为 1，如果为 −1，则代表调用所有的 CPU。

(2)属性

当函数调用(假设线性回归对象返回为 lr)完毕后，属性的使用形式为：lr. coef_、lr. intercept_。

coef_：回归系数。

intercept_：截距。

(3)方法

fit(x,y,sample_weight = None)：训练数据，x、y 和 sample_weight 都是 array，每条测试数据的权重，同样以矩阵方式传入。

predict(x)：预测方法，用来返回预测值。

get_params(deep = True):返回对 regressor 的设置值。

score(x,y,sample_weight):评分函数,返回一个小于 1 的得分(也可能小于 0)。

当函数调用(假设线性回归对象返回为 lr)完毕后,方法的使用形式为:lr. fit( )、lr. predict( )、lr. get_params( )、lr. score( )。

4. 线性回归应用

利用 Scikit-learn 的 diabete 数据集中的第一个特征来描述一个简单的"一元线性回归",并可视化回归结果。

Diabete 数据集是糖尿病数据集,是用于回归的经典数据集,该数据集包含 10 个特征,值得注意的是,这 10 个特征中的每个特征都已经被经过零均值、方差归一化的处理。

(1)程序清单

```
#导入相应的包
from sklearn import datasets,linear_model
from sklearn.metrics import mean_squared_error,r2_score
from sklearn.model_selection import train_test_split
import matplotlib.pyplot as plt
import pandas as pd

#获取数据集
diabetes = datasets.load_diabetes()
data_x = pd.DataFrame(diabetes.data[:,0])
data_y = pd.DataFrame(diabetes.target)

#切分训练集和测试集(比例为 7:3)
train_x,test_x,train_y,test_y = train_test_split(data_x,data_y,test_size =
0.3,random_state =1)

#构建线性回归模型
reg = linear_model.LinearRegression()
reg.fit(train_x,train_y)

#预测结果
pre_y = reg.predict(test_x)

#输出系数、MSE 和 r2 值
print('Coefficients:',reg.coef_)
print('Intercept:',reg.intercept_)
print('MSE:',mean_squared_error(pre_y,test_y))
print('r2',r2_score(pre_y,test_y))

#将实际结果和预测结果可视化
plt.scatter(test_x,test_y,  color = 'black')
plt.plot(test_x,pre_y,color = 'blue',linewidth =3)
plt.xticks(())
plt.yticks(())
plt.show()
```

（2）结果清单

运行结果如图4.1.1所示。

Coefficients: [[340.51003485]]
Intercept: [153.83292434]
MSE: 4996.686063656592
r2 −18.08779612144431

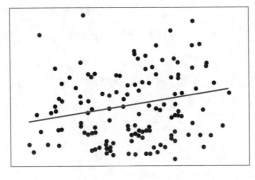

图4.1.1　线性回归结果

根据图4.1.1的结果，"一元线性回归"模型为

$$\hat{y} = 153.832\ 9 + 340.510\ 0\ x_1$$

●●●●●● 4.2　决策树算法及应用 ●●●●●●

决策树是常见的机器学习方法之一，它可用作回归问题，也可用作分类问题。决策树由一个根节点、若干内部节点和若干叶节点构成，节点之间由边组成（有向边，箭头从上至下）。

根节点包含样本全集，是决策树划分的开始。内部节点对应一个属性测试（或一个特征），每个节点包含的样本集合根据属性测试的结果被划分至叶节点中。叶节点对应于决策结果或者代表一个类。

1. 决策树算法

以分类任务为例，决策树从根节点开始，对实例的某一个特征进行测试，根据测试结果，将实例分配至其子节点中，每一个子节点对应着该特征的一个取值，如此递归地对实例进行测试并分配，直至到达叶节点，最后将实例分配至叶节点的类中。

（1）基本原理

假定数据集 D，属性集 A。决策树算法的基本原理：

①生成节点 node。

②遍历数据集 D 中的样本，如果样本全属于同一类别 C，则将节点 node 标记为 C 类叶节点，决策树构建完毕。

③如果属性集 A 为空，或者 D 中样本在 A 上取值相同，则将节点 node 标记为叶节点，其类别标记为 D 中样本数最多的类，决策树构建完毕。

④如果②③都不满足,则在 A 中寻找划分数据集 D 的最优特征 a_* :对于 a_* 中的每一个值 a_*^v ,为 node 生成一个分支,令 D_v 表示 D 中在 a_* 上取值为 a_*^v 的样本子集:

- 如果 D_v 为空,则将分支节点标记为叶节点,其类别标记为 D 中样本最多的类。
- 否则,以样本集 D_v 、属性 $A\backslash\{a_*\}$ 为分支节点,重复②③④,决策树构建完毕。

(2)属性划分准则

决策树算法的关键是如何选择最优的划分属性,一般而言,随着划分过程不断地进行,希望决策树的分支结构所包含的样本尽可能属于同一类别,即节点的"纯度"越高越好。

度量样本集合纯度的指标有很多种,"信息熵"是最常用的一种。

①信息增益。假定当前样本集合 D 中第 k 类样本所占比例为 p_k ($k=1,2,\cdots,$ $|\gamma|$), $|\gamma|$ 是类别数量,则样本集合 D 的信息熵定义为

$$\text{Ent}(D) = -\sum_{k=1}^{|\gamma|} p_k\log_2 p_k \tag{4.2.1}$$

假设样本集为 D ,对于某个离散属性 a ,有 V 个可能的取值,若使用 a 来对样本集 D 进行划分,则会产生 V 个分支节点,其中第 v 个分支节点包含了 D 中所有属性 a 上取值为 a_v 的样本,记为 D_v 。

可以计算 D_v 的信息熵,由于不同的分支节点所包含的样本数不同,给分支节点赋予权重 $|D_v|/|D|$,即样本数越多的分支节点的影响越大,于是可以计算出用属性 a 对样本集 D 进行划分所获得的"信息增益"为

$$\text{Gain}(D,a) = \text{Ent}(D) - \sum_{v=1}^{V}\frac{|D^v|}{|D|}\text{Ent}(D^v) \tag{4.2.2}$$

一般情况下,信息增益越大,使用属性 a 来进行划分所获得数据"纯度提升"越大,著名的 ID3 算法即以信息增益为准则来划分属性(选择信息增益最大的属性为最优划分属性)。

②信息增益率。如果每个分支节点仅包含一个样本,那么这些分支节点的纯度已经达到最大,但是这样的决策树显然不具有泛化能力,即无法对新样本进行预测。

实际上,信息增益准则对可取值数目较多的属性有所偏好(极端来说,离散属性 a 对每个样本都有一个不同的值),为减少这种偏好带来的不利影响,使用"信息增益率"来选择最优划分属性。著名的 C4.5 算法使用该准则。

信息增益率定义为

$$\text{Gainratio}(D,a) = \frac{\text{Gain}(D,a)}{\text{IV}(a)} \tag{4.2.3}$$

式中

$$\text{IV}(a) = -\sum_{v=1}^{V}\frac{|D^v|}{|D|}\log_2\frac{|D^v|}{|D|} \tag{4.2.4}$$

IV 值表示某个属性可能取值数目的偏好。

信息增益率,即信息增益消除某个属性的可能取值数目的影响。需要注意的是,

信息增益率对可取值数目较少的属性有所偏好(可取值数据越少,IV 值越小,则信息增益率越大)。

③基尼系数。基尼系数反应了从数据集 D 中随机抽取两个样本,其类别标记不一致的概率,基尼系数越小,类别标记不一致的概率越低,数据集 D 的纯度越高。

基尼系数定义为

$$\text{Gini}(D) = \sum_{k=1}^{|\gamma|} \sum_{k' \neq k} p_k p_k' = 1 - \sum_{k=1}^{|\gamma|} p_k^2 \qquad (4.2.5)$$

CART 算法采用基尼指数最小的属性作为最优划分属性。对于属性 a,基尼指数定义为

$$\text{Giniindex}(D,a) = \sum_{v=1}^{V} \frac{|D^v|}{|D|} \text{Gini}(D^v) \qquad (4.2.6)$$

通过基尼指数的定义可知,基尼系数在基尼指数的基础上,考虑了属性可能取值数目的偏好问题。

(3)决策树剪枝

由于生成的决策树会存在分支过多、"过拟合"现象,因此需要主动去掉一些分支,来降低"过拟合"。值得注意的是,决策树剪枝的过程是基于验证集的。

①预剪枝。预剪枝是指在决策树生成过程中,对每个节点在划分前先进行估计(估计划分前后的泛化性能),若当前节点的划分不能带来决策树的泛化性能提升,则停止划分并将当前节点标记为叶节点。

②后剪枝。后剪枝是指先训练完一棵完整的决策树,再进行从下而上的剪枝,对所有非叶节点进行逐一考察,通常比预剪枝保留了更多的分支。一般情形下,后剪枝决策树的欠拟合风险较小,泛化性能也往往优于预剪枝决策树。

2. 决策树算法接口

(1)决策树回归

Scikit-learn 中的决策树回归算法主要调用 sklearn. tree. DecisionRegressor,调用代码如下:

```
import sklearn

tr = sklearn.tree.DecisionRegressor(criterion = 'mse',splitter = 'best',
max_depth = None,min_samples_split = 2,min_samples_leaf = 1,
min_weight_fraction_leaf = 0.0,max_features = None,random_state = None,
max_leaf_nodes = None,min_impurity_decrease = 0.0,min_impurity_split = None,
presort = False)
```

其主要的参数、属性和方法介绍如下:

①参数:

criterion:基于特征划分数据集时的选择特征标准,默认为'mse',可供选择的有'mae'、'friedman_mse'。

splitter:构造树时,选择属性特征的原则,默认为'best',表示在所有特征中选择最好

的,可供选择的还有'random',代表在部分特征中选择最好的。

max_depth:树的最大深度,默认为 None,表示树的节点将一直扩展,直至节点包含的叶节点数量少于 min_samples_split 的数量。

min_samples_split:分割内部节点所需要的最小样本数量;默认为 2,如果是 int 型,则将该数值作为最小数量;如果是 float 型,则最小样本数量为 min_samples_split * n_samples。

min_samples_leaf:在叶节点所需要的最小样本数量,类型同 min_samples_split,默认为 1。

min_weight_fraction_leaf:叶节点所需权重总和的最小加权分数,默认为样本具有相同的权重。

max_features:寻找最优分割时考虑的特征数量,int 和 float 型同 min_samples_split,默认为 None,可供选择的有'auto'、'sqrt'、'log2'。

random_state:随机种子数。

max_leaf_nodes:限制最大叶节点数,防止过拟合,默认为 None,即不限制最大的叶节点数。

min_impurity_decrease:节点划分最小不纯度,float 型,默认为 0,可限制决策树的增长。

min_impurity_split:信息增益的阈值,信息增益必须大于这个阈值,否则不分裂,默认为 None。

persort:表示在拟合前,是否对数据进行排序来加快树的构建,bool 型,默认为 False。

②属性:

当函数调用(假设决策树回归对象返回为 tr)完毕后,属性的使用形式为:tr. feature_importance_、tr. max_features_、tr. n_features_、tr. n_outputs_、tr. tree_。

feature_importances_:特征的重要程度。

max_features_:寻找最优分割时特征数量的推断值。

n_features_:训练完成后,特征数量。

n_outputs_:训练完成后,输出的数量。

tree_:获取 tree 对象的属性,并了解决策树结构。

③方法:

fit:训练模型。

score:评分函数。

apply:输入测试集,返回每个测试样本所在的叶节点索引。

predict:输入测试集,返回每个测试样本的标签。

当函数调用(假设决策树回归对象返回为 tr)完毕后,方法的使用形式为:tr. fit( )、tr. score( )、tr. apply( )、tr. predict( )。

(2)决策树分类

Scikit-learn 中的决策树分类算法主要调用 sklearn. tree. DecisionClassifier( ),调用

代码如下：

```
import sklearn

tr = sklearn.tree.DecisionClassifier(criterion = 'gini,splitter = 'best',
max_depth = None,min_samples_split = 2,min_samples_leaf = 1,
min_weight_fraction_leaf = 0.0,max_features = None,random_state = None,
max_leaf_nodes = None,min_impurity_decrease = 0.0,min_impurity_split = None,
class_weight = None,presort = False)
```

其主要的参数、属性和方法介绍如下：

①参数：

criterion：基于特征划分数据集时的选择特征标准，默认为'gini'，可供选择的还有'entropy'。

splitter：构造树时，选择属性特征的原则，默认为'best'，表示在所有特征中选择最好的，可供选择的还有'random'，代表随机的在部分特征中选择局部最优的划分点。

max_depth：树的最大深度，默认为 None，表示树的节点将一直扩展，直至节点包含的叶节点数量少于 min_samples_split 的数量。

min_samples_split：分割内部节点所需要的最小样本数量，默认为 2，如果是 int 型，则将该数值作为最小数量；如果是 float 型，则最小样本数量为 min_samples_split * n_samples。

min_samples_leaf：在叶节点所需要的最小样本数量，类型同 min_samples_split，默认为 1。

min_weight_fraction_leaf：叶节点所需权重总和的最小加权分数，默认为样本具有相同的权重。

max_features：寻找最优分割时考虑的特征数量，int 和 float 型同 min_samples_split，默认为 None，可供选择的有'auto'、'sqrt'、'log2'。

random_state：随机种子数。

max_leaf_nodes：限制最大叶节点数，防止过拟合，默认为 None，即不限制最大的叶节点数。

min_impurity_decrease：节点划分最小不纯度，float 型，默认为 0，可限制决策树的增长。

min_impurity_split：信息增益的阈值，信息增益必须大于这个阈值，否则不分裂，默认为 None。

class_weight：指定样本各类别的权重，默认为 None，可供选择的有 dict（自定义权重）、balanced（算法自行计算权重）。

persort：表示在拟合前，是否对数据进行排序来加快树的构建，bool 型，默认为 False。

②属性：

当函数调用（假设决策树分类对象返回为 tc）完毕后，属性的使用形式为：

tr. classes_、tr. feature_importance_、tr. max_features_、tr. n_classes_、tr. n_features_、tr. n_outputs_、tr. tree_。

classes_:分类标签值。

feature_importances_:特征的重要程度。

max_features_:寻找最优分割时特征数量的推断值。

n_classes_:分类数量。

n_features_:训练完成后,特征的数量。

n_outputs_:训练完成后,输出的数量。

tree_:获取 tree 对象的属性,并了解决策树结构。

③方法:

fit:训练模型。

score:评分函数,返回模型的预测性得分。

apply:输入测试集,返回每个测试样本所在的叶节点索引。

predict:输入测试集,返回每个测试样本的标签。

predict_log_proba:输入测试集,返回每个测试样本预测为各个类别的概率的对数值。

predict_proba:输入测试集,返回每个测试样本预测为各个类别的概率值。

decision_path:返回树中的决策路径。

get_depth:返回决策树的深度。

get_n_leaves:返回决策树的叶节点数。

get_params:返回估计器的参数。

set_params:返回估计器的参数集合。

当函数调用(假设决策树分类对象返回为 tr)完毕后,方法的使用形式为:tr. fit( )、tr. score( )、tr. apply( )、tr. predict( )、tr. predict_log_proba、tr. predict_proba、tr. decision_path、tr. get_depth、tr. get_n_leaves、tr. get_parmas、tr. set_params。

3.决策树算法应用

为了更好地阐述决策树算法应用,以决策树分类算法为例,通过 iris 数据集,演示决策树分类。

iris 鸢尾花数据集包含三类共 150 条记录(每类各 50 条),每条记录都有四项记录:花萼长度、花萼宽度、花瓣长度、花瓣宽度,可通过这四个特征预测鸢尾花属于这三类中的哪一类。

(1)程序清单

```
#导入相应的包
from sklearn import datasets,tree
from sklearn import metrics
from sklearn.model_selection import train_test_split
import matplotlib.pyplot as plt
import pandas as pd
```

```
#获取数据集
diabetes = datasets.load_iris()
data_x = pd.DataFrame(diabetes.data)
data_y = pd.DataFrame(diabetes.target)

#切分训练集和测试集(比例为7:3)
train_x,test_x,train_y,test_y = train_test_split(data_x,data_y,test_size =
0.3,random_state =1)

#构建决策树分类模型
tc = tree.DecisionTreeClassifier()
tc.fit(train_x,train_y)

#预测结果
pre_y = tc.predict(test_x)

#输出准确率、召回率和F值
print(metrics.classification_report(test_y,pre_y))

#将实际结果和预测结果可视化
map_marker = {0:'x',1:'o',2:'v'}
markers = np.array(list(map(lambda x:map_marker[x],pre_y)))

for _s,_x,_y in zip(markers,test_x[0],test_x[1]):
    plt.scatter(_x,_y,marker =_s,c ='r')

plt.title('DecisionTreeClassifier')
plt.show()
```

(2)结果清单

运行结果如图4.2.1所示。

	precision	recall	fl-soore	support
0	1.00	1.00	1.00	14
1	0.94	0.94	0.94	18
2	0.92	0.92	0.92	13
micro avg	0.96	0.96	0.96	45
macro avg	0.96	0.96	0.96	45
weighted avg	0.96	0.96	0.96	45

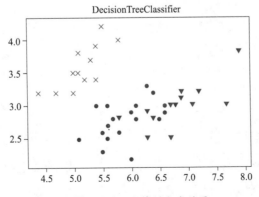

图4.2.1　决策树分类结果

●●●●●● 4.3　支持向量机算法及应用 ●●●●●●

支持向量机(Support Vector Machine,SVM)是用来解决线性二分类问题的监督学习算法,其基本模型定义为:在特征空间上找到最佳的划分超平面,使得训练集上不同类别的样本间隔最大。SVM 还包括核技巧,这使它成为实质上的非线性分类器。它的学习策略为间隔最大化,最终可转化为一个凸二次规划问题的求解。

1.支持向量机算法

作为一个分类学习算法,支持向量机的目标是在样本空间找到一个划分超平面,将不同类别的样本分开。能将训练样本分类的超平面可能有很多,因此要找出其中最优的一个。于是,算法引入了超平面选取标准——间隔最大化,目的是找到一个划分超平面,使产生的分类结果最稳定,对样本的噪声、未见样本的泛化能力最强,以此作为最优解。

SVM 的主要思想可以概括为以下两点:一是针对线性可分的情况进行分析,对于线性不可分的情况,通过使用非线性映射函数将低维原始空间映射到一个高维的特征空间,使样本在这个高维空间内线性可分;二是基于结构风险最小化理论,在特征空间中构建最优划分面,并且利用"正则化"降低了过拟合风险。

从上面的两点基本思想来看,SVM 没有使用传统的推导过程,简化了一般的分类问题,用少数的支持向量确定了最终目标函数,计算的复杂性取决于支持向量,而不是整个样本空间,大大降低了算法的复杂度。少数支持向量决定了最终结果,这不但可以帮助用户抓住关键样本,而且使得该方法不仅简单,还具有较好的稳定性。下面将从算法的基本形式、问题转化和求解方法三方面展开具体介绍。

(1)基本形式

给定训练数据集 $D = \{(x_1,y_1),(x_2,y_2),\cdots,(x_m,y_m)\}$,$y_i \in \{-1,1\}$,分类算法的目标是基于该数据集,找到一个最优划分超平面,将不同类别的样本分开。因此,首先需要对超平面进行定义。在样本空间中,超平面可通过如下线性方程来描述:

$$\boldsymbol{w}^{\mathrm{T}}\boldsymbol{x} + b = 0 \tag{4.3.1}$$

式中,$\boldsymbol{w} = (w_1,w_2,\cdots,w_d)$ 为法向量,它确定了超平面的方向;b 为偏移量,确定了超平面相对于坐标系原点偏移的距离。所以,法向量 $\boldsymbol{w}$ 和偏移量 b 确定了一个超平面,将其记为 $(\boldsymbol{w},b)$。样本空间内任意点 x 到超平面 $(\boldsymbol{w},b)$ 的距离表示如下:

$$r = \frac{|\boldsymbol{w}^{\mathrm{T}}\boldsymbol{x} + b|}{\|\boldsymbol{w}\|} \tag{4.3.2}$$

若超平面 $(\boldsymbol{w},b)$ 能够将训练数据集里的样本正确分类,那么对于 $\forall (\boldsymbol{x}_i,y_i) \in D$,若 $y_i = 1$,则有 $\boldsymbol{w}^{\mathrm{T}}\boldsymbol{x}_i + b > 0$;若 $y_i = -1$,则有 $\boldsymbol{w}^{\mathrm{T}}\boldsymbol{x}_i + b < 0$。为了方便推导,令

$$\begin{cases} \boldsymbol{w}^{\mathrm{T}}\boldsymbol{x}_i + b \geq +1, y_i = +1 \\ \boldsymbol{w}^{\mathrm{T}}\boldsymbol{x}_i + b \leq -1, y_i = -1 \end{cases} \tag{4.3.3}$$

在样本中,存在一些训练样本点距离划分超平面最近,并使式(4.3.3)的等号成立,它们被称为"支持向量"。根据定义,两个不同类别的支持向量到划分超平面的距离之和为

$$\gamma = \frac{2}{\|\boldsymbol{w}\|} \tag{4.3.4}$$

该距离也称"间隔",即算法最大化的目标对象,具体如图4.3.1所示。

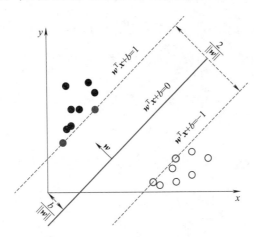

图4.3.1 划分超平面原理示意图

为了找到"最大间隔"的超平面,也就是能够满足式(4.3.3)约束的参数对(w,b),使得距离γ最大,将其表示为最优化方程如下:

$$\max_{w,b} \frac{2}{\|\boldsymbol{w}\|} \tag{4.3.5}$$

$$\text{s.t.} \ y_i(\boldsymbol{w}^{\mathrm{T}}\boldsymbol{x}_i + b) \geqslant 1, i = 1,2,\cdots,m$$

为了最大化间隔,即最大化$\|\boldsymbol{w}\|^{-1}$,这等价于最小化$\|\boldsymbol{w}\|^2$。因此,为了让方程便于求解,将方程(4.3.5)转化为

$$\min_{w,b} \frac{1}{2} \|\boldsymbol{w}\|^2 \tag{4.3.6}$$

$$\text{s.t.} \ y_i(\boldsymbol{w}^{\mathrm{T}}\boldsymbol{x}_i + b) \geqslant 1, i = 1,2,\cdots,m$$

这就是支持向量机的基本形式。我们希望通过求解方程(4.3.6)来得到最优的划分超平面模型:

$$f(x) = \boldsymbol{w}^{\mathrm{T}}\boldsymbol{x} + b \tag{4.3.7}$$

其中,w和b是模型的参数。因此,该算法本质上是一个最优化问题,它的目标函数是二次的,约束条件是线性的,所以它是一个凸二次规划问题,能直接用现成的 QP 优化计算包求解。

(2)问题转化

由于这个问题具有特殊结构,因此可以利用拉格朗日对偶性,将该问题转换为对偶变量的优化问题,即通过求解与原问题等价的"对偶问题"得到原始问题的最优解,这就是线性可分条件下支持向量机的对偶算法。这么做的优点在于:一是对偶问题往

往更容易求解；二是可以自然地引入核函数，进而将算法推广到特征空间。

概括来说，首先通过给每一个约束条件加上一个拉格朗日乘子，定义拉格朗日函数；再通过将约束条件融合到该函数里去，就可以得到原问题的对偶问题，下面将具体解释说明。

通过对式(4.3.6)的每条约束添加拉格朗日乘子$\partial_i \geq 0$，得到该问题的拉格朗日函数如下：

$$L(\boldsymbol{w},b,\partial) = \frac{1}{2}\|\boldsymbol{w}\|^2 + \sum_{i=1}^{m}\partial_i[1 - y_i(\boldsymbol{w}^{\mathrm{T}}\boldsymbol{x}_i + b)] \qquad (4.3.8)$$

式中，$\partial = (\partial_1,\partial_2,\cdots,\partial_m)$。令$L(\boldsymbol{w},b,\partial)$对$\boldsymbol{w}$和$b$的偏导为零可得

$$\boldsymbol{w} = \sum_{i=1}^{m}\partial_i y_i x_i \qquad (4.3.9)$$

$$0 = \sum_{i=1}^{m}\partial_i y_i \qquad (4.3.10)$$

将得到的这两个关系式代入式(4.3.8)，能够将式中的$\boldsymbol{w}$和b消去，依此得到原式(4.3.6)的对偶问题如下：

$$\max_{\partial} \sum_{i=1}^{m}\partial_i - \frac{1}{2}\sum_{i=1}^{m}\sum_{j=1}^{m}\partial_i\partial_j y_i y_j \boldsymbol{x}_i^{\mathrm{T}}\boldsymbol{x}_j \qquad (4.3.11)$$

$$\text{s. t. } \sum_{i=1}^{m}\partial_i y_i = 0, \partial_i \geq 0, i = 1,2,\cdots,m$$

通过解该对偶问题求得的∂_i是前面添加的拉格朗日乘子，每个∂_i都对应着一个训练样本$(\boldsymbol{x}_i,y_i)$。因为原问题方程式(4.3.6)有不等式约束条件，因此上述过程需满足KKT条件，即要求

$$\begin{cases} \partial_i \geq 0 \\ y_i f(\boldsymbol{x}_i) - 1 \geq 0 \\ \partial_i(y_i f(\boldsymbol{x}_i) - 1) = 0 \end{cases} \qquad (4.3.12)$$

因此，对任意训练样本$(\boldsymbol{x}_i,y_i)$，总有$\partial_i = 0$或$y_i f(\boldsymbol{x}_i) = 1$。如果$\partial_i = 0$，则该样本对结果没有任何影响，可以忽略；如果$\partial_i > 0$，则有$y_i f(\boldsymbol{x}_i) = 1$，说明对应的样本位于最大间隔边界上，是一个支持向量。这显示出支持向量机的一个重要性质：训练完成后，大部分训练样本都无须保留，最终划分超平面只与支持向量相关。

在前面的讨论中，我们假设训练样本是线性可分的，即存在一个划分超平面能够将训练集样本正确分类。然而，在某些任务中，原始样本空间可能并不存在一个能正确将样本分类的超平面。对于这种类型的问题，可将原样本空间映射到一个更高维度的特征空间，使得训练样本在这个特征空间内线性可分，从而应用前文提到的方法。令$\varphi(\boldsymbol{x})$表示将$\boldsymbol{x}$映射后的特征向量，那么，在特征空间里的划分超平面对应的模型可表示为

$$f(\boldsymbol{x}) = \boldsymbol{w}^{\mathrm{T}}\varphi(\boldsymbol{x}) + b \qquad (4.3.13)$$

将式(4.3.6)约束条件中的$\boldsymbol{x}$替换为映射后的特征向量$\varphi(\boldsymbol{x})$，得到特征空间里的最优化方程如下：

$$\min_{w,b}\frac{1}{2}\|\boldsymbol{w}\|^2 \qquad (4.3.14)$$

$$\text{s. t. } y_i(\boldsymbol{w}^{\mathrm{T}}\varphi(\boldsymbol{x}_i)+b)\geq 1, i=1,2,\cdots,m$$

类似的,运用拉格朗日乘子法,其对偶问题是

$$\max_{\partial}\sum_{i=1}^{m}\partial_i - \frac{1}{2}\sum_{i=1}^{m}\sum_{j=1}^{m}\partial_i\partial_j y_i y_j \varphi(\boldsymbol{x}_i)^{\mathrm{T}}\varphi(\boldsymbol{x}_j) \qquad (4.3.15)$$

$$\text{s. t. } \sum_{i=1}^{m}\partial_i y_i = 0, \partial_i \geq 0, i=1,2,\cdots,m$$

求解式(4.3.15)涉及计算映射后的内积$\varphi(\boldsymbol{x}_i)^{\mathrm{T}}\varphi(\boldsymbol{x}_j)$。由于特征空间的维数可能很高,甚至可能是无穷维,因此直接计算通常较为困难。为了解决这个问题,自然地引入"核函数"概念,即

$$\kappa(\boldsymbol{x}_i,\boldsymbol{x}_j) = \varphi(\boldsymbol{x}_i)^{\mathrm{T}}\varphi(\boldsymbol{x}_j) \qquad (4.3.16)$$

即在原始空间内,通过核函数$\kappa(\boldsymbol{x}_i,\boldsymbol{x}_j)$计算$x_i$与$x_j$在特征空间的内积。有了核函数的帮助,就不用直接去计算高维甚至是无穷维特征空间中的内积,大大降低了计算难度。相应地,对偶问题式(4.3.15)可重写为

$$\max_{\partial}\sum_{i=1}^{m}\partial_i - \frac{1}{2}\sum_{i=1}^{m}\sum_{j=1}^{m}\partial_i\partial_j y_i y_j\kappa(\boldsymbol{x}_i,\boldsymbol{x}_j) \qquad (4.3.17)$$

$$\text{s. t. } \sum_{i=1}^{m}\partial_i y_i = 0, \partial_i \geq 0, i=1,2,\cdots,m$$

事实上,任何一个核函数都定义了一个"再生希尔伯特空间"的特征空间,该特征空间的好坏对支持向量机的性能至关重要。需要注意的是,在不知道特征映射的形式时,我们并不知道什么样的核函数是合适的。因此,"核函数的选择"成为支持向量机最重要的一环,若该函数选择不合适,意味着样本映射到了不合适的特征空间,将导致性能不佳。常用的核函数包括以下几个:线性核、多项式核、高斯核、拉普拉斯核及Sigmoid核,此外,还可以通过函数组合得到更为普遍的核函数。因此,为了使支持向量机拥有较好的性能,我们需要根据数据集的性质,因地制宜地选取适合的核函数。

经过以上分析,我们完成了对原始问题的转化和推广。通过求解等效对偶问题的最优化方程(4.3.17),即可得到原始问题的最优解——划分超平面的表达式如下:

$$f(\boldsymbol{x}) = \sum_{i=1}^{m}\partial_i y_i\kappa(\boldsymbol{x}_i,\boldsymbol{x}_j) + b \qquad (4.3.18)$$

该式显示出模型的最优解可通过训练样本的核函数展开,需要通过计算确定的参数为∂和b,这一展式也被称为"支持向量展式"。

(3)求解方法

上一节根据支持向量机问题的特殊性,运用拉格朗日乘子法将其转换为更易求解的对偶问题,同时引入核函数,利用特征空间解决原始空间线性不可分的问题,得到了最优划分超平面的模型表达式。下面介绍该对偶问题的求解方法,即最优解参数的具体计算方法。

式(4.3.17)给出了支持向量机分类算法对偶问题的一般形式。若核函数取线性

核,则是一个线性分类问题;若取非线性核,则是一个非线性分类问题。那么,如何求解该方程呢? 通过观察可以发现,这是一个二次规划问题,可使用常规的二次规划算法来求解。然而,该问题的开销正比于训练集的样本数量。为了提高算法的效率,我们介绍一个代表性的优化算法——SMO(Sequential Minimal Optimization)。

SMO 的基本思路是先固定 ∂_i 之外的所有参数,然后求 ∂_i 上的极值。由于存在约束 $\sum_{i=1}^{m} \partial_i y_i = 0$,如果固定了其余变量,那么 ∂_i 可由其余变量表示出。于是,SMO 每次选取两个变量 ∂_i 和 ∂_j,并固定其他参数。依此,做完参数初始化后,SMO 不断执行如下两个步骤直至收敛:

①选取一对需更新的变量 ∂_i 和 ∂_j。

②固定 ∂_i 和 ∂_j 以外的参数,求解式(4.3.17)获取更新后的 ∂_i 和 ∂_j。

SMO 算法之所以高效,是因为在固定其他参数后,仅需要优化两个参数,复杂度大幅降低。具体来说,仅考虑 ∂_i 和 ∂_j 时,式(4.3.17)中的约束可转换为

$$\partial_i y_i + \partial_j y_j = c, \partial_i \geq 0, \partial_j \geq 0 \tag{4.3.19}$$

式中

$$c = -\sum_{k \neq i,j} \partial_k y_k \tag{4.3.20}$$

用式(4.3.19)消去变量 ∂_j,则得到一个关于单变量 ∂_i 的二次规划问题,约束条件为 $\partial_i \geq 0$。这样的二次规划问题具有闭式解,不用调用数值优化算法即可高效地计算出更新后的 ∂_i,同理可计算出 ∂_j。这印证了 SMO 算法的简洁性和高效性。在计算出参数 ∂ 后,下一步是计算偏移量 b。根据支持向量机的重要性质,对任意支持向量 $(\boldsymbol{x}_s, y_s)$ 都有 $y_s f(\boldsymbol{x}_s) = 1$,展开表达式如下:

$$y_s \left[\sum_{i=1}^{m} \partial_i y_i \, \boldsymbol{\varphi}(\boldsymbol{x}_i)^{\mathrm{T}} \boldsymbol{\varphi}(\boldsymbol{x}_s) + b \right] = 1 \tag{4.3.21}$$

我们使用所有支持向量求解的平均值计算得到偏移量 b,这种做法被证明更加稳定可靠,b 的表达式如下:

$$b = \frac{1}{m} \sum_{i=1}^{m} \left[1/y_s - \sum_{j=1}^{m} \partial_i y_i \boldsymbol{\varphi}(\boldsymbol{x}_i)^{\mathrm{T}} \boldsymbol{\varphi}(\boldsymbol{x}_s) \right] \tag{4.3.22}$$

至此,通过 SMO 算法计算得出了最优划分超平面模型中的参数 ∂ 和 b。因此,如式(4.3.18)所示,通过支持向量机分类算法确定的最优分类面的模型如下所示:

$$f(\boldsymbol{x}) = \sum_{i=1}^{m} \partial_i y_i \kappa(\boldsymbol{x}_i, \boldsymbol{x}_j) + b \tag{4.3.23}$$

2. 支持向量机函数接口

支持向量机在实际应用中主要用于监督学习的分类算法。与此同时,这种分类的方法可以被扩展用来解决回归问题,亦被称为支持向量回归。下面从分类和回归两个用途出发,介绍 Scikit-learn 中的支持向量机函数接口。

(1)支持向量机分类

Scikit-learn 中的支持向量机分类算法(Support Vector Classification, SVC)主要调用

sklearn. svm. SVC 函数,调用代码如下:

```
import sklearn

clf = sklearn.svm.SVC(C=1.0,kernel='rbf',degree=3,gamma='scale',coef0=
0.0,shrinking=True,probability=False,tol=0.001,cache_size=200,class_weight
=None,verbose=False,max_iter=-1,decision_function_shape='ovr',break_ties=
False,random_state=None)
clf.fit(X,y)
```

其主要的参数、属性和方法介绍如下:

①参数:

C:正则化参数,float 型,默认值为 1。正则化的强度与 C 成反比,该参数必须严格为正。

kernel:指定算法中使用的核函数类型,默认值为'rbf',可供选择的有'linear'、'poly'、'rbf'、'Sigmoid'、'precomputed'和可调用对象。如果给出了可调用对象,则将其用于根据数据矩阵预先计算内核矩阵,该数据矩阵的形状应为(n_samples,n_samples)。

degree:多项式核函数的阶数('poly'),被所有其他核函数忽略。

gamma:核函数'rbf'、'poly'和'Sigmoid'的参数,默认值为'scale',可供选择的有'scale'和'auto'。如果传递了 gamma='scale',则它将 $1/(n\_features * X. var)$ 用作 gamma 值;如果为'auto',则使用 $1/n\_features$。

coef0:核函数中的独立术语,默认值为 0,仅对'poly'和'sigmoid'有意义。

shrinking:是否使用启发式收缩方法,bool 型,默认值为'True'。

probability:是否启用概率估计参数,bool 型,默认值为'False'。必须在调用 fit 之前启用此功能,因为该方法内部使用 5 倍交叉验证,会降低算法的速度。

tol:算法停止标准的公差,float 型,默认值为 0. 001。

cache_size:指定内核缓存的大小(以 MB 为单位),float 型,默认值为 200。

class_weight:对于 SVC,将类 i 的参数 C 设置为 class_weight[i] * C。如果未给出,则所有类均应具有权重 1。'balanced'模式使用 y 的值自动将权重与输入数据中的类频率成反比地调整为 $n\_samples/(n\_classes * np. bincount(y))$。dict 型或'balanced',默认值为 None。

verbose:启用详细输出,此设置利用了 libsvm 中每个进程的运行时设置,如果启用,则可能无法在多线程上下文中正常工作,bool 型,默认值为'False'。

max_iter:对求解器内的迭代进行硬性限制,-1 表示无限制,int 型,默认值为 -1。

decision_function_shape:多类别分类参数,可供选择的有'ovo'和'ovr',默认值为'ovr'。是否返回形状(n_samples,n_classes)的一对一('ovr')决策函数作为所有其他分类器,还是返回形状为(n_samples,n_classes * (n_classes - 1)/ 2)的 libsvm 原始一对一('ovo')决策函数。但是,始终将一对一('ovo')用作多类别策略。对于二进制分类,将忽略该参数。

break_ties：如果为 true，decision_function_shape = 'ovr'，并且类别数 > 2，则预测将根据 decision_function 的置信度值打破平局；否则，将返回绑定类中的第一类。bool 型，默认值为'False'。

random_state：为了进行概率估计，控制伪随机数生成，以对数据进行混洗，可以为多个函数调用传递可重复输出的 int 型，当概率为'False'时被忽略。int 型或 RandomState 实例，默认值为 None。

②属性：

support：支持向量的索引，形状为(n_SV,) 的 ndarray。

support_vectors：支持向量，形状为(n_SV, $n\_features$) 的 ndarray。

n_support：每个类的支持向量数量，形状为(n_class,) 的 ndarray。

dual_coef：决策函数中支持向量的对偶系数乘以其目标。对于多类别，作为所有 1-vs-1 分类器的系数，形状为($n\_class - 1$, n_SV) 的 ndarray。

coef_：分配给特征的权重（原始问题的系数），该参数仅在线性核的情况下可用，形状为($n\_class * (n\_class - 1)/2$, $n\_features$) 的 ndarray。

intercept：决策函数中的常数，形状为($n\_class * (n\_class - 1)/2$,) 的 ndarray。

fit_status：如果正确拟合，则为 0；否则为 1，程序将发出警告。

classes：类标签，($n\_classes$,) 形状的 ndarray。

class_weight：每个类的参数 C 的乘数，根据 class_weight 参数进行计算，形状为(n_class,) 的 ndarray。

shape_fit：训练向量 X 的数组尺寸，形状为($n\_dimensions\_of\_X$,) 的 int 元组。

③方法：

decision_function(self, X)：评估数据集 X 中样本的决策函数。

fit(self, X, y[, sample_weight])：根据给定的训练数据集 X 拟合 SVM 模型。

set_params(self, ** params)：设置此预测器的参数。

get_params(self[, deep])：获取此预测器的参数。

predict(self, X)：对测试集 X 中的样本执行分类，返回每个样本的标签。

score(self, X, y[, sample_weight])：返回给定测试数据和标签的平均准确率。

当函数调用（假设支持向量分类器对象返回为 clf）完毕后，方法的使用形式为：clf. decision_function()、clf. fit()、clf set_params()、clf. get_params()、clf. predict()、clf. score()。

（2）支持向量机回归

支持向量分类的方法可以被扩展用于解决回归问题，这个方法也称"支持向量回归"。支持向量分类生成的模型只依赖于训练集的子集，因为构建模型的损失函数不考虑边缘以外的样本。类似的，支持向量回归生成的模型也只依赖于训练集的子集，因为构建模型的损失函数忽略所有接近模型预测的训练样本。Scikit-learn 中的支持向量机回归算法（Support Vector Regression, SVR）主要调用 sklearn. svm. SVR 函数，调用代码如下：

```
import sklearn

wlf = sklearn.svm.SVR(kernel = 'rbf',degree = 3,gamma = 'scale',coef0 = 0.0,tol =
0.001,C = 1.0,epsilon = 0.1,shrinking = True,cache_size = 200,verbose = False,max_
iter = -1)
wlf.fit(X,y)
```

其主要的参数、属性和方法介绍如下：

①参数：

kernel：指定算法中使用的核函数类型，默认值为'rbf'，可供选择的有'linear'、'poly'、'rbf'、' Sigmoid'、'precomputed'和可调用对象。如果给出了可调用对象，则将其用于根据数据矩阵预先计算内核矩阵，该数据矩阵的形状应为(n_samples,n_samples)。

degree：多项式核函数的阶数('poly')，被所有其他核函数忽略。

gamma：核函数 'rbf'、'poly'和'Sigmoid'的参数，默认值为'scale'，可供选择的有'scale'和'auto'。

coef0：核函数中的独立术语，默认值为0，仅对'poly'和'sigmoid'有意义。

tol：算法停止标准的公差，float 型，默认值为0.001。

C：正则化参数，float 型，默认值为1。正则化的强度与 C 成反比，该参数必须严格为正。

epsilon：epsilon-SVR 模型中的 epsilon，它指定了损失函数中没有惩罚的 epsilon-tube，在这里面的预测点与实际值之间的距离为 epsilon。float 型，默认值为0.1。

shrinking：是否使用启发式收缩方法，bool 型，默认值为'True'。

cache_size：指定内核缓存的大小(以 MB 为单位)，float 型，默认值为200。

verbose：启用详细输出，此设置利用了 libsvm 中每个进程的运行时设置，如果启用，则可能无法在多线程上下文中正常工作，bool 型，默认值为'False'。

max_iter：对求解器内的迭代进行硬性限制，-1 表示无限制，int 型，默认值为-1。

②属性：

support：支持向量的索引，形状为(n_SV,)的 ndarray。

support_vectors：支持向量，形状为(n_SV,n_features)的 ndarray。

dual_coef：决策函数中支持向量的系数，形状为(1,n_SV)的 ndarray。

coef_：分配给特征的权重(原始问题的系数)，该参数仅在线性核的情况下可用，形状为(1,n_features)的 ndarray。

fit_status：如果正确拟合，则为0；否则为1，程序将发出警告。

intercept：决策函数中的常数，形状为(1,)的 ndarray。

③方法：

fit(self,X,y[,sample_weight])：根据给定的训练集 X 拟合 SVM 模型。

set_params(self, * * params)：设置此预测器的参数。

get_params(self[,deep])：获取此预测器的参数。

predict(self,X)：对测试集 X 中的样本执行回归，返回每个样本的预测结果。

score(self,X,y[,sample_weight])：返回预测结果的确定系数 R^2。

当函数调用(假设支持向量分类器对象返回为 wlf)完毕后，方法的使用形式为：wlf.fit( )、wlf set_params( )、wlf.get_params( )、wlf.predict( )、wlf.score( )。

3.支持向量机算法应用

为了更好地阐述支持向量机算法的应用，下面以分类算法为例，通过 MNIST 数据集，演示支持向量机分类的使用方法。

MNIST 数据集是 Scikit-learn 包自带的手写数字集，它是用于检验分类算法的经典数据集，由 1 797 张 8×8 的数字图片组成，每个样本都是一张 8×8 像素的灰度手写数字图片，数字已经过尺寸标准化，并以固定尺寸的图像为中心。支持向量机通过训练提取手写数字的特征，找出最优划分超平面，从而对其进行分类。

(1)程序清单

```python
#导入相应的包
import matplotlib.pyplot as plt
from sklearn import datasets,svm,metrics
from sklearn.model_selection import train_test_split

#获取数据集
digits = datasets.load_digits()
n_samples = len(digits.images)
data_x = digits.images.reshape((n_samples, -1))
data_y = digits.target

#切分训练集和测试集(比例为 7:3)
X_train,X_test,y_train,y_test = train_test_split(data_x,data_y,test_size = 0.3,shuffle = False)

#构建支持向量机分类模型
classifier = svm.SVC(gamma = 0.001,kernel = 'linear')
classifier.fit(X_train,y_train)

#预测结果
predicted = classifier.predict(X_test)

#输出准确率、召回率和 F 值
print("Classification report for classifier%s:\n%s\n" % (classifier,metrics.classification_report(y_test,predicted)))

#将实际结果和预测结果可视化
print("Confusion matrix: \n% s" % metrics.confusion_matrix(y_test,predicted))
```

(2)结果清单

运行结果如图 4.3.2 所示。

	precision	recall	f1-score	support
0	0.96	0.98	0.97	53
1	0.92	0.91	0.91	52
2	1.00	0.96	0.98	52
3	0.90	0.85	0.87	52
4	0.98	0.93	0.95	57
5	0.95	0.98	0.96	56
6	0.96	0.98	0.97	54
7	0.96	0.96	0.96	54
8	0.82	0.87	0.84	52
9	0.88	0.91	0.89	55
avg / total	0.93	0.93	0.93	540

```
Confusion matrix:
[[52  0  0  0  0  0  1  0  0  0]
 [ 0 48  0  0  0  0  0  0  1  4]
 [ 1  0 51  1  0  0  0  0  0  0]
 [ 0  0  0 45  0  1  0  0  7  0]
 [ 1  0  0  0 53  0  0  0  1  2]
 [ 0  0  0  0  0 55  1  0  0  0]
 [ 0  1  0  0  0  0 53  0  0  0]
 [ 0  1  0  0  0  0  0 52  0  1]
 [ 0  2  3  1  0  0  0  1 45  0]
 [ 0  0  0  1  0  2  0  1  1 50]]
```

图4.3.2　支持向量机手写数字分类结果

●●●●●● 4.4　朴素贝叶斯算法及应用 ●●●●●●

朴素贝叶斯算法(Naive Bayesian Algorithm)是应用最为广泛的分类算法之一。贝叶斯算法以贝叶斯定理为基础,运用概率统计的方法对数据集进行分类。贝叶斯算法的特点是结合先验概率和后验概率,既避免了只使用先验概率的主观偏见,又避免了单独使用样本信息的过拟合现象。由于它基于坚实的数学基础,理论上来说,贝叶斯算法的误判率是很低的,在数据集较大的情况下仍能表现出较好的性能,同时算法本身也易于实现。而朴素贝叶斯算法是对贝叶斯算法做了相应的简化,即假定给定样本的各属性之间相互独立。虽然这个简化方式在一定程度上降低了贝叶斯算法的性能,但在实际的应用场景中,极大地简化了贝叶斯算法的复杂性。

1. 朴素贝叶斯算法

贝叶斯算法是一类分类算法的总称,这类算法均遵循贝叶斯决策论思想,以贝叶斯定理为基础,统称贝叶斯分类。其中,朴素贝叶斯算法假设样本数据集的各属性之间相互独立,是贝叶斯分类中最简单也是常用的一种分类方法。它发源于古典数学理论,有着坚实的数学基础和稳定的分类效率。同时,该算法所需的参数较少,对缺失数据不太敏感,算法实现也较为简单。

(1) 贝叶斯决策论

为了更好地理解朴素贝叶斯的原理,我们首先介绍更具一般性的定义——贝叶斯决策论。贝叶斯决策论是概率框架下进行决策的基本方法。对分类任务来说,在所有相关概率都可计算的情形下,贝叶斯决策论考虑如何基于这些概率和误判损失来为样本选择最优的类别标记。下面我们以多分类任务为例解释其基本原理。

假设有 N 种可能的类别标记,即 $Y = \{y_1, y_2, \cdots, y_N\}$,给定训练数据集 $D = \{(x_1, y_1), (x_2, y_2), \cdots, (x_m, y_m)\}, y_i \in Y$,算法的目标是通过训练,实现对数据集样本的正确分类。其中,λ_{ij} 表示将一个真实标记为 y_j 的样本错误分类为 y_i 所产生的误判损失。具体来说,为了最小化分类的错误率,将误判损失 λ_{ij} 定义为:

$$\lambda_{ij} = \begin{cases} 0, & i = j \\ 1, & \text{其他} \end{cases} \tag{4.4.1}$$

因此,基于后验概率 $P(y_i|x)$ 即可获取将样本 x 分类到类别 y_i 的期望损失,也就是在样本 x 上的"条件风险",具体表达式如下:

$$R(y_i|x) = \sum_{j=1}^{N} \lambda_{ij} P(y_j|x) \tag{4.4.2}$$

那么,算法的任务是找到一个从样本数据集到类别集合的判定函数 $h: X \mapsto Y$,使得总体条件风险最小,即

$$R(h) = \mathbb{E}_x[R(h(x)|x)] \tag{4.4.3}$$

显然,对每个样本 x,如果判定函数 h 能最小化条件风险 $R(h(x)|x)$,则总体的风险 $R(h)$ 也将得以最小化。事实上,这就是"贝叶斯判定准则",即为了使总体风险最小,只需要在每个样本上选择能使条件风险 $R(y|x)$ 最小的类别标记,数学表达如下:

$$h^*(x) = \underset{y \in Y}{\arg\min} R(y|x) \tag{4.4.4}$$

在这里,h^* 通常称为贝叶斯最优分类器,与其对应的总体风险 $R(h^*)$ 为贝叶斯风险。$1 - R(h^*)$ 反映了该分类器所能达到的最好性能,即通过训练所能达到的模型准确率理论上限。

结合先前定义的误判损失 λ_{ij},此时条件风险为

$$R(y|x) = 1 - P(y|x) \tag{4.4.5}$$

相应地,贝叶斯最优分类器表达式(4.4.4)可简化为如下:

$$h^*(x) = \underset{y \in Y}{\arg\max} P(y|x) \tag{4.4.6}$$

即对每个样本 x,选择使后验概率 $P(y|x)$ 最大的类别。

所以,用贝叶斯判定准则来最小化决策风险,首先要获得每个样本的后验概率 $P(y|x)$。从这个方面来说,机器学习要实现的是基于训练数据集尽可能准确地估计出后验概率 $P(y|x)$。总体而言,目前主要存在两种思路:一是给定 x,通过直接建模 $P(y|x)$ 来预测 y,也就是"判别式模型";二是先对联合概率分布 $P(x,y)$ 建模,再由此获得 $P(y|x)$,这样得到的是"生成式模型"。之前介绍过的决策树、支持向量机等算法都可以归入判别式模型的范畴。而对于生成式模型,需要考虑

$$P(y|x) = \frac{P(x,y)}{P(x)} \tag{4.4.7}$$

基于贝叶斯定理,$P(y|x)$ 可转化为

$$P(y|x) = \frac{P(y)P(x|y)}{P(x)} \tag{4.4.8}$$

式(4.4.8)是贝叶斯分类算法的核心公式。其中,$P(y)$ 是类别的先验概率,表达了样本空间中各类样本所占的比例。$P(x|y)$ 是样本 x 相对于类别标记 y 的类条件概率,$P(x)$ 是用于归一化的"证据"因子。对给定的样本 x,证据因子 $P(x)$ 与类别无关,可通过统计得出。因此,我们的核心问题——估计后验概率 $P(y|x)$ 就转化为如何基于训练数据集 D 来计算估计先验概率 $P(y)$ 和类条件概率 $P(x|y)$。

当训练集包含足够多的独立同分布样本时,根据大数定理,$P(y)$可由各类样本出现的频率来进行估算。对类条件概率$P(x|y)$而言,由于它涉及计算关于样本x所有属性的联合概率,依据样本出现的频率来估计会导致算法复杂度过高。例如,假设样本有d个取二值的属性,则样本空间将存在2^d种可能的取值组合。在现实任务中,这个值通常远大于训练数据集的样本数m。这将导致许多样本的属性取值组合在训练集中根本没有出现。由于"未被观测到"和"出现概率为零"不等价,所以不能使用频率来估算$P(x|y)$。因此,在运用贝叶斯决策论实施分类任务时,往往会做一些假设,从而简化计算,这也就是朴素贝叶斯算法。

(2)朴素贝叶斯基本原理

基于贝叶斯分类算法核心公式(4.4.8)来估计后验概率$P(y|x)$的主要困难是:类条件概率$P(x|y)$需要计算所有属性上的联合概率,难以通过有限的训练样本进行估算。为了解决这一难题,朴素贝叶斯分类器(NBC)采用了"属性条件独立性"假设:对已知的类别,假设所有属性之间是相互独立的。简言之,即每个属性独立地对分类结果产生影响,各属性之间不存在关联关系。该假设是朴素贝叶斯算法的核心,大大简化了后验概率$P(y|x)$的计算。

基于属性条件独立性假设,式(4.4.8)可重写为

$$P(y|x) = \frac{P(y)P(x|y)}{P(x)} = \frac{P(y)}{P(x)}\prod_{i=1}^{d}P(x_i|y) \tag{4.4.9}$$

式中,d为单个样本属性的数量;x_i为样本x在第i个属性上的取值。

由于对于所有类别$P(x)$的取值都相同,因此贝叶斯最优分类器表达式(4.4.4)可重写为

$$h_{nb}(x) = \underset{y \in Y}{\text{argmax}}P(y)\prod_{i=1}^{d}P(x_i|y) \tag{4.4.10}$$

这就是朴素贝叶斯分类器的基本形式。

显然,朴素贝叶斯分类器的训练过程就是基于训练集D,估算类先验概率$P(y)$以及每个属性的条件概率$P(x_i|y)$。设D_y表示训练样本中第y类样本组成的集合,那么根据大数定理可容易地估计出类先验概率,即

$$P(y) = \frac{|D_y|}{|D|} \tag{4.4.11}$$

假设属性是离散的,那么令D_{y,x_i}表示D_y中在第i个属性上取值为x_i的样本组成的集合,类似地,条件概率$P(x_i|y)$可通过下式进行估计:

$$P(x_i|y) = \frac{|D_{y,x_i}|}{|D_y|} \tag{4.4.12}$$

假设属性是连续的,那么可考虑使用概率密度函数,如高斯函数、多项式函数、伯努利函数等。以高斯函数为例,设$p(x_i|y) \sim N(\mu_{y,i}, \sigma_{y,i}^2)$,其中$\mu_{y,i}$、$\sigma_{y,i}^2$分别表示第$y$类样本在第$i$个属性上取值的均值和方差,那么相应条件概率的表达式可写为

$$P(x_i|y) = \frac{1}{\sqrt{2\pi}\sigma_{y,i}}\exp\left[-\frac{(x_i - \mu_{y,i})^2}{2\sigma_{y,i}^2}\right] \tag{4.4.13}$$

在现实任务中朴素贝叶斯分类器有多种使用方式。例如,若任务对算法的效率要求较高,则在构建模型时,可针对训练数据集,将朴素贝叶斯分类器涉及的所有概率估值都事先计算好并存储起来,这样在运行时只需一次简单查表即可做出判别,大大降低了计算时间;若任务数据是动态更迭的,且数据更新频繁,则可采用"懒惰学习"的方式,即不事先进行训练,而是在收到预测请求时再根据当前数据集进行概率估值;若任务的数据不断增加,那么可在现有估值结果的基础上,对新增样本的属性值所涉及的概率估值进行修正,即可实现增量学习。

2. 朴素贝叶斯算法接口

Scikit-learn 提供了若干种朴素贝叶斯的实现算法。不同类型的朴素贝叶斯算法,主要是对连续属性样本的概率密度函数的假设不同,即对 $P(x_i|y)$ 分布所做的假设不同,进而采用不同的参数估计方式。常用的三种朴素贝叶斯分类算法为高斯朴素贝叶斯、多项式朴素贝叶斯及伯努利朴素贝叶斯,分别对应三种不同类型的概率密度函数。下面将结合这三种算法,介绍 Scikit-learn 中的朴素贝叶斯函数接口。

(1)高斯朴素贝叶斯

Scikit-learn 中的高斯朴素贝叶斯算法(GaussianNB)调用 sklearn. naive_bayes. GaussianNB()函数,调用代码如下:

```
import sklearn

Gau = sklearn.naive_bayes.GaussianNB(priors = None)
Gau.fit(X,y)
```

其主要的参数、属性和方法介绍如下:

①参数:

priors:获取各个类标记对应的先验概率。如果指定,则先验数据不会根据数据进行调整。形状为(n_classes,)的 array-like,默认值为'None'。

②属性:

class_prior_:同 priors 一样,都是获取各个类标记对应的先验概率,区别在于 priors 参数返回的类型为 array-like,而 class_prior_返回的是 array。

class_count_:获取每个类标记对应的训练样本数量,形状为(n_class,)的 ndarray。

theta_:获取各个类标记在各个特征上的均值,形状为(n_classes,n_features)的 array。

sigma_:获取各个类标记在各个特征上的方差,形状为(n_classes,n_features)的 array。

③方法:

get_params([deep]):获取预测器的参数,返回 priors 与其参数值组成的字典。

set_params(* * params):设置估计器 priors 的参数。

fit(X,y[,sample_weight]):根据训练数据集拟合高斯朴素贝叶斯模型,X 表示特征向量,y 表示类标记,sample_weight 为各样本权重数组。

partial_fit(X,y[,classes,sample_weight]):增量式训练,当训练数据集数据量非常大,不能一次性全部载入内存时,可以将数据集划分若干份,重复调用 partial_fit 在线学习模型参数,在第一次调用 partial_fit( )函数时,必须指定 classes 参数,在随后的调用中可以忽略。

predict(X):直接输出测试集预测的类标记。

predict_proba(X):输出测试样本在各个类标记的预测概率值。

predict_log_proba(X):输出测试样本在各个类标记上预测概率对应的 log 值。

score(X,y[,sample_weight]):返回测试样本映射到类标记上的平均准确率。

函数调用(假设高斯朴素贝叶斯分类器对象返回为 Gau)完毕后,方法的使用形式为 Gau. get_params( )、Gau. set_params( )、Gau. fit( )、Gau. partial_fit( )、Gau. predict( )、Gau. predict_proba( )、Gau. predict_log_proba( )、Gau. score( )。

(2)多项式朴素贝叶斯

Scikit-learn 中的多项式朴素贝叶斯算法(MultinomialNB)主要调用 sklearn. naive_bayes. MultinomialNB( )函数,调用代码如下:

```
import sklearn

mult = sklearn.naive_bayes.MultinomialNB(alpha = 1.0, fit_prior = True, class_
prior = None)
mult.fit(X,y)
```

其主要的参数、属性和方法介绍如下:

①参数:

alpha:拉普拉斯平滑参数,0 表示不平滑,float 型,可选,默认值为 1.0。

fit_prior:是否学习类标记的先验概率,若为 False,将使用统一的先验概率值,bool型,可选,默认值为'True'。

class_prior:获取各个类标记对应的先验概率。如果指定,则先验数据不会根据数据进行调整,形状为(n_classes,)的 array-like,可选,默认值为'None'。

②属性:

class_log_prior_:获取各个类标记对应的先验概率对数值,形状为(n_classes,)的 array。

Intercept_:镜像 class_log_prior_参数,将 MultinomialNB 解释为线性模型。

feature_log_prob:给定类标记下特征的概率对数值,形状为(n_classes,n_features)的 array。

coef_:镜像 feature_log_prob_参数,将 MultinomialNB 解释为线性模型。

class_count_:获取训练期间各个类标记的样本数,计算时考虑各样本权重,形状为(n_classes,)的 array。

feature_count_:获取训练期间各个特征的样本数,计算时考虑各样本权重,形状为(n_classes,n_features)的 array。

③方法：

get_params（［deep］）：获取预测器的参数，返回 priors 与其参数值组成的字典。

set_params（**params）：设置估计器 priors 的参数。

fit（X,y［,sample_weight］）：根据训练数据集拟合多项式朴素贝叶斯模型，X 表示特征向量，y 表示类标记，sample_weight 为各样本权重数组。

partial_fit（X,y［,classes,sample_weight］）：增量式训练，当训练数据集数据量非常大，不能一次性全部载入内存时，可以将数据集划分若干份，重复调用 partial_fit 在线学习模型参数，在第一次调用 partial_fit（）函数时，必须指定 classes 参数，在随后的调用中可以忽略。

predict（X）：直接输出测试集预测的类标记。

predict_proba（X）：输出测试样本在各个类标记的预测概率值。

predict_log_proba（X）：输出测试样本在各个类标记上预测概率对应的 log 值。

score（X,y［,sample_weight］）：返回测试样本映射到类标记上的平均准确率。

函数调用（假设多项式朴素贝叶斯分类器对象返回为 mult）完毕后，方法的使用形式为 mult. get_params（）、mult. set_params（）、mult. partial_fit（）、mult. predict（）、mult. predict_log_proba（）、mult. predict_proba（）、mult. fit（）、mult. score（）。

（3）伯努利朴素贝叶斯

Scikit-learn 中的伯努利朴素贝叶斯算法（BernoulliNB）主要调用 sklearn. naive_bayes. BernoulliNB（）函数，调用代码如下：

```
import sklearn

Ber = sklearn.naive_bayes.BernoulliNB(alpha = 1.0,binarize = 0.0,fit_prior =
True,class_prior = None)
Ber.fit(X,y)
```

其主要的参数、属性和方法介绍如下：

①参数：

alpha：拉普拉斯平滑参数，0 表示不平滑，float 型，可选，默认值为 1.0。

binarize：用于将样本特征二值化（映射为布尔值）的阈值。如果为 None，则假定输入已经由二进制向量组成，float 型或 None，可选，默认值为'True'。

fit_prior：是否学习类标记的先验概率，若为 False，将使用统一的先验概率值，bool 型，可选，默认值为'True'。

class_prior：获取各个类标记对应的先验概率。如果指定，则先验数据不会根据数据进行调整，形状为（n_classes,）的 array-like，可选，默认值为'None'。

②属性：

class_log_prior_：获取各个类标记对应的先验概率对数值，形状为（n_classes,）的 array。

feature_log_prob：给定类标记下特征的概率对数值，形状为（n_classes，n_features）的 array。

class_count_：获取训练期间各个类标记的样本数，计算时考虑各样本权重，形状为（n_classes，）的 array。

feature_count_：获取训练期间各个特征的样本数，计算时考虑各样本权重，形状为（n_classes，n_features）的 array。

③方法：

get_params（[deep]）：获取预测器的参数，返回 priors 与其参数值组成的字典。

set_params（**params）：设置估计器 priors 的参数。

fit（X，y[，sample_weight]）：根据训练数据集拟合伯努利朴素贝叶斯模型，X 表示特征向量，y 表示类标记，sample_weight 为各样本权重数组。

partial_fit（X，y[，classes，sample_weight]）：增量式训练，当训练数据集数据量非常大，不能一次性全部载入内存时，可以将数据集划分若干份，重复调用 partial_fit 在线学习模型参数，在第一次调用 partial_fit（）函数时，必须指定 classes 参数，在随后的调用中可以忽略。

predict（X）：直接输出测试集预测的类标记。

predict_proba（X）：输出测试样本在各个类标记的预测概率值。

predict_log_proba（X）：输出测试样本在各个类标记上预测概率对应的 log 值。

score（X，y[，sample_weight]）：返回测试样本映射到类标记上的平均准确率。

当函数调用（假设伯努利朴素贝叶斯分类器对象返回为 Ber）完毕后，方法的使用形式为 Ber. get_params（）、Ber. set_params（）、Ber. fit（）、Ber. partial_fit（）、Ber. predict（）、Ber. predict_proba（）、Ber. predict_log_proba（）、Ber. score（）。

3. 朴素贝叶斯算法应用

为了更好地阐述朴素贝叶斯算法在多类别分类方面的应用，下面以高斯朴素贝叶斯分类器为例，基于 MNIST 数据集，演示朴素贝叶斯分类。

根据 4.3 节中的介绍，MNIST 数据集是 Scikit-learn 包自带的手写数字集，由 1 797 张 8×8 的数字图片组成，每个样本都是一张 8×8 像素的灰度手写数字图片。高斯朴素贝叶斯基于贝叶斯原理，判定样本数字对于不同类别标记的条件概率，找出其中概率最大的一个，以此作为分类标准。通过对比实验结果可以看出，与支持向量机算法相比，朴素贝叶斯算法的速度更快，但在性能上存在一些劣势。

（1）程序清单

```
#导入相应的包
import matplotlib.pyplot as plt
from sklearn import datasets,naive_bayes,metrics
from sklearn.model_selection import train_test_split

#获取数据集
```

```
digits = datasets.load_digits()
n_samples = len(digits.images)
data_x = digits.images.reshape((n_samples,-1))
data_y = digits.target

#切分训练集和测试集(比例为7:3)
X_train,X_test,y_train,y_test = train_test_split(data_x,data_y,test_size =
0.3,shuffle = False)

#构建高斯朴素贝叶斯分类模型
classifier = naive_bayes.GaussianNB()
classifier.fit(X_train,y_train)

#预测结果
y_predicted = classifier.predict(X_test)

#输出准确率、召回率和F值
print("Classification report for classifier % s:\n% s\n"
      %(classifier,metrics.classification_report(y_test,y_predicted)))

#将实际结果和预测结果可视化
print("Confusion matrix:\n%s"% metrics.confusion_matrix(y_test,y_predicted))
```

（2）结果清单

运行结果如图 4.4.1 所示。

Classification report for classifier GaussianNB(priors=None):

	precision	recall	f1-score	support
0	0.96	0.96	0.96	53
1	0.65	0.79	0.71	53
2	0.98	0.81	0.89	53
3	0.92	0.64	0.76	53
4	1.00	0.86	0.92	57
5	0.83	0.93	0.87	56
6	0.96	0.98	0.97	54
7	0.73	0.83	0.78	54
8	0.59	0.71	0.64	52
9	0.82	0.73	0.77	55
avg / total	0.84	0.83	0.83	540

Confusion matrix:
```
[[51  0  0  0  0  0  0  0  2  0]
 [ 0 42  1  0  0  0  0  0  3  7]
 [ 0  5 43  1  0  0  1  0  1  2]
 [ 0  3  0 34  0  3  0  2 11  0]
 [ 1  0  0  0 49  0  0  6  1  0]
 [ 0  2  0  0  0 52  1  1  0  0]
 [ 0  1  0  0  0  0 53  0  0  0]
 [ 0  0  0  0  0  2  0 45  7  0]
 [ 0 11  0  1  0  1  0  2 37  0]
 [ 1  1  0  1  0  5  0  6  1 40]]
```

图4.4.1 高斯朴素贝叶斯手写数字分类结果

●●●●●● 4.5 聚类算法及应用 ●●●●●

聚类（Clustering）是数据挖掘中的概念，是按照某个特定标准（如距离）把一个数据集分割成不同的簇，使得同一个簇中的数据对象的相似性尽可能大，同时不在同一个簇中的数据对象的差异性也尽可能大，即聚类后同一类的数据尽可能聚集在一起，而不同类的数据尽量分离。在聚类的时候，我们并不关心某一类具体是什么，需要实现的目标只是把相似的样本聚集到一起。与分类问题不同,这里没有事先定义好的类别,聚类算法要自己想办法把样本数据分成多个类,保证每一类中的样本之间是相似的,而不同类的样本之间是不同的。因此,一个聚类算法通常只需要知道如何计算相似度就可以开始工作了,它没有训练过程,这是和分类算法最本质的区别。聚类算法要根据自己定义的规则,将相似的样本分到一起,将不相似的样本分开,这在机器学习中也称无监督学习。

聚类既可以作为一个单独过程,用于探索数据内在的性质,也能作为分类等其他任务的前驱过程。例如,在一些商业场景中需要对客户的类型进行判别,然而事先定义客户类型是较为困难的。此时就可以利用聚类算法先对客户数据进行聚类,根据聚类结果将每个簇定义为一个类,然后再基于这些类训练分类模型,用于判别客户的类型。

1. 聚类算法

聚类算法的目标是通过对无标记训练样本的学习来揭示数据的内在性质及规律,为进一步的数据分析提供基础。算法以相似性为基础,将数据分为不同的簇,在一个簇中的样本之间比不在同一簇中的样本之间存在更大的相似性。通过这样的划分,每个聚类可能对应一些潜在的性质,如类别、特征等。需要明确的是,这些性质对聚类算法而言事先是未知的,聚类过程仅能自动形成簇的分类结构,每个簇所对应的具体性质需由使用者或专门的分类算法来判别。基于不同的学习策略,目前已经提出多种类型的聚类算法,其中存在三种主要的聚类方式,分别为原型聚类、密度聚类和层次聚类。

(1)基本原理

聚类算法的具体任务是将数据集中的样本划分为若干个通常是不相交的子集,每个子集被称为一个簇,也就是一个聚类。

形式化地说,给定数据集 $D = \{x_1, x_2, \cdots, x_m\}$ 包含 m 个无标记的样本,每个样本 $x_i = (x_{i1}, x_{i2}, \cdots, x_{in})$ 是一个 n 维的特征向量。那么,聚类算法的目的是基于一定学习规则,把该数据集 D 划分为 k 个不相交的簇 $\{C_l | l = 1, 2, \cdots, k\}$,其中如果 $p \neq q$,则有 $C_p \cap C_q = \varnothing$,且 $D = \bigcup_{l=1}^{k} C_l$。相应地,用 $\lambda_j \in \{1, 2, \cdots, k\}$ 来表示样本 x_j 的簇标记,也就是 $x_j \in C_{\lambda_j}$。因此,聚类算法的结果可用包含 m 个簇标记的向量 $\boldsymbol{\lambda} = (\lambda_1, \lambda_2, \cdots, \lambda_m)$ 表示,这就是聚类算法的基本形式。

在解释具体算法前,首先讨论聚类算法里两个至关重要的问题——距离计算和性能度量。

①距离计算。在聚类算法中,通常基于某种形式的距离来定义"相似度度量"的概念,距离越大,相似度越小,函数表达为 $\mathrm{dist}(x_i, x_j)$。作为一个距离度量,它需要满足数学距离概念的一些基本性质,包括:

$$\text{非负性:} \mathrm{dist}(x_i, x_j) \geq 0 \tag{4.5.1}$$

同一性：$\mathrm{dist}(\boldsymbol{x}_i, \boldsymbol{x}_j) = 0$ 当且仅当 $x_i = x_j$ （4.5.2）

对称性：$\mathrm{dist}(\boldsymbol{x}_i, \boldsymbol{x}_j) = \mathrm{dist}(\boldsymbol{x}_j, \boldsymbol{x}_i)$ （4.5.3）

直递性：$\mathrm{dist}(\boldsymbol{x}_i, \boldsymbol{x}_j) \leqslant \mathrm{dist}(\boldsymbol{x}_i, \boldsymbol{x}_k) + \mathrm{dist}(\boldsymbol{x}_k, \boldsymbol{x}_j)$ （4.5.4）

给定样本 $x_i = (x_{i1}, x_{i2}, \cdots, x_{in})$ 与 $x_j = (x_{j1}, x_{j2}, \cdots, x_{jn})$，最常用的距离度量为"闵可夫斯基距离"，即

$$\mathrm{dist}_{mk}(\boldsymbol{x}_i, \boldsymbol{x}_j) = \left(\sum_{u=1}^{n} |\boldsymbol{x}_{iu} - \boldsymbol{x}_{ju}|^p \right)^{\frac{1}{p}} \tag{4.5.5}$$

当 $p = 2$ 时，闵可夫斯基距离即我们所熟知的欧氏距离，即

$$\mathrm{dist}_{mk}(\boldsymbol{x}_i, \boldsymbol{x}_j) = \sqrt{\sum_{u=1}^{n} |\boldsymbol{x}_{iu} - \boldsymbol{x}_{ju}|^2} \tag{4.5.6}$$

数学上习惯于将属性划分为"连续属性"和"离散属性"，前者在定义域上为连续的，存在无穷多个可能的取值；后者在定义域上为离散的，存在有限个取值。然而事实上，在讨论距离时，属性是否是有序的这一性质更为重要。例如，定义域为 $\{6,7,8\}$ 的离散属性与连续属性的性质更为接近，能够直接在属性值上计算距离，8 与 7 比较接近，而与 6 距离较远，这样的属性称为"有序属性"。相应地，定义域为 $\{$飞机，大炮，火车$\}$ 这样的离散属性则不能直接在属性值上计算距离，也称"无序属性"。显然，闵可夫斯基距离可用于计算有序的离散属性。

而对无序属性可采用 VDM 距离，设 $m_{u,a}$ 表示在属性 u 上取值为 a 的样本数，$m_{u,a,i}$ 表示第 i 个样本簇中在属性 u 上取值为 a 的样本数，k 为样本簇的数量，则属性 u 上两个离散值 a 和 b 之间的 VDM 距离定义如下：

$$\mathrm{VDM}_p(a, b) = \sum_{i=1}^{k} \left| \frac{m_{u,a,i}}{m_{u,a}} - \frac{m_{u,b,i}}{m_{u,b}} \right|^p \tag{4.5.7}$$

于是，将闵可夫斯基距离和 VDM 距离结合即可解决混合属性的问题。设有 n_c 个有序属性，$n - n_c$ 个无序属性，则有

$$\mathrm{MinkovDM}_p(\boldsymbol{x}_i, \boldsymbol{x}_j) = \left[\sum_{u=1}^{nc} |x_{iu} - x_{ju}|^p + \sum_{u=n_c+1}^{n} \mathrm{VDM}_p(x_{iu}, x_{ju}) \right]^{\frac{1}{p}} \tag{4.5.8}$$

当样本空间中属性的重要程度不同时，可使用加权距离表示，以加权闵可夫斯基距离为例，则

$$\mathrm{dist}_{wmk}(\boldsymbol{x}_i, \boldsymbol{x}_j) = \left(\sum_{u=1}^{n} w_u \cdot |x_{iu} - x_{ju}|^p \right)^{\frac{1}{p}} \tag{4.5.9}$$

此外，本节介绍的距离计算方法都是事先定义好的，但在许多实际任务中，需要基于数据集的特点来确定合适的距离计算方法。

②性能度量。对于聚类算法的结果，需要通过某种性能度量标准来评估其好坏。另外，该度量标准也可以直接作为聚类过程的优化目标，从而更好地得到期望的聚类结果。那么，什么样的聚类结果算是好的呢？通俗地说，我们希望物以类聚，即同一簇内的样本尽可能彼此相似，而不同簇的样本尽量不同。也就是说，聚类结果的"簇内相似度"要高，而"簇间相似度"要低。现阶段对聚类算法性能的评估分为两大类。一类

是将聚类结果与"参考模型"的结果进行比较,称为"外部指标";另一类是直接考察聚类结果内部的性质,不考虑和外部参考模型的对比,称为"内部指标"。

对数据集 $D = \{x_1, x_2, \cdots, x_m\}$,假定通过聚类的簇划分结果为 $C = \{C_1, C_2, \cdots, C_k\}$,参考模型给出的簇划分标准结果为 $C^* = \{C_1^*, C_2^*, \cdots, C_k^*\}$。相应地,令 λ 与 λ^* 分别表示 C 与 C^* 对应的簇标记向量。我们将两个结果进行两两对比,定义如下数学量:

$$a = |SS|, SS = \{(x_i, x_j) \mid \lambda_i = \lambda_j, \lambda_i^* = \lambda_j^*, i < j\} \tag{4.5.10}$$

$$b = |SD|, SD = \{(x_i, x_j) \mid \lambda_i = \lambda_j, \lambda_i^* \neq \lambda_j^*, i < j\} \tag{4.5.11}$$

$$c = |DS|, DS = \{(x_i, x_j) \mid \lambda_i \neq \lambda_j, \lambda_i^* = \lambda_j^*, i < j\} \tag{4.5.12}$$

$$d = |DD|, DD = \{(x_i, x_j) \mid \lambda_i \neq \lambda_j, \lambda_i^* \neq \lambda_j^*, i < j\} \tag{4.5.13}$$

式中,集合 SS 表示在 C 中属于相同簇且在参考 C^* 中也属于相同簇的样本对;集合 SD 表示在 C 中属于相同簇但在参考 C^* 中属于不同簇的样本对;集合 DS 表示在 C 中属于不同簇但在参考 C^* 中属于相同簇的样本对;集合 DD 表示在 C 中属于不同簇且在参考 C^* 中也属于不同簇的样本对。由于每个样本对 (x_i, x_j) 只能出现在一个集合中,因此有 $a + b + c + d = m(m-1)/2$。基于以上定义,现有如下三种这些常用的聚类算法性能度量外部指标:

- Jaccard 系数,简称 JC:

$$JC = \frac{a}{a + b + c} \tag{4.5.14}$$

- FM 指数,简称 FMI:

$$FMI = \sqrt{\frac{a}{a + b} \cdot \frac{a}{a + c}} \tag{4.5.15}$$

- Rand 指数,简称 RI:

$$RI = \frac{2(a + d)}{m(m - 1)} \tag{4.5.16}$$

根据函数的性质,上述外部指标的取值范围都为 $[0,1]$,值越接近 1,聚类结果越好。

对于内部指标,主要考虑聚类结果各簇内部、簇之间的关系,定义:

$$\mathrm{avg}(C) = \frac{2}{|C|(|C| - 1)} \sum_{1 \leqslant i < j \leqslant |C|} \mathrm{dist}(x_i, x_j) \tag{4.5.17}$$

$$\mathrm{diam}(C) = \max_{1 \leqslant i < j \leqslant |C|} \mathrm{dist}(x_i, x_j) \tag{4.5.18}$$

$$d_{\min}(C_i, C_j) = \min_{x_i \in C_i, x_j \in C_j} \mathrm{dist}(x_i, x_j) \tag{4.5.19}$$

$$d_{\mathrm{cen}}(C_i, C_j) = \mathrm{dist}(\mu_i, \mu_j) \tag{4.5.20}$$

式中,$\mathrm{dist}(x_i, x_j)$ 用来计算两个样本之间的距离;μ 代表簇的中心点。$\mu = \frac{1}{|C|} \sum_{1 \leqslant i < j \leqslant |C|} x_i$。因此,$\mathrm{avg}(C)$ 对应簇 C 内样本间的平均距离,$\mathrm{diam}(C)$ 表示簇 C 内样本间的最大距离,$d_{\min}(C_i, C_j)$ 对应簇 C_i 和簇 C_j 两个集合样本间的最近距离,$d_{\mathrm{cen}}(C_i, C_j)$ 代表簇 C_i 和簇 C_j 两个集合中心点之间的距离。基于式(4.5.17)到式

（4.5.20）这四个定义，目前存在以下两个常用的聚类性能度量内部指标：

- DB 系数，简称 DBI：

$$\mathrm{DBI} = \frac{1}{k}\sum_{i=1}^{k}\max_{j\neq i}\left[\frac{\mathrm{avg}(C_i)+\mathrm{avg}(C_j)}{d_{\mathrm{cen}}(\mu_i,\mu_j)}\right] \tag{4.5.21}$$

- Dunn 指数，简称 DI：

$$\mathrm{DI} = \min_{1\leqslant i\leqslant k}\left[\min_{j\neq i}\left(\frac{d_{\min}(C_i,C_j)}{\max\limits_{1\leqslant l\leqslant k}\mathrm{diam}(C_l)}\right)\right] \tag{4.5.22}$$

显然，DBI 的值越小越好，而 DI 相反，值越大，结果越好。

（2）原型聚类

原型聚类算法也称"基于原型的聚类算法"，这类算法假设聚类结构能通过一组原型刻画，在实际任务中最为常用。一般来说，算法预先指定聚类数目及聚类中心，对原型进行初始化，再对原型反复迭代逐步降低目标函数误差直至收敛，即误差小于阈值时，得到最终结果。当采用不同的原型表示、不同的求解方法时，就产生不同的算法。下面介绍其中最典型的一个算法——k 均值算法（k-means）。

给定样本数据集 $D=\{x_1,x_2,\cdots,x_m\}$，k 均值算法将其分成 k 个簇，簇划分结果数学表达为 $C=\{C_1,C_2,\cdots,C_k\}$，方法是最小化准则函数的值，即平方距离误差：

$$E = \sum_{i=1}^{k}\sum_{x\in C_i}\|x-\mu_i\|_2^2 \tag{4.5.23}$$

最小化式（4.5.23）需要考虑样本集 D 所有可能的簇划分情况，在最优化问题中是一个 NP 难问题，找到它的解并不容易。因此，k 均值算法采取了贪心策略，通过迭代优化来近似得到最优解，算法流程具体如下：

①随机地选择 k 个样本，每个样本代表一个簇的中心，作为初始化中心。

②对剩余的每个样本，根据其与各簇中心的距离，将其赋给最近的簇。

③重新计算并更新每个簇的中心。

④不断重复步骤②、③，直到准则函数收敛，返回簇划分结果。

k 均值算法的优点是具有出色的收敛速度和良好的可扩展性，对于处理大数据集合，该算法非常高效。其次，为克服少量样本聚类的不准确性，该算法本身具有优化迭代功能，在已求得的聚类上再次进行迭代修正确定最终聚类，优化了初始监督学习样本分类不合理的地方。但该算法由于原理简单，也存在一些缺点。例如，算法中聚类的个数 k 是事先给定的，然而这个 k 值的选定是非常难以估计的。很多时候，事先并不知道给定的数据集应当分成多少个类别才最合适。此外，在 k 均值算法中，首先需要对聚类进行初始化，然后对初始划分进行迭代优化。这个初始聚类中心的选择对聚类结果存在较大的影响，一旦初始值选择的不好，可能无法得到有效的聚类结果。

（3）密度聚类

密度聚类是聚类算法中的另一大类，与原型聚类不同，此类算法假设聚类结构能够通过样本分布的紧密程度确定。通常情况下，密度聚类算法从样本密度分布的角度来考察样本之间的可连接性，并基于可连接样本不断扩展簇聚类结构以获取最终的聚类结果。

DBSCAN 算法是一个经典的密度聚类算法,它基于一组"邻域"参数(ε,MinPts)对样本分布的紧密程度进行刻画。给定数据集 $D=\{x_1,x_2,\cdots,x_m\}$,给出以下几个基本定义:

ε-邻域:对$x_j\in D$,其 ε-邻域包含样本数据集 D 中与x_j间的距离不大于 ε 的样本,即 $N_\varepsilon(x_j)=\{x_i\in D\mid\mathrm{dist}(x_i,x_j)\leqslant\varepsilon\}$。

核心对象:若x_j的 ε-邻域至少包含 MinPts 个样本,即$N_\varepsilon(x_j)\geqslant\mathrm{MinPts}$,则$x_j$是一个核心对象。

密度直达:若x_j位于x_i的 ε-邻域中,且x_i是核心对象,则称x_j由x_i密度直达。

密度可达:对x_i与x_j,若存在样本序列$(p_1,p_2,\cdots,p_n)$,其中,$p_1=x_i,p_n=x_j$,且p_{i+1}由p_i密度直达,则称x_j由x_i密度可达。

密度相连:对x_i与x_j,若存在x_k使得x_i与x_j均由x_k密度可达,则称x_i与x_j密度相连。

基于以上这些概念,DBSCAN 算法将簇定义为:由密度可达关系导出的最大的密度相连的样本集合。形式化地说,给定邻域参数(ε,MinPts),簇 C 是满足以下性质的非空样本子集:

连接性:$x_i\in C,x_j\in C\Rightarrow x_j$与$x_i$密度相连　　　　　　　(4.5.24)

最大性:$x_i\in C,x_j$由x_i密度可达$\Rightarrow x_j\in C$　　　　　　　(4.5.25)

事实上,若 x 为核心对象,由 x 密度可达的所有样本组成的集合记为 $X=\{x'\in D\mid x'$由 x 密度可达$\}$,不难证明 X 即为满足连接性与最大型的簇。因此,DBSCAN 算法先任选数据集中的一个核心对象为初始化"种子",再以此出发确定相应的簇,算法流程具体如下:

①任意选择一个样本,计算它的 ε-邻域中样本的数量,判断是否为核心对象。如果是,将其加入核心对象集合 Ω 中;否则,设定为外围点。

②从 Ω 中随机选取一个核心对象作为种子,遍历其他点,找出由它密度可达的样本,构造一个聚类。

③将该聚类中所包含的核心对象从 Ω 中去除,再从更新后的集合 Ω 中随机选取一个核心对象作为种子来生成下一个聚类簇。

④重复步骤②和③,直到集合 Ω 为空,得到最终聚类划分结果。

与 k 均值算法相比,DBSCAN 算法的主要优点有:一是可以对任意形状的稠密数据集进行聚类,相反,k 均值之类的聚类算法一般只适用于凸数据集;二是可以在聚类的同时发现异常点,对数据集中的异常点不敏感;三是 DBSCAN 算法的聚类结果没有偏倚,不需事先确定类别数 k,而 k 均值之算法初始化的选择对聚类结果有很大影响。但 DBSCAN 算法也存在一些缺陷,例如,如果样本集的密度不均匀、聚类间距差相差很大时,聚类质量较差,这时一般不适合用 DBSCAN 聚类。此外,当数据集较大时,算法收敛所需时间较长。

(4)层次聚类

层次聚类是第三类聚类算法,这类算法试图在不同层次对数据集进行划分,从而形成树优的聚类结构。样本数据集的划分主要存在两种方式,既可采用"自底向上"的聚合策略,也可以采用"自顶向下"的分拆策略。下面介绍一种经典的层次聚类算法帮助理解。

AGNES 算法是一种采用自底向上聚合策略的层次聚类算法。它先将数据集中的每个样本看作一个初始聚类簇,然后通过算法的每一步中找出距离最近的两个簇进行合并,该过程不断重复,直到达到预设的聚类簇个数。显然,这里的关键是如何计算各簇之间的距离。事实上,每个簇都是一个样本的集合,所以只需要采用关于集合间距离的某种定义即可。而集合间的距离计算多采用豪斯多夫距离,给定聚类簇C_i和C_j,可通过以下公式计算距离:

$$最小距离:d_{\min}(C_i,C_j) = \min_{x \in C_i, z \in C_j} \text{dist}(x,z) \tag{4.5.26}$$

$$最大距离:d_{\max}(C_i,C_j) = \max_{x \in C_i, z \in C_j} \text{dist}(x,z) \tag{4.5.27}$$

$$平均距离:d_{\text{avg}}(C_i,C_j) = \frac{1}{|C_i||C_j|}\sum_{x \in C_i}\sum_{z \in C_j} \text{dist}(x,z) \tag{4.5.28}$$

显然,最小距离由两个簇的最近样本共同确定,最大距离由最远样本共同确定,而平均距离需由两个簇的所有样本共同确定。当聚类簇间的距离由$d_{\min}$、$d_{\max}$或d_{avg}计算时,AGNES 算法也相对应地被称为"单链接"、"全链接"以及"均链接"算法,算法具体步骤如下:

①对仅含一个样本的初始聚类簇和相应的距离矩阵进行初始化。

②算法不断合并距离最近的两个聚类簇,并将合并后的聚类簇的距离矩阵进行更新。

③不断重复步骤①和②,直至达到预设的聚类簇数量,返回聚类结果。

AGNES 算法作为经典的层次聚类算法,它有以下优点:一是算法简单,容易理解,并且对噪声数据不敏感,聚类结果稳定;二是不依赖初始值的选择,对于类别较多的训练集分类较快。然而,该算法也存在一些不足之处。例如,与 k 均值算法类似,需要事先给定聚类的类别个数。而且,它只适合分布呈凸形或球形的数据集,对于类别较少的数据集,性能表现较差。

2. 聚类算法函数接口

上面我们介绍了聚类算法的任务、结果的评估方法以及三种主流的聚类方式,并基于每种方式的原理,对应介绍了三种经典聚类算法。下面结合这三种聚类算法,介绍 Scikit-learn 中的聚类函数接口。

(1)k-means 算法接口

Scikit-learn 中的 k 均值聚类算法(k-means)主要调用 sklearn. cluster. KMeans() 函数,调用代码如下:

```
import sklearn

km = sklearn.cluster.KMeans(n_clusters = 8, init = 'k-means ++ ', n_init = 10,
```

```
max_iter=300,tol=0.0001,precompute_distances='auto',verbose=0,random_state
=None,copy_x=True,n_jobs=1,algorithm='auto')
    km.fit(X,y=None)
```

其主要的参数、属性和方法介绍如下：

①参数：

n_clusters：生成的聚类数，即产生的质心数，int 形，默认值为 8。

init：此参数指定初始化方法，有三个可选值，分别为'k-means'、'random'和一个 ndarray，默认值为'k-means'。其中，'k-means'用一种特殊的方法选定初始质心从而能加速迭代过程的收敛；'random'随机从训练样本数据中选取初始质心；如果传递的是一个 ndarray，则形状应该是（n_clusters，n_features），并给出初始质心。

n_init：用不同的质心初始化值运行算法的次数，最终解是在 inertia 意义下选出的最优结果，int 形，默认值为 10。

max_iter：执行一次 k-means 算法所进行的最大迭代次数，int 形，默认值为 300。

tol：与 inertia 结合来确定收敛条件，float 型，默认值为 1e-4。

precompute_distances：预计算距离，计算速度更快但占用更多内存，有三个可选值，分别是'auto'、'True'和'False'。其中，'auto'意味着如果样本数乘以聚类数大 12million 则不预计算距离，若使用双精度，这相当于约 100 MB 的开销；'True'表示总是预先计算距离；'False'表示永远不预先计算距离。

verbose：是否输出详细信息，默认值为 0。

random_state：用于初始化质心的生成器，如果值为一个整数，则确定一个 seed。整型或 numpy.RandomState 类型，可选，默认值为 numpy 的随机数生成器。

copy_x：当计算距离时，将数据中心化会得到更准确的结果。如果把此参数值设为'True'，则原始数据不会被改变。如果是'False'，则会直接在原始数据上做修改并在函数返回值时将其还原。但是在计算过程中由于有对数据均值的加减运算，所以数据返回后，原始数据和计算前可能会有细小差别。bool 型，默认值为'True'。

n_jobs：指定计算所用的进程数，内部原理是同时进行 n_init 指定次数的计算，int型。若值为 -1，则用所有的 CPU 进行运算；若值为 1，则不进行并行运算，这样方便调试；若值小于 -1，则用到的 CPU 数为（n_cpus + 1 + n_jobs）。

algorithm：优化算法的选择，有'auto'、'full'和'elkan'三种选择。其中，'full'就是一般意义上的 k-means 算法；'elkan'使用的是 elkan k-means 算法；'auto'则会根据数据值是否是稀疏的（稀疏一般指是有大量缺失值），来决定如何选择'full'和'elkan'。如果数据是稠密的，就选择 elkan k-means 算法，否则就使用普通的 k-means 算法。

②属性：

cluster_centers_：聚类中心的坐标，形状为（n_clusters，n_features）的 array。

labels_：每个样本的聚类标记。

inertia_：每个样本到其最近的簇质心的距离之和，float 型。

③方法：

fit(X[,y])：计算 k-means 聚类。

fit_predict(X[,y])：计算簇质心并给每个样本预测聚类标签。

fit_transform(X[,y])：计算聚类并将 X 转换为群集距离空间。

get_params([deep])：获取预测器的参数。

predict(X)：预测 X 中每个样本所属的最近簇。

score(X[,y])：计算聚类误差。

set_params(**params)：为预测器设定参数。

transform(X[,y])：将 X 转换为群集距离空间。

当函数调用(假设 k-means 算法对象返回为 km)完毕后，方法的使用形式为 km. fit( )、km. fit_predict( )、km. fit_transform( )、km. get_params( )、km. predict( )、km. score( )、km. set_params( )、km. transform( )。

（2）DBSCAN 算法接口

Scikit-learn 中的 DBSCAN 聚类算法主要调用 sklearn. cluster. DBSCAN( )函数，调用代码如下：

```
import sklearn

dbs = sklearn.cluster.DBSCAN (eps = 0.5, min_samples = 5, metric = 'euclidean',
metric_params = None, algorithm = 'auto', leaf_size = 30, p = None, n_jobs = 1)
dbs.fit(X, y = None)
```

其主要的参数、属性和方法介绍如下：

①参数：

eps：ε-邻域的距离阈值，和样本距离超过 ε 的样本点不在 ε-邻域内，float 型，默认值为 0.5。

min_samples：样本点要成为核心对象所需要的 ε-邻域的样本数阈值，默认值为 5，通常和 eps 一起调参。

metric：最近邻距离度量参数，可以使用的距离度量较多。如果 metric 是字符串或可调用，则它必须是 metric. pairwise. calculate_distance 为其 metric 参数所允许的选项之一。如果度量是"预先计算的"，则将 X 假定为距离矩阵，并且必须为平方。string 型或可调用对象，一般使用默认的欧式距离就可以满足需求。

metric_params：度量功能的其他关键字参数，dict 型，可选。

algorithm：最近邻搜索算法参数，算法一共有三种，第一种是暴力实现，第二种是 KD 树实现，第三种是球树实现。一共有四种可选输入，'brute'对应暴力实现，'kd_tree'对应 KD 树实现，'ball_tree'对应球树实现，'auto'则在上面三种算法中做权衡，选择一个拟合最好的最优算法。

leaf_size：最近邻搜索算法参数，为使用 KD 树或者球树时，停止建子树的叶子节点数量的阈值。该值会影响构造和查询的速度，以及存储树所需的内存，最佳值取决于问题的性质。int 型,可选,默认值为30。

p:最近邻距离度量参数。只用于闵可夫斯基距离和加权闵可夫斯基距离中 p 值的选择,p = 1 为曼哈顿距离,p = 2 为欧式距离。如果使用默认的欧式距离则不需要考虑这个参数。

n_jobs:指定计算所用的进程数,如果为-1,则进程数将设置为 CPU 内核数,int 型,可选,默认值为 1。

②属性:

core_sample_indices_:核心对象的标签,形状为(n_core_samples,)的 array。

components_:通过算法找到的每个核心对象的聚类簇,形状为(n_core_samples,n_features)的 array。

labels_:赋予数据集中每个样本的聚类标签,形状为(n_samples,)的 array。

③方法:

fit(X[,y,sample_weight]):执行 DBSCAN 聚类算法。

fit_predict(X[,y,sample_weight]):对 X 执行聚类算法并返回聚类标签。

get_params([deep]):获取此预测器的参数。

set_params(* * params):设置此预测器的参数。

函数调用(假设 DBSCAN 算法对象返回为 dbs)完毕后,方法的使用形式为 dbs. fit( )、dbs. fit_predict( )、dbs. get_params( )、dbs. set_params( )。

(3)AGNES 算法接口

Scikit-learn 中的 AGNES 聚类算法主要调用 sklearn. cluster. AgglomerativeClustering( ) 函数,调用代码如下:

```
import sklearn

agl = sklearn. cluster. AgglomerativeClustering (n_clusters = 2, affinity = '
euclidean', memory = None, connectivity = None, compute_full_tree = 'auto', linkage =
'ward', pooling_func = <function mean >)
agl.fit(X, y = None)
```

其主要的参数、属性和方法介绍如下:

①参数:

n_clusters:聚类数量参数,int 型,默认值为 2。

affinity:用于计算链接的度量,可以是'euclidean'、'l1 '、'l2 '、'manhattan'、'cosine'或'precomputed'。string 型或可调用对象,默认值为'euclidean'。

memory:内存接口,用于缓存树结果的输出。默认情况下,不进行缓存。如果给出了字符串,则它是缓存目录的路径,None、str 型或 object 型,可选。

connectivity:连接矩阵,为每个样本定义遵循给定数据结构的相邻样本。这可以是连通性矩阵本身,也可以是将数据转换为连接矩阵的可调用对象。默认值为'None',即分层聚类算法是非结构化的。array-like 型或可调用对象,可选。

compute_full_tree：在 n_clusters 处停止树的构建,如果簇数较多,这对于减少计算时间很有用。仅当指定连接矩阵时,此选项才有用。需要注意的是,当改变集群的数量并使用缓存时,计算完整树可能是有利的。bool 型或'auto',可选。

linkage：链接标准参数,即确定要在聚类簇之间使用的距离计算方法,算法将合并最小化此标准的聚类对。可选择的参数有'ward'、'complete'和'average',默认值为'ward'。

pooling_func：它将聚类特征的值合并为一个值,并应接受形状为(M,N)且关键字参数轴 =1 的数组,并将其减小为大小(M,)的数组,可调用对象,默认值为 np. mean。

②属性：

labels_：赋予数据集中每个样本的聚类标签,形状为(n_samples,)的 array。

n_leaves_：层次树中的叶节点数量,int 型。

n_components_：设定聚类的数量,int 型。

children_：每个非叶节点的子节点,形状为(n_nodes-1、2)的 array-like。

③方法：

fit(X[,y])：执行 AGNES 聚类算法。

fit_predict(X[,y])：对 X 执行聚类算法并返回聚类标签。

get_params([deep])：获取此预测器的参数。

set_params(* * params)：设置此预测器的参数。

函数调用(假设 AGNES 算法对象返回为 agl)完毕后,方法的使用形式为 agl. fit( )、agl. fit_predict( )、agl. get_params( )、agl. set_params( )。

3. 聚类算法应用

为了更好地阐述聚类算法的应用,以 k-means 算法为例,通过其在图像处理中的应用,解释 k-means 算法在现实任务中的作用。我们利用该算法对 sklearn 自带的颐和园图像进行逐像素矢量量化(Vector Quantization,VQ),将显示图像所需的颜色数量从 96 615 种减少到 64 种,同时保留整体外观的质量。为了证明 k-means 算法在该任务中的优越性,我们还显示了使用随机量化算法处理后的图像,用于对比分析。

(1)程序清单

```
#导入相应的包
import numpy as np
import matplotlib.pyplot as plt
from sklearn.cluster import KMeans
from sklearn.metrics import pairwise_distances_argmin
from sklearn.datasets import load_sample_image
fromsklearn.utils import shuffle
from time import time

#设定颜色聚类数量
n_colors =64

#获取图像数据
```

```
china = load_sample_image("china.jpg")
china = np.array(china,dtype = np.float64)/255
w,h,d = original_shape = tuple(china.shape)
assert d == 3
image_array = np.reshape(china,(w*h,d))

#在部分图像上执行 k-means 算法
print("Fitting model on a small sub-sample of the data")
t0 = time()
image_array_sample = shuffle(image_array,random_state = 0)[:1000]
kmeans = KMeans(n_clusters = n_colors,random_state = 0).fit(image_array_
sample)
print("done in%0.3fs."%(time()-t0))

#在整个图像上执行 k-means 算法
# Get labels for all points
print("Predicting color indices on the full image(k-means)")
t0 = time()
labels = kmeans.predict(image_array)
print("done in%0.3fs."%(time()-t0))

#在整个图像上执行 Random 算法,用于对比
codebook_random = shuffle(image_array,random_state = 0)[:n_colors +1]
print("Predicting color indices on the full image(random)")
t0 = time()
labels_random = pairwise_distances_argmin(codebook_random,
                                          image_array,axis = 0)
print("done in%0.3fs."%(time()-t0))

#将 k-means 结果和 Random 结果进行可视化
def recreate_image(codebook,labels,w,h):
    """Recreate the (compressed)image from the code book & labels"""
    d = codebook.shape[1]
    image = np.zeros((w,h,d))
    label_idx = 0
    for i in range(w):
        for j in range(h):
            image[i][j] = codebook[labels[label_idx]]
            label_idx + = 1
    return image

plt.figure(1)
plt.clf()
ax = plt.axes([0,0,1,1])
plt.axis('off')
plt.title('Original image(96,615 colors)')
```

```
plt.imshow(china)

plt.figure(2)
plt.clf()
ax=plt.axes([0,0,1,1])
plt.axis('off')
plt.title('Quantized image(64 colors,k-means)')
plt.imshow(recreate_image(kmeans.cluster_centers_,labels,w,h))

plt.figure(3)
plt.clf()
ax=plt.axes([0,0,1,1])
plt.axis('off')
plt.title('Quantized image(64 colors,Random)')
plt.imshow(recreate_image(codebook_random,labels_random,w,h))
plt.show()
```

（2）结果清单

运行结果如图4.5.1所示。

Original image (96,615 colors)

Quantized image (64 colors, k-means)

图 4.5.1 k-means 算法颜色聚类结果

图 4.5.1 k-means 算法颜色聚类结果(续)

4.6 神经网络算法及应用

神经网络算法(Neural Networks)是一种模拟人类神经网络的数学方法,当前已经发展成一个相当大的、多学科交叉的研究领域。神经网络的定义多种多样,我们采用其中使用最为广泛的一种:神经网络是由具有适应性的简单单元组成的广泛并行互连的网络,它能够模拟生物神经系统对现实世界任务所做出的交互反应。神经网络在系统辨识、模式识别、智能控制等领域有着广泛的应用前景。特别是在智能控制领域,人们对神经网络的学习功能尤其感兴趣,并且把神经网络这一重要特点看作解决自动控制中控制器的适应能力这个难题的关键方法之一。

1. 神经网络算法

神经网络算法是 20 世纪 40 年代出现的,它由众多可调连接权值的神经元连接而成,具有大规模并行处理、分布式信息存储、良好的自学习能力等特点。思维学上认为,人脑的思维分为抽象思维、形象思维和灵感思维三种基本方式。神经网络算法就是模拟人脑思维的第二种方式,其特点在于信息的分布式存储和并行协同处理。虽然单个神经元的结构极其简单,功能有限,但大量神经元构成的神经网络系统所能实现的行为极其丰富。本节将介绍神经网络的基本思想和涉及的数学基础。

(1)基本原理

神经网络中最基本的原理是神经元模型。在生物神经网络中,每个神经元与其他神经元相连,当收到刺激信号时,就会向相连的神经元发送化学物质,从而改变这些神经元内部的电位,如果某神经元的电位超过了一个阈值 θ,那么它就会"兴奋",也称被激活,进而向其他神经元发送化学物质。类比生物神经网络,将上述情形抽象成一个算法模型,就是"M-P 神经元模型"。如图 4.6.1 所示,在这个模型中,神经元接收到来自 n 个其他神经元传递来的输入信号,这些信号通过带权重的连接进行传递,神经元接收的总输入值将与神经元预先设定的阈值进行比较,然后通过"激活函数"处理得到神经元的输出。把许多个这样的神经元按特定的层次结构组合起来,就得到了神经网络模型。

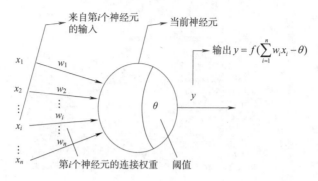

图 4.6.1 MP-神经元模型示意图

理想的激活函数是图 4.6.2(a)所示的阶跃函数,它将输入值映射为一组二进制输出值 1 或 0,其中 1 对应神经元兴奋,0 对应神经元抑制。然而,该函数由于不连续、不光滑,在数学上不好处理。因此,在实际中常用 Sigmoid 函数作为替代激活函数。Sigmoid 函数如图 4.6.2(b)所示,它可以把值域变化较大的输入值压缩到 $(0,1)$ 的输出值范围内。

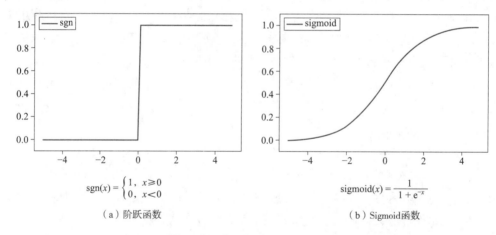

$$\mathrm{sgn}(x)=\begin{cases}1, & x\geqslant 0\\ 0, & x<0\end{cases}$$

$$\mathrm{sigmoid}(x)=\frac{1}{1+\mathrm{e}^{-x}}$$

(a)阶跃函数 （b）Sigmoid函数

图 4.6.2 常见的神经元激活函数

事实上,从算法层面看,神经网络是一个包含了很多参数的数学模型,目的是模拟生物神经网络。这个模型是若干个形如 $y_j=f(\sum_i w_i x_i-\theta_j)$ 的函数相互嵌套而成,因此有效的神经网络算法大多以数学证明为基础。

①感知机与多层网络结构。感知机是最简单的一种神经网络结构,由两层神经元组成,如图 4.6.3(a)所示,输入层接受外界输入信号后传递给输出层,即 M-P 神经元,也称"阈值逻辑单元"。更一般来说,给定训练数据集 $D=\{(x_1,y_1),(x_2,y_2),\cdots,(x_m, y_m)\}$,权重 $\omega_i(i=1,2,\cdots,n)$ 以及阈值 θ 都可以通过学习得到。其中,阈值 θ 可以看成一个固定输入为 -1 的结点,所对应的权重为 ω_{n+1}。这样,权重和阈值的学习就可以统

一为权重的学习。感知机的学习规则较为简单,对于训练样本(x,y),若当前感知机的输出为$\hat{y}$,则按如下方式调整神经元连接的权重:

$$\omega_i + \Delta \omega_i \rightarrow \omega_i \tag{4.6.1}$$

$$\Delta \omega_i = \eta(y - \hat{y})x_i \tag{4.6.2}$$

式中,$\eta \in (0,1)$为学习率,决定了每次对参数调整的幅度。显然,若感知机对训练样本(x,y)预测正确,即$y = \hat{y}$,则感知机不再发生变化。反之,将根据预测结果的误差对权重进行调整。

　　需要注意的是,感知机只能处理线性可分问题。由于感知机只有输出层神经元进行激活函数处理,即只拥有一层"功能神经元",其学习能力非常有限。可以证明,若一个问题中两类模式是线性可分的,即存在一个线性划分超平面能将它们分开,那么感知机的学习过程则一定会收敛并求得适合的权重向量$\boldsymbol{\omega} = (\omega_1, \omega_2, \cdots, \omega_{n+1})$。相反,对于非线性可分问题,感知机的学习过程将会发生震荡,不能求出合适的解。

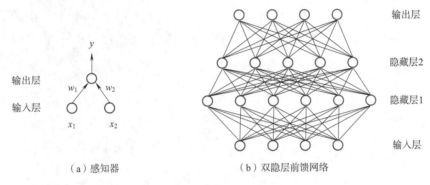

（a）感知器　　　　　　（b）双隐层前馈网络

图4.6.3　感知器与多层网络结构示意图

　　为了解决非线性可分问题,则需要引入多层功能神经元。常见的神经网络为图4.6.3（b）所示的层级结构,输入层与输出层之间的层称为隐藏层,每层神经元与下一层神经元全互连,神经元之间只存在相邻层间互连,而不存在同层连接和跨层连接。这种类型的神经网络称为"多层前馈神经网络",其中输入层神经元接收外界输入,隐藏层和输出层神经元对信号进行处理,最终结果由输出层神经元输出。简言之,输入层神经元只负责接收输入的值,不参与函数处理,隐藏层和输出层则包含功能神经元,对输入做加工处理。广泛来说,只要包含隐藏层的网络,就可以称为多层网络。神经网络的学习过程,就是根据训练集样本来调整神经元之间连接的权值以及每个功能神经元的阈值。

　　②BP算法。显而易见,多层网络的学习能力要比单层结构的感知机强得多。为了训练多层网络,式(4.6.1)适用于感知机的学习规则显然不够了,我们需要更强大的学习算法。误差逆传播算法(Error Back Propagation,BP),就是其中杰出的代表,它是当前使用最广泛也最成功的神经网络学习算法。现实中大部分神经网络任务都在使用该算法进行训练。值得一提的是,BP算法不仅适用于前面提到的多层前馈神经网络,也可用于其他类型的网络,用途非常广泛。下面探究BP算法的数学原理。

给定训练数据集 $D = \{(x_1, y_1), (x_2, y_2), \cdots, (x_m, y_m)\}, x_i \in \mathbf{R}^d, y_i \in \mathbf{R}^l$,即输入样本由 d 个不同属性描述,输出为 l 维的实值向量。为了方便讨论,图 4.6.4 给出了一个具有 d 个输入神经元、l 个输出神经元、q 个隐藏神经元的多层前馈网络结构作为样例。

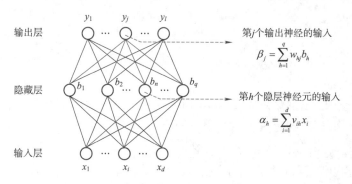

输出层　第j个输出神经的输入
$$\beta_j = \sum_{h=1}^{q} w_{hj} b_h$$

隐藏层　第h个隐层神经元的输入
$$\alpha_h = \sum_{i=1}^{d} v_{ih} x_i$$

图 4.6.4　BP 网络结构

其中,输出层第 j 个神经元的阈值用 θ_j 表示,隐藏层第 h 个神经元的阈值用 γ_h 表示。输入层第 i 个神经元与隐藏层第 h 个神经元之间的连接权重为 v_{ih},隐藏层第 h 个神经元与输出层第 j 个神经元之间的连接权重为 w_{hj}。将隐藏层第 h 个神经元接收到的输入记为 $\alpha_h = \sum_{i=1}^{d} v_{ih} x_i$,输出层第 j 个神经元接收到的输入记为 $\beta_j = \sum_{h=1}^{q} w_{hj} b_h$,其中 b_h 为隐藏层第 h 个神经元的输出。假设隐藏层和输出层中神经元都使用常见的 Sigmoid 激活函数。对训练样本 (x_k, y_k),假定神经网络的输出为 $\hat{y}_k = (\hat{y}_1^k, \hat{y}_2^k, \cdots, \hat{y}_l^k)$,即

$$\hat{y}_j^k = f(\beta_j - \theta_j) \tag{4.6.3}$$

则该神经网络在训练样本 (x_k, y_k) 上的均方误差定义为

$$E_k = \frac{1}{2} \sum_{j=1}^{l} (\hat{y}_j^k - y_j^k)^2 \tag{4.6.4}$$

因此,图 4.6.4 所示的网络中共有 $(d + l + 1)q + l$ 个参数需要确定,具体包括以下参数:输入层到隐藏层的 $d \times q$ 个权值,隐藏层到输出层的 $q \times l$ 个权值,q 个隐藏层神经元的阈值,以及 l 个输出层神经元的阈值。

BP 算法是一个迭代学习算法,在迭代的每一轮中采用广义上的感知机学习规则对参数进行更新,对任意参数 u 的更新式如下:

$$u_i + \Delta u_i \to u_i \tag{4.6.5}$$

事实上,BP 算法对参数调整的核心思想是梯度下降策略,即以目标的负梯度方向对参数进行调整,以寻找预测结果的局部最小值。下面以图 4.6.4 中隐藏层到输出层的连接权重 w_{hj} 参数为例进行推导。考虑式(4.6.4)定义的均方误差 E_k,给定学习率 η,则有

$$w_{hj} = -\eta \frac{\partial E_k}{\partial w_{hj}} \tag{4.6.6}$$

根据各层之间的递进关系和偏导的传递性,有如下关系:

$$\frac{\partial E_k}{\partial w_{hj}} = \frac{\partial E_k}{\partial \hat{y}_j^k} \cdot \frac{\partial \hat{y}_j^k}{\partial \beta_j} \cdot \frac{\partial \beta_j}{\partial w_{hj}} \tag{4.6.7}$$

根据β_j的定义，容易得到

$$\frac{\partial \beta_j}{\partial w_{hj}} = b_h \tag{4.6.8}$$

与此同时，Sigmoid 函数具有如下性质：

$$f'(x) = f(x)(1 - f(x)) \tag{4.6.9}$$

结合式(4.6.3)和式(4.6.4)，可以推导出

$$g_j = -\frac{\partial E_k}{\partial \hat{y}_j^k} \cdot \frac{\partial \hat{y}_j^k}{\partial \beta_j} = -(\hat{y}_j^k - y_j^k)f'(\beta_j - \theta_j) = \hat{y}_j^k(1 - \hat{y}_j^k)(y_j^k - \hat{y}_j^k) \tag{4.6.10}$$

接下来，将式(4.6.10)和式(4.6.8)代入式(4.6.7)，再代入式(4.6.6)中，即可得到 BP 算法中关于隐藏层到输出层的连接权重w_{hj}参数每轮训练的更新公式，即

$$\Delta w_{hj} = \eta g_j b_h \tag{4.6.11}$$

按照以上思路，可以推导出其余参数的更新公式如下：

$$\Delta \theta_j = -\eta g_j \tag{4.6.12}$$
$$\Delta v_{ih} = \eta e_h x_i \tag{4.6.13}$$
$$\Delta \gamma_h = -\eta e_h \tag{4.6.14}$$

其中，式(4.6.13)和(4.6.14)中，有

$$e_h = -\frac{\partial E_k}{\partial b_h} \cdot \frac{\partial b_h}{\partial \alpha_h} = b_h(1 - b_h)\sum_{j=1}^{l} w_{hj} g_j \tag{4.6.15}$$

学习率$\eta \in (0,1)$决定了算法每一轮迭代中的更新步长，若该值太大容易导致参数震荡无法收敛，而太小会使得收敛速度过慢，因此学习率的选择对训练过程至关重要，需要结合数据特点进行判断和调整。

需要明确的是，BP 算法的目的是最小化训练集 D 上的累计"误差目标函数"，即

$$E = \frac{1}{m}\sum_{k=1}^{m} E_k \tag{4.6.16}$$

算法的具体流程如下：对每个训练样本，BP 算法先将输入示例提供给输入层神经元，逐层将信号向前传递，直到输出层产生结果；然后根据输出结果与示例结果的对比，计算输出层的误差，将误差逆向传播至隐藏层神经元，根据梯度下降原则对神经元的连接权重和阈值进行调整；该迭代过程循环进行，直至达到给定停止条件为止，例如训练结果误差已经达到一个很小的值。

经过研究证明，只需一个包含足够多神经元的隐藏层，多层前馈网络就能以任意精度逼近任何复杂的连续函数。然而，如何设置隐藏层中神经元的个数仍是未决问题，实际应用中通常以经验和实验效果为准。

正是由于其强大的表示能力，BP 神经网络也容易遭遇过拟合的情况，即训练误差持续降低，测试误差却可能上升。为了解决这个问题，当前有两种常用的解决方法：第一种策略是"早停"，即将数据集分成训练集和验证集，测试集用来计算梯度、更新连接

权值和阈值,验证集用来计算误差,若训练集误差降低但验证集误差升高,则提前停止训练,同时返回具有最小验证集误差的连接权值和阈值作为参数;第二种策略是"正则化",其基本思想是在误差目标函数中增加一个用于描述神经网络复杂度的部分,例如连接权值与阈值的平方和,则误差目标函数变为

$$E = \lambda \frac{1}{m} \sum_{k=1}^{m} E_k + (1 - \lambda) \sum_i \omega_i^2 \qquad (4.6.17)$$

式中,$\lambda \in (0,1)$用于对经验误差与网络复杂度这两项进行折中,常用交叉验证法来确定。以上就是神经网络中的核心算法——BP算法的基本思想。

③局部最小与全局最小解。假定用E表示神经网络在训练集上的误差,那么它是关于连接权重ω和阈值θ的函数。事实上,神经网络的训练过程可以看作一个参数的最优化过程,即在ω和θ组成的参数空间中,找到一组最优参数使得误差E最小。所以,神经网络算法本质上也是一个最优化问题。但"最优"也存在两种,一种是"局部极小",另一种是"全局最小"。如图4.6.5所示,直观意义上,局部最小解是指参数空间中的某个点,其邻域点的误差函数值均大于等于该点的误差函数值;而全局最小解则是指参数空间中所有点的误差函数值都不小于该点的误差函数值。两者对应的$E(w^*, \theta^*)$分别称为误差函数的局部最小值和全局最小值。

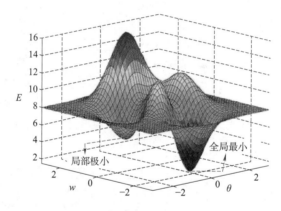

图4.6.5 局部最小与全局最小示例

因此,参数空间内梯度为零的点,只要其误差函数值小于邻域点的误差函数值,就是局部极小点。一个网络可能存在多个局部极小值,但只有一个全局最小值。

基于梯度的搜索是使用最为广泛的参数最优化方法。这类方法通常从某些初始解出发,迭代寻找最优参数值。每次迭代中,先计算误差函数在当前点的梯度,然后根据梯度确定搜索方向。例如,由于负梯度方向是函数值下降最快的方向,因此梯度下降法就是沿着负梯度方向搜索最优解。若误差函数在当前点的梯度为零,则已达到局部极小,更新量将为零,这意味着参数的迭代更新将在该点停止。在这种情形下,如果误差函数仅有一个局部极小,那么此时找到的局部极小就是全局最小。然而,如果误差函数存在多个局部极小,则不能保证找到的解就是全局最小。后一种情形也称参数寻优陷入了局部极小,是我们不希望看到的情况。为了解决该问题,在现实任务中,人

们常采用以下策略来"跳出"局部极小,从而进一步逼近全局最小。

一是以多组不同参数值初始化多个神经网络,按标准方法训练后,取其中误差最小的解作为最终解。这等价于从多个不同的初始点开始搜索,这样就可能陷入不同的局部极小,从中进行选择则能够获得更接近全局最小的结果。

二是使用"模拟退火"方法,模拟退火在每一步都以一定的概率接受比当前解更差的结果,这有助于"跳出"局部极小。需要注意的是,在每步迭代过程中,接受"次优解"的概率要随着算法的进行逐渐降低,以确保算法的稳定。

三是采用随机梯度下降法。与标准梯度下降法精确计算梯度不同,随机梯度下降法在计算梯度时加入了随机因素。于是,即便陷入局部极小点,它计算出的梯度仍可能不为零,这样就有机会跳出局部极小,从而让算法继续搜索全局最优的解。

以上就是神经网络算法的基本原理和涉及的一些核心问题。

（2）常见神经网络

神经网络模型、算法各式各样,根据任务需求的不同,现有的研究已经提出许多不同的网络结构,下面对最为常见的网络之一——玻尔兹曼机进行介绍。

神经网络中有一类模型是为网络定义一个"能量"函数,当能量最低时网络得到最优解,所以训练过程就是最小化这个能量函数。玻尔兹曼机(Boltzmann Machine)就是一种基于能量的神经网络模型。图4.6.6展示了其常见的结构,网络共分为两层:显示层和隐藏层。

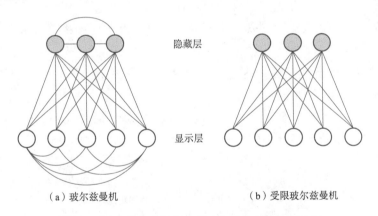

（a）玻尔兹曼机　　　　　　　（b）受限玻尔兹曼机

图4.6.6　玻尔兹曼机与受限玻尔兹曼机结构示意图

显示层用来表示数据的输入和输出,隐藏层被看作数据的内在表达。玻尔兹曼机中的神经元都是布尔型的,即只有 1 和 0 两种状态,1 表示兴奋态,0 表示抑制态。令向量 $s \in \{0,1\}^n$ 表示 n 个神经元的状态,ω_{ij} 表示神经元 i 与神经元 j 之间的连接权值,θ_i 表示神经元 i 的阈值,则状态向量 s 所对应的玻尔兹曼机能量定义如下:

$$E(s) = -\sum_{i=1}^{n-1}\sum_{j=i+1}^{n} \omega_{ij} s_i s_j - \sum_{i=1}^{n} \theta_i s_i \qquad (4.6.18)$$

若网络中的神经元以不依赖于输入值的顺序进行更新,则网络最终将达到玻尔兹曼分布,此时状态向量 s 出现的概率将仅由其能量和所有可能状态向量的能量决定,

概率表达式具体为

$$P(\boldsymbol{s}) = \frac{e^{-E(s)}}{\sum\limits_{t} e^{-E(t)}} \tag{4.6.19}$$

因此,玻尔兹曼机的训练过程就是将每个训练样本看作一个状态向量,使其出现的概率尽可能大。标准的玻尔兹曼机是一个全连接的网络,层内神经元也相互连接,训练的复杂度很高。现实中常采用受限玻尔兹曼机(Restricted Boltzmann Machine, RBM)。该模型仅保留显示层与隐藏层之间的连接,从而将复杂的标准玻尔兹曼机结构简化。

受限玻尔兹曼机常用"对比散度"算法来训练模型。假定网络种有 d 个显示层神经元和 q 个隐藏层神经元,令 $\boldsymbol{v}$ 和 $\boldsymbol{h}$ 分别表示显示层与隐藏层的状态向量,鉴于同一层内不存在连接,只有层间连接,推导得到

$$P(\boldsymbol{v}|\boldsymbol{h}) = \prod_{i=1}^{d} P(v_i|\boldsymbol{h}) \tag{4.6.20}$$

$$P(\boldsymbol{h}|\boldsymbol{v}) = \prod_{j=1}^{q} P(h_j|\boldsymbol{v}) \tag{4.6.21}$$

对比散度算法对每个训练样本 $\boldsymbol{v}$,先根据式(4.6.20)计算出隐藏层神经元状态的概率分布,然后根据这个概率分布采样得到 $\boldsymbol{h}$,此后,再根据式(4.6.19)从 $\boldsymbol{h}$ 产生 $\boldsymbol{v}'$,再由 $\boldsymbol{v}'$ 产生 $\boldsymbol{h}'$,连接权值的更新公式为

$$\Delta w = \eta(\boldsymbol{v}\boldsymbol{h}^{\mathrm{T}} - \boldsymbol{v}'\boldsymbol{h}'^{\mathrm{T}}) \tag{4.6.22}$$

通过训练不断迭代更新参数,最小化能量函数,从而产生最终的输出结果。

2. 神经网络函数接口

由于现实中多使用受限玻尔兹曼机解决实际问题,因此下面结合该算法介绍 Scikit-learn 中的神经网络函数接口。

Scikit-learn 中的受限玻尔兹曼机算法主要调用 sklearn. neural_network. BernoulliRBM()函数,调用代码如下:

```
import sklearn

rbm = sklearn.neural_network.BernoulliRBM(n_components = 256, learning_rate = 0.1, batch_size = 10, n_iter = 10, verbose = 0, random_state = None)
rbm.fit(X, y = None)
```

其主要的参数、属性和方法介绍如下:

① 参数:

n_components:二进制隐藏神经元数量,int 型,可选。

learning_rate:参数更新的学习率,float 型,可选。

batch_size:每次小批量训练的样本数,int 型,可选。

n_iter:训练数据集在训练期间要执行的迭代次数,int 型,可选。

verbose:输出详细程度,int 型,可选,默认值为 0,表示静默模式。

random_state:随机数生成器实例,用于定义随机排列生成器的状态。如果给出整

数,它将固定种子。默认值为 numpy 全局随机数生成器,int 或 numpy.RandomState 型,可选。

②属性:

intercept_hidden_:隐藏层神经元的偏置值(阈值),形状为(n_components,)的 array-like。

intercept_visible_:显示层神经元的偏置值(阈值),形状为(n_features,)的 array-like。

components_:权重矩阵,其中 n_features 为显层神经元数,n_components 是隐藏层神经元数,形状为(n_components,n_features)的 array-like。

③方法:

fit(X[,y]):在训练集 X 上用受限玻尔兹曼机训练模型。

fit_transform(X[,y]):训练模型并对数据进行标准化处理。

get_params([deep]):获取预测器的参数。

gibbs(v):执行一次 Gibbs 采样。

partial_fit(X[,y]):用部分数据训练模型。

score_samples(X):计算 X 的预测结果。

set_params(**params):为预测器设定参数。

transform(X):计算隐藏层神经元激活概率 $P(h=1|v=X)$。

函数调用(假设受限玻尔兹曼机算法对象返回为 rbm)完毕后,方法的使用形式为 rbm.fit()、rbm.fit_transform()、rbm.get_params()、rbm.gibbs()、rbm.partial_fit()、rbm.score_samples()、rbm.set_params()、rbm.transform()。

3.神经网络算法应用

为了更好地阐述神经网络算法在实际任务中的应用,下面以受限玻尔兹曼机为例,基于 MNIST 数据集,演示神经网络在分类任务中的使用方法。

对于手写数字这种像素值可以解释为白色背景上的黑度的灰度图像数据,伯努利受限玻尔兹曼机器模型(BernoulliRBM)可以执行有效的非线性特征提取。为了从一个小数据集中学习潜在特征,我们通过在每个方向上线性移动 1 像素,即扰动训练数据以人工生成更多的标记数据用于训练。本示例说明了如何使用 BernoulliRBM 特征提取器和 LogisticRegression 分类器构建分类模型。与此同时,将模型分类结果与使用原始像素值的逻辑回归分类结果进行比较,可以得出如下结论:受限玻尔兹曼机算法提取的特征有助于提高分类的准确性。

(1)程序清单

```
#导入相应的包
from __future__ import print_function
import numpy as np
import matplotlib.pyplot as plt
from scipy.ndimage import convolve
```

```
from sklearn import linear_model,datasets,metrics
from sklearn.model_selection import train_test_split
from sklearn.neural_network import BernoulliRBM
from sklearn.pipeline import Pipeline

#通过扰动原始数据集获取更多的训练样本数量(5 倍)
def nudge_dataset(X,Y):
    direction_vectors = [
        [[0,1,0],
         [0,0,0],
         [0,0,0]],
        [[0,0,0],
         [1,0,0],
         [0,0,0]],
        [[0,0,0],
         [0,0,1],
         [0,0,0]],
        [[0,0,0],
         [0,0,0],
         [0,1,0]]]
    shift = lambda x,w:convolve(x.reshape((8,8)),mode = 'constant',weights =
w).ravel()
    X = np.concatenate([X] + [np.apply_along_axis(shift,1,X,vector)for vector
in direction_vectors])
    Y = np.concatenate([Y for _ in range(5)],axis =0)
    return X,Y

#获取数据集
digits = datasets.load_digits()
X = np.asarray(digits.data,'float32')
X,Y = nudge_dataset(X,digits.target)
X = (X - np.min(X,0))/(np.max(X,0) +0.0001)          # 0 -1 scaling

#分割测试集和训练集
X_train,X_test,Y_train,Y_test = train_test_split(X,Y,test_size =0.2,random_
state =0)

#初始化 RBM 模型和回归模型
logistic = linear_model.LogisticRegression()
rbm = BernoulliRBM(random_state =0,verbose =True)
classifier = Pipeline(steps = [('rbm',rbm),('logistic',logistic)])

#设定参数
rbm.learning_rate =0.06
rbm.n_iter =20
rbm.n_components =100
logistic.C =6000.0

#训练 RBM-Logistic pipeline 模型
```

```
classifier.fit(X_train,Y_train)

#训练 Logistic 回归模型
logistic_classifier = linear_model.LogisticRegression(C = 100.0)
logistic_classifier.fit(X_train,Y_train)

#输出准确率、召回率和 F 值
print("Logistic regression using RBMfeatures:\n% s \n" % (
    metrics.classification_report(
        Y_test,
        classifier.predict(X_test))))

print("Logistic regression using raw pixel features:\n% s \n" % (
    metrics.classification_report(
        Y_test,
        logistic_classifier.predict(X_test))))
```

（2）结果清单

运行结果如图 4.6.7 所示。

Logistic regression using raw pixel features:

	precision	recall	f1-score	support
0	0.85	0.94	0.89	174
1	0.57	0.55	0.56	184
2	0.72	0.85	0.78	166
3	0.76	0.74	0.75	194
4	0.85	0.82	0.84	186
5	0.74	0.75	0.75	181
6	0.93	0.88	0.91	207
7	0.86	0.90	0.88	154
8	0.68	0.55	0.61	182
9	0.71	0.74	0.72	169
avg / total	0.77	0.77	0.77	1797

Logistic regression using RBM features:

	precision	recall	f1-score	support
0	0.99	0.99	0.99	174
1	0.92	0.95	0.93	184
2	0.95	0.98	0.97	166
3	0.97	0.91	0.94	194
4	0.97	0.95	0.96	186
5	0.93	0.93	0.93	181
6	0.98	0.97	0.97	207
7	0.95	1.00	0.97	154
8	0.90	0.88	0.89	182
9	0.91	0.93	0.92	169
avg / total	0.95	0.95	0.95	1797

图 4.6.7 受限玻尔兹曼机手写数字分类结果

●●●●● 4.7 Apriori 关联学习算法及应用 ●●●●●

关联分析是一种在大规模数据集中寻找关联关系的无监督学习算法。这种关系可以有两种形式：频繁项集或关联规则。频繁项集是指经常出现在一起的物品的集合，关联规则则表示两种物品之间可能存在较强的相关性。其中，关联规则挖掘是数据挖掘中最活跃的研究方法之一。其提出动机是为了发现交易数据库中不同商品之间的相关性。这些规则刻画了顾客的购买习惯，可以用来指导商家科学地安排进货、库存及货架设计等。之后，许多研究人员对关联学习算法进行了大量的研究，在提高关联规则挖掘的效率、适应性及应用推广等方面，做了不懈的努力。

Apriori 算法是一种经典的关联规则挖掘算法。它基于频繁项集，利用逐层搜索的迭代方法找出数据库里项集的关系，以形成关联规则。该算法对数据的关联性进行了分析和挖掘，而获取的这些信息在决策制定过程中具有重要的参考价值。当前，Apriori 算法已经被广泛应用到商业、网络安全、移动通信等各个领域。该算法简洁明了，没有复杂的理论推导，并且易于实现。但是，它也存在一些难以克服的缺点，例如对数据库的扫描次数过多、时间复杂度较高、会产生大量的中间项集等。

1. Apriori 算法基本原理

为了更好地理解 Apriori 算法的原理，我们将首先介绍算法中用到的几个重要概念：频繁项集、支持度、置信度及提升度。

顾名思义，频繁项集是指在数据集中频繁出现的项目的集合（可以是一个，也可以是多个）。如果事件 E 中包含 k 个项目或元素，则称事件 E 为 k 项集。换言之，频繁项集就是经常一起出现的元素的集合。当数据量非常大的时候，我们无法凭肉眼找出经常出现在一起的物品，所以就需要关联规则挖掘算法的帮助。此外，什么样的集合算频繁项集呢？比如 5 条记录中，元素 A 和 B 同时出现了 3 次，那么能不能说 A 和 B 一起构成了频繁项集呢？因此，我们需要一个衡量频繁项集的标准，而常用的度量标准就是接下来要介绍的两个概念——支持度和置信度。

支持度是指几个相关联的数据在数据集中出现的次数占总数据集的比重，也就是这几个数据同时出现的概率。例如，关联规则 $A{\rightarrow}B$ 的支持度 support(A,B) 是指事件 A 和事件 B 同时发生的概率。设 X 和 Y 是两个要分析的关联性的元素，则对应的支持度为

$$\text{support}(X,Y) = P(X \cup Y) = \frac{\text{Num}(X \cup Y)}{\text{Num}(\text{Allsamples})} \tag{4.7.1}$$

依此类推，如果有三个存在关联性的元素 X、Y 和 Z，则对应的支持度为

$$\text{support}(X,Y,Z) = P(X \cup Y \cup Z) = \frac{\text{Num}(X \cup Y \cup Z)}{\text{Num}(\text{Allsamples})} \tag{4.7.2}$$

一般来说，支持度高的数据不一定构成频繁项集，但是支持度低的数据一定不构成频繁项集。需要明确的是，支持度是针对项集而言的。因此，在实际使用过程中，可以定义一个最小支持度，即一个支持度的阈值，算法仅保留满足最小支持度的项集，起到过滤和剪枝的作用。

置信度是指发生事件 A 的基础上发生事件 B 的概率，也就是事件的条件概率。

例如,在某商场的购物数据中,可乐对于炸鸡的置信度为40%,支持度为2%,则意味着在购物数据中,总共有2%的用户既买炸鸡又买可乐,而买了炸鸡的用户中有40%也买了可乐。设X和Y是数据集中的两个元素,那么X对Y的置信度计算公式为

$$\text{confidence}(X \mid Y) = P(X \mid Y) = \frac{P(X \cup Y)}{P(Y)} \tag{4.7.3}$$

可以类推得到多个数据的关联置信度,即

$$\text{confidence}(X \mid Y \cup Z) = P(X \mid Y \cup Z) = \frac{P(X \cup Y \cup Z)}{P(Y \cup Z)} \tag{4.7.4}$$

概括来说,支持度是一种重要度量,因为支持度很低的规则可能只是偶然出现。从商务角度看,低支持度的规则大多是无意义的,因为对顾客很少同时购买的商品进行促销并无价值。因此,支持度通常用来删去那些无意义的规则。而置信度衡量了事件发生的条件概率。对于给定的规则$X \leftarrow Y$,置信度越高,则X在包含Y的项集中出现的可能性就越大。

此外,提升度是判断关联规则是否有意义的一个重要概念。提升度表示的是在元素Y出现的条件下,元素X出现的概率$P(X \mid Y)$与元素X单独出现的概率$P(X)$的比值,具体计算公式如下:

$$\text{lift}(X \mid Y) = \frac{\text{confidence}(X \leftarrow Y)}{P(X)} = \frac{P(X \mid Y)}{P(X)} = \frac{P(X \cup Y)}{P(X) * P(Y)} \tag{4.7.5}$$

提升度的作用在于对挖掘出的关联规则进行筛选。如果$\text{lift} = 1$,说明两个元素没有任何关联;如果$\text{lift} < 1$,说明元素X与元素Y是互斥的。一般在数据挖掘中,只有当$\text{lift} > 3$时,才承认挖掘出的关联规则是有价值的。举一个简单的例子,假设在商场的100条购买记录中,有60条包含牛奶,75条包含面包,其中有40条两者都包含。关联规则(牛奶,面包)的支持度为$40/100 = 0.4$,看似很高,但其实这个关联规则是一个误导。在用户购买了牛奶的前提下,有$40/60 = 0.67$的概率去购买面包,而在没有任何前提条件时,用户反而有$75/100 = 0.75$的概率去购买面包。也就是说,设置了购买牛奶的前提会降低用户购买面包的概率,这意味着实际上面包和牛奶是互斥的,挖掘得到的两者之间的关联关系是毫无价值的。

挖掘关联规则的一种直接的方法是:计算每个可能规则的支持度和置信度。但这种方法的代价很高,因为数据集包含规则的数目可能达到指数级。更具体地说,从包含d项的数据集提取的潜在规则的总数为

$$R = 3^d - 2^{d-1} + 1 \tag{4.7.6}$$

显而易见,这种方法的复杂度极高,且其中大部分计算是无用的开销。为了避免浪费算力,可以事先对规则进行剪枝。因此,以Apriori算法为代表的大多数关联规则挖掘算法通常采用一种策略,即将关联规则挖掘任务分解为以下两个子任务:频繁项集发掘和关联规则生成。

（1）频繁项集发掘

频繁项集发掘的目标是找出所有满足最小支持度阈值的项集，这些项集称为频繁项集，寻找频繁项集的过程本质上是一个剪枝的过程。

（2）关联规则生成

关联规则生成的目标是从上一步发现的频繁项集中提取所有高置信度的规则，这些规则也称"强规则"。

根据上述策略，关联分析的目的共包括两项：找出频繁项集和发现关联规则。首先需要找到频繁项集，然后才能获取关联规则，这个策略也是 Apriori 算法的基本思想。该算法的目标是找到最大的 k 项频繁集，这包含了两层含义，第一层含义是要找到符合最小支持度标准的频繁项集，但满足条件的候选集合可能有很多，因此第二层含义就是要找出其中项数最大的一个。例如，我们找到两个符合支持度要求的频繁项集 $\{AB\}$ 和 $\{ABE\}$，则算法会保留后者，抛弃前者，因为后者是三项频繁集和前者是两项频繁集。那么算法具体是如何做到挖掘 k 项频繁集的呢？

如图 4.7.1 所示，Apriori 算法采用了迭代更新的方法，算法的两个输入参数分别是数据集和最小支持度。其中，$C_1, C_2, \cdots, C_k$ 分别表示 1 项集，2 项集，$\cdots$，k 项集，而 $L_1, L_2, \cdots, L_k$ 表示对应的频繁项集。算法首先会生成所有单个元素的项集列表，接着通过扫描（Scan）来找出哪些项集满足最小支持度要求，作为频繁项集保留，而不满足最小支持度的集合将被抛弃，这个过程称为"剪枝"。之后对剩下的集合进行组合以生成包含多个元素的项集。接下来，再重新扫描更新后的项集，保留频繁项集，去掉不满足最小支持度的项集。该过程重复迭代更新，直到找到最大的频繁项集为止。

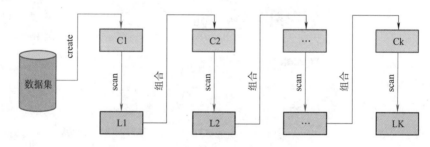

图 4.7.1　Apriori 算法过程

举一个实际例子，如图 4.7.2 所示，算法首先搜索出候选的 1 项集和对应的支持度，剪枝去掉低于支持度阈值的 1 项集，得到频繁 1 项集。然后对剩下的频繁 1 项集进行连接，得到频繁 2 项集，剪枝去掉低于支持度阈值的 2 项集，得到真正的频繁 2 项集。依此类推，算法将不停迭代更新，直到无法找到频繁 $k+1$ 项频繁集为止，那么对应的 k 项频繁集即为算法输出的结果，在这个例子里即为最终找到的 3 项频繁集 $\{2\ 3\ 5\}$。

2. Apriori 函数接口

Python 的 apyori 包提供了 Apriori 算法的函数接口，可以利用该工具方便地实现 Apriori 算法，具体调用代码如下：

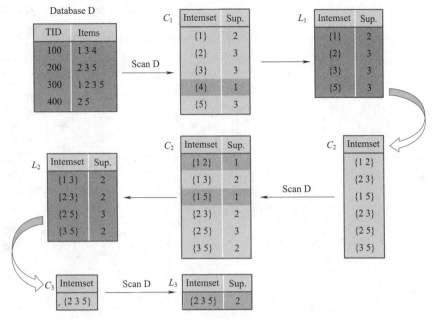

图 4.7.2 Apriori 算法样例

```
from apyori import apriori

transactions = [
    ['beer','nuts'],
    ['beer','cheese'],
]
results = list(apriori(transactions))
```

为了使用该工具,首先需要将输入数据转换为一个个由制表符分隔的事项(元素),每项都用一个标签分开,而每个事件(包含多个事项)都通过换行符进行分隔。之后,运行程序,并将输入数据作为标准输入或文件路径给出。apriori( )函数包括的主要参数介绍如下:

min_support:用于项集剪枝的最小支持度阈值,float 型,可选。

min_confidence:设置关联关系的最小置信度,float 型,可选。

min_lift:过滤关联关系的提升度阈值,float 型,可选。

min_length:保留项集的最小长度,int 型,可选。

算法输出结果各字段的含义解释如下:

items:每次迭代产生的项集,frozenset 对象,可迭代取出子集,作为下一轮处理的对象。

support:支持度,float 型。

ordered_statistics:获取的关联规则,可迭代,展示了关联规则中的分母项集及所对应关联规则的可信度。

confidence:关联关系的置信度,float 型。

lift:关联规则的提升度,用于判断获取的关联规则是否有意义,float 型。

3. Apriori 算法应用

为了更好地阐述 Apriori 算法在实际任务中的应用,下面基于商场的一组简单的食品数据,演示 Apriori 算法在挖掘关联规则上的作用以及相关函数接口的使用方法。

(1)程序清单

```
#导入相应的包
from apyori import apriori

#获取数据集
data = [['豆奶','莴苣'],['草莓','豆奶','橙汁'],['草莓','莴苣','甜菜'],
        ['莴苣','尿布','葡萄酒','甜菜'],['豆奶','尿布','葡萄酒','橙汁'],
        ['莴苣','豆奶','尿布','葡萄酒'],['莴苣','豆奶','尿布','橙汁']]

#运用Apriori算法挖掘关联规则
result = list(apriori(transactions = data,min_support = 0.1,
min_confidence = 0.6,min_lift = 3,min_length = 2))

#输出算法结果及相关参数
print("=================================")
for item in result:
    rules = item[2]
    for rule in rules:
        params = [x for x in rule]
        print("Rule:" + str(params[0]) + " -> " + str(params[1]))
        print("Support:" + str(item[1]))
        print("Confidence:" + str(params[2]))
        print("Lift:" + str(params[3]))
        print("=================================")
```

(2)结果清单

运行结果如图 4.7.3 所示。

```
=========================================================
Rule: frozenset({'莴苣', '草莓'}) -> frozenset({'甜菜'})
Support: 0.14285714285714285
Confidence: 1.0
Lift: 3.5
=========================================================
Rule: frozenset({'尿布', '甜菜'}) -> frozenset({'莴苣', '葡萄酒'})
Support: 0.14285714285714285
Confidence: 1.0
Lift: 3.5
=========================================================
```

图 4.7.3 Apriori 算法关联规则挖掘结果

我们筛选了置信度高于 0.6 并且提升度超过 3 的关联规则作为可靠的关联规则输出,实验结果显示:购买了莴苣和草莓的用户往往还会购买甜菜,而购买了尿布和甜菜的用户通常也会捎上葡萄酒和莴苣。这些信息有助于商家针对性地调整营销策略及商品货架位置的摆放。这只是一个简单的示例,当给出更大、更全面的数据集时,算法获取的关联规则将更加可靠。

习 题 4

4.1 在线性回归中,给定数据 $D(x,y) = \{(3,2),(1,2),(0,1),(4,3)\}$,假设目标函数 $h_\theta(x) = \theta_0 + \theta_1 x$,代价函数为 $J(\theta_0, \theta_1) = \frac{1}{2N} \sum_{i=1}^{N} [h_\theta(x^{(i)}) - y^{(i)}]^2$,请利用数据 D 求 $J(0,1)$。

4.2 计算表习题4.1的信息熵和每个属性的信息增益。

表习题 4.1

编号	色泽	根蒂	敲声	纹理	脐部	触感	好瓜
1	青绿	蜷缩	浊响	清晰	凹陷	硬滑	是
2	乌黑	蜷缩	沉闷	清晰	凹陷	硬滑	是
3	乌黑	蜷缩	浊响	清晰	凹陷	硬滑	是
4	青绿	蜷缩	沉闷	清晰	凹陷	硬滑	是
5	浅白	蜷缩	浊响	清晰	凹陷	硬滑	是
6	青绿	稍蜷	浊响	清晰	凹陷	软黏	是
7	乌黑	稍蜷	浊响	稍糊	稍凹	软黏	是
8	乌黑	稍蜷	浊响	清晰	稍凹	硬滑	是
9	乌黑	稍蜷	沉闷	稍糊	稍凹	硬滑	否
10	青绿	硬挺	清脆	清晰	平坦	软黏	否
11	浅白	硬挺	清脆	模糊	平坦	硬滑	否
12	浅白	蜷缩	浊响	模糊	平坦	软黏	否
13	青绿	稍蜷	浊响	稍糊	凹陷	硬滑	否
14	浅白	稍蜷	沉闷	稍糊	凹陷	硬滑	否
15	乌黑	稍蜷	浊响	清晰	稍凹	软黏	否
16	浅白	蜷缩	浊响	模糊	平坦	硬滑	否
17	青绿	蜷缩	沉闷	稍糊	稍凹	硬滑	否

4.3 简述 k-means 算法流程。

4.4 在数据预处理阶段,常常对数值特征进行归一化或标准化处理。这种处理方式对 k-means、KNN、决策树中哪个算法不会产生很大影响?为什么?

4.5 写出 Scikit-learn 中线性回归、决策树、支持向量机、朴素贝叶斯、聚类和神经网络的接口。

第 5 章

深度学习工具 TensorFlow 基础与进阶

TensorFlow 是第二代深度学习框架,可用于加速深度学习的研究。TensorFlow 对深度学习的各种算法提供了比较友好的支持,有完整的开发、部署方案,还有大量的 github 项目可供参考,因此可被用于语音识别或图像识别等众多深度学习领域。本章介绍的内容都基于 TensorFlow 2.0 版本。

●●●●●● 5.1 TensorFlow 概述 ●●●●●●

1. TensorFlow 发展史

为了更方便地研究超大规模的深度学习神经网络,2011 年 Google Brain 内部孵化出一个名为 DistBelief 的项目,它是第一代分布式深度学习框架,但是 DistBelief 并没有被 Google 开源,而是在公司内部使用。很多 Google 团队在其产品中使用了 DistBelief 并取得了不错的成绩,但 DistBelief 本身还存在很多不足和限制,它的部署和设置十分烦琐,且由于高度依赖 Google 内部的系统框架而没有被开源,这些关键原因导致了能够被分享研究的代码少之又少。

TensorFlow 是由 Google Brain 的研究员和工程师基于 DistBelief 进行了各方面改进后研发出的一款开源的实现深度学习算法的框架,该框架发布于 2015 年 11 月。最初版本的 TensorFlow 只支持符号式编程,2017 年 2 月发布了 1.0 正式版。得益于发布时间较早,以及 Google 在深度学习领域的影响力,TensorFlow 很快成为流行的深度学习框架。但是,TensorFlow 1.x 版本接口设计频繁变动,功能设计重复冗余,符号式编程开发和调试非常困难。

2019 年 3 月,Google 在 TensorFlow Developer Summit 大会上发布 TensorFlow 2.0 Alpha 版。TensorFlow 2.0 在 1.x 版本的基础上删除了冗余 API 接口,并通过 Eager Execution 更好地与 Python 进行集成。通过以上变化,2.0 版本弥补了 1.x 版本在上手难度方面的不足,获得业界的广泛认可,成为当前最为流行的深度学习框架。

2. TensorFlow 操作环境

TensorFlow 支持多种客户端语言(如 Python、C 语言等)下的安装和运行。TensorFlow 提供 Python 语言下的四个不同版本:CPU 版本(tensorflow)、包含 GPU 加速的版本（tensorflow-gpu），以及它们的每日编译版本（tf-nightly、tf-nightly-gpu）。TensorFlow 的 Python 版本支持 Ubuntu 16.04、Windows 7、macOS 10.12.6 Sierra、Raspbian 9.0 及对应的更高版本，可以通过 Python 与其他工具一起使用，并以函数和类的形式组成以深度学习为主的机器学习开发工具。

3. TensorFlow 特点

TensorFlow 工作流程相对容易，API 稳定，兼容性好，并且 TensorFlow 与 NumPy 完美结合，这使大多数精通 Python 的数据科学家很容易上手。TensorFlow 能够在从超级计算机到嵌入式系统的各种类型的机器上运行。它的分布式架构使大量数据集的模型训练不需要太多时间。TensorFlow 可以同时在多个 CPU、GPU 上运行，或者两者混合运行。

TensorFlow 由 Google 提供支持。Google 希望 TensorFlow 成为机器学习研究人员和开发人员的通用工具，因此开发团队花费了大量的时间和精力来改进 TensorFlow 的实现代码，从而不断提高 TensorFlow 的效率。此外，Google 在日常工作中也使用 TensorFlow，并且持续对其提供支持，在 TensorFlow 周围形成了一个强大的社区。Google 已经在 TensorFlow 上发布了多个预先训练好的机器学习模型，这些模型可以被用户自由使用。

下面将介绍 TensorFlow 与其他深度学习框架的区别，以及 TensorFlow 2.0 的特点。

（1）TensorFlow 与其他深度学习框架的区别

深度学习研究的热潮持续高涨，各种开源深度学习框架层出不穷，其中包括 Theano、torch、Caffe、MXNet、Neon、CNTK 等。来自数据科学公司 Silicon Valley Data Science 的数据工程师 Matt Rubashkin 对深度学习七种流行框架的深度进行了横向对比，如表 5.1.1 所示。

表5.1.1　多种深度学习框架的对比

深度学习框架	语言	官方文档	CNN 建模能力	RNN 建模能力	体系结构	运行速度	多个 GPU 支持	Keras 兼容
TensorFlow	Python C	+ + +	+ + +	+ +	+ + +	+ +	+ +	+
Theano	Python C + +	+ +	+ +	+ +	+	+ +	+	+
Torch	Lua Python	+	+ + +	+ +	+ +	+ + +	+ +	
Caffe	C + +	+	+ +		+	+	+	
MXNet	R、Python、Julia、Scala	+ +	+ +	+	+ +	+ +	+ + +	
Neon	Python	+	+ +	+	+	+ +	+	
CNTK	C + +	+	+	+ + +	+	+ +	+	

由表 5.1.1 可知，TensorFlow 在很多方面拥有优异的表现，比如官方文档的简洁、

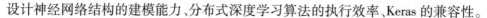

设计神经网络结构的建模能力、分布式深度学习算法的执行效率、Keras 的兼容性。

（2）TensorFlow 2.0 的特点

①API。TensorFlow 2.0 中的 API 一共可以分为三个层次，即低阶 API、中阶 API、高阶 API。

低阶 API：为 Python 实现的操作符，主要包括各种张量操作算子、计算图、自动微分等。

中阶 API：为 Python 实现的模型组件，对低级 API 进行了函数封装，主要包括各种模型层、损失函数、优化器、数据管道、特征列等。

高阶 API：为 Python 实现的模型成品，一般为按照 OOP 方式封装的高级 API，主要为 tf.keras.models 提供的模型的类接口。

②图。图（Graph）是 TensorFlow 中非常重要的一个概念，在图中定义了整个网络的计算过程，图也对模型做了某种意义上的封装和隔离，使得多个模型可以独立互不影响地运行。TensorFlow 2.0 以动态图优先模式运行，即 Eager Execution，在计算时可以同时获得计算图与数值结果，可以在代码调试时打印数据，并可以堆叠的方式搭建多层网络。而 1.x 版本的 Session 静态图模式则类似于 C/C++ 的声明式编程，写好程序之后要先编译，然后才能运行。TensorFlow 1.x 与 2.0 的区别如图 5.1.1 所示。

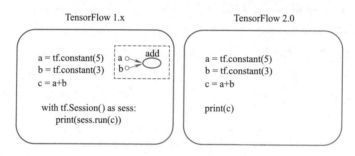

图 5.1.1　TensorFlow 1.x 与 2.0 的区别

由图 5.1.1 可知，TensorFlow 2.0 不需要编写完整的静态图，调试不需要打开会话，Python 可以直接进行计算得出结果。

4. TensorFlow 的基本内容

TensorFlow 的基本内容包括基本层次的数据类型和矩阵相乘、相加等数学运算函数，将在 5.2 节～5.7 节进行详细介绍。除此之外，还有用于模型层次的常用神经网络运算函数、常用网络层、网络训练、模型保存与加载等一系列深度学习系统的便捷模块，可以调用神经网络的 API 来完成复杂神经网络的搭建，将在第 5.8 节～5.16 节进行详细介绍。

●●●●●● 5.2　数据类型 ●●●●●●

本节将介绍 TensorFlow 中的基本数据类型，包括数值类型、字符串类型和布尔类型。

1. 数值类型

数值类型的张量是 TensorFlow 的主要数据载体,张量的维度被描述为阶,根据维度数的不同可将张量区分为标量、向量、矩阵和多维张量。

(1)标量(Scalar)

单个的实数,也称零阶张量,如 1.2、3.4 等,维度(Dimension)数为 0,shape 为(),代码如下:

```
import tensorflow as tf

print(tf.constant(123))
```

输出:

```
tf.Tensor(123,shape = (),dtype = int32)
```

(2)向量(Vector)

向量为 n 个实数的有序集合,也称一阶张量,通过中括号包裹,如[1.2]、[1.2,3.4] 等,维度数为 1,长度不定,shape 为(n,),代码如下:

```
import tensorflow as tf

print(tf.constant([123,1]))
```

输出:

```
tf.Tensor([123    1],shape = (2,),dtype = int32)
```

(3)矩阵(Matrix)

矩阵为 n 行 m 列实数的有序集合,也称二阶张量,如[[1,2],[3,4]],维度数为 2,每个维度上的长度不定,shape 为(n,m),代码如下:

```
import tensorflow as tf

print(tf.constant([[2,1,3],[1,2,3]]))
```

输出:

```
tf.Tensor(
[[2 1 3]
 [1 2 3]],shape = (2,3),dtype = int32)
```

(4)张量(Tensor)

所有维度数大于 2 的数组统称多维张量。张量的每个维度也称轴(Axis),一般维度代表了具体的物理含义,比如 Shape 为(2,32,32,3)的张量共有 4 维,如果表示图片数据,每个维度/轴代表的含义分别是图片数量、图片高度、图片宽度、图片通道数,其中 2 代表了 2 张图片,32 代表了高、宽均为 32,3 代表了 RGB 共 3 个通道。张量的维度数及每个维度所代表的具体物理含义需要由用户自行定义。以下代码展示了一个三维张量:

```
import tensorflow as tf

print(tf.constant([[[1,2],[3,4]],
                   [[5,6],[7,8]],
                   [[9,0],[9,8]]]))
```

输出：

```
tf.Tensor(
[[[1 2]
  [3 4]]

[[5 6]
 [7 8]]

[[9 0]
 [9 8]]], shape = (3,2,2), dtype = int32)
```

（5）数值的精度

对于数值类型的张量，可以保存为不同字节长度的精度，如浮点数 3.14 既可以保存为 16 位（bit）长度，也可以保存为 32 位甚至 64 位的精度。位越长，精度越高，同时占用的内存空间也就越大。常用的有符号整型有 tf. int16、tf. int32 和 tf. int64，无符号整型有 tf. uint8、tf. uint16，以及浮点型 tf. float16、tf. float32、tf. float64。

TensorFlow 使用 tf. constant() 函数创建简单数值类型，操作代码如下：

```
import tensorflow as tf

print(tf.constant(123))
print(tf.constant(12345678912345678))
print(tf.constant(123.4))
```

输出：

```
tf.Tensor(123, shape = (), dtype = int32)
tf.Tensor(12345678912345678, shape = (), dtype = int64)
tf.Tensor(123.4, shape = (), dtype = float32)
```

shape 显示了数值的维度，这里所有的张量都是零维标量；dtype 显示了输出值的数值类型。TensorFlow 在创建张量时，可以指定数值精度。以无限不循环小数 π 为例，打印不同数值精度下 π 的值，代码如下：

```
import tensorflow as tf
import numpy as np

print(tf.constant(np.pi,dtype = tf.float16))
print(tf.constant(np.pi,dtype = tf.float32))
print(tf.constant(np.pi,dtype = tf.float64)
```

输出：

```
tf.Tensor(3.14, shape = (), dtype = float16)
tf.Tensor(3.1415927, shape = (), dtype = float32)
tf.Tensor(3.141592653589793, shape = (), dtype = float64)
```

可以看到,不同精度下输出值的长度不同。对于深度学习算法,tf. int32 和 tf. float32 可满足大部分场合的运算精度要求。

2. 字符串类型

除了数值类型张量外,TensorFlow 还支持字符串(String)类型的数据。例如,在表示图片数据时,可以先记录图片的路径字符串,再通过预处理函数根据路径读取图片张量。TensorFlow 可以使用 tf. constant( )函数创建简单字符串,通过传入字符串对象即可创建字符串类型的张量,代码如下:

```
import tensorflow as tf

a = tf.constant('Hello,Deep Learning.')
print(a)
```

输出:

```
tf.Tensor(b'Hello,Deep Learning.',shape = (),dtype = string)
```

在 tf. strings 模块中,提供了常见字符串类型的工具函数,如小写化函数 lower( )、拼接函数 join( )、长度函数 length( )、切分函数 split( )等,部分操作代码如下:

```
import tensorflow as tf

a = tf.constant('Hello,Deep Learning.')
print('字符串长度:',tf.strings.length(a))          #计算字符串长度
print('小写化字符:',tf.strings.lower(a))           # 小写化字符串
print('分割字符串:',tf.strings.split(a))           #分割字符串
```

输出:

```
字符串长度:tf.Tensor(21,shape = (),dtype = int32)
小写化字符:tf.Tensor(b'hello,deep learning.',shape = (),dtype = string)
分割字符串:tf.Tensor([b'Hello,' b'Deep' b'Learning.'],shape = (3,),dtype =
string)
```

3. 布尔类型

为了方便表达比较运算操作的结果,TensorFlow 还支持布尔类型(Boolean,简称bool)的张量。布尔类型的张量只需要传入 Python 语言中的布尔类型数据,转换成TensorFlow 内部布尔型即可,代码如下:

```
import tensourflow as tf

print(tf.constant(True))
print(tf.constant([True,False,False]))
```

输出:

```
tf.Tensor(True,shape = (),dtype = bool)
tf.Tensor([ True False False],shape = (3,),dtype = bool)
```

4. 类型转换

在 TensorFlow 中,一般默认 0 表示 False,非 0 数字都视为 True。TensorFlow 可以使用 tf. cast( )函数进行多种数据类型之间的转换。

（1）精度转换

每个模块使用的数据类型、数值精度可能各不相同，对于不符合要求的张量的类型及精度，可以使用 tf.cast() 函数进行转换，代码如下：

```
import tensorflow as tf
import numpy as np

a = tf.constant(np.pi,dtype = tf.float64)#创建 tf.float64 高精度张量
print('原值:',a)
print('转为 16 位浮点数后的值:',tf.cast(a,tf.float16))
```

输出：

```
原值: tf.Tensor(3.141592653589793,shape = (),dtype = float64)
转为 16 位浮点数后的值: tf.Tensor(3.14,shape = (),dtype = float16)
```

（2）布尔类型与整型之间的互相转换

TensorFlow 也支持布尔类型与整型之间的转换，代码如下：

```
import tensorflow as tf

a = tf.constant(True)
b = tf.constant([True,False,False])
c = tf.constant([-1,0,1,2])
print('bool > int:',tf.cast(a,tf.int32),tf.cast(b,tf.int32))#布尔型转为整型
print('int > bool:',tf.cast(c,tf.bool))                    #整型转为布尔型
```

输出：

```
bool > int:tf.Tensor(1,shape = (),dtype = int32)
tf.Tensor([1 0 0],shape = (3,),dtype = int32)
int > bool:tf.Tensor([ True False  True   True],shape = (4,),dtype = bool)
```

当 tf.cast() 中为条件内容时，可以进行掩膜形式的数据格式转换，代码如下：

```
import tensorflow as tf

a = tf.constant([1.0,1.3,2.1,3.41,4.51])
print(tf.cast(a > 3,dtype = tf.bool))
print(tf.cast(a > 3,dtype = tf.int8))
```

输出：

```
tf.Tensor([False False False   True   True],shape = (5,),dtype = bool)
tf.Tensor([0 0 0 1 1],shape = (5,),dtype = int8)
```

●●●●● 5.3 张量及操作 ●●●●●

1. 创建张量

张量（Tensor）是一个多维数组，张量的维数被描述为阶。与 NumPy ndarray 对象相似，Tensor 对象具有数据类型和形状。除了 5.2 节中提到的 constant() 方法，TensorFlow 中还可以通过多种方式创建张量，接下来介绍这些创建方法。

（1）从数组中创建张量

通过 convert_to_tensor（）函数可以将数组对象中的数据导入新的 Tensor 中，代码如下：

```
import tensorflow as tf
import numpy as np

x = np.array([[1,2.],[3,4]])
print('对象为：',type(x))
print(tf.convert_to_tensor(x))
```

输出：

```
对象为：<class 'numpy.ndarray'>
tf.Tensor([[1.2.]
          [3.4.]],shape = (2,2),dtype = float64)
```

由输出可知，返回的张量是值为[[1.2.][3.4.]]、shape 为(2,2)的矩阵。

（2）从列表中创建张量

TensorFlow 也可通过 convert_to_tensor（）函数将列表对象中的数据导入新的 Tensor 中，代码如下：

```
import tensorflow as tf

x = [1,2]
print('对象为：',type(x))
print(tf.convert_to_tensor(x))
```

输出：

```
对象为：<class 'list'>
tf.Tensor([1 2],shape = (2,),dtype = int32)
```

由输出可知，返回的张量是值为[1.2.]、shape 为(2,)的向量。

（3）创建特殊张量

①全 0、全 1 张量。在张量初始化阶段使用全 0 或全 1 张量是最常见的方法，如线性变换 $y = Ax + b$ 中，将权重矩阵 A 初始化为全 1 张量，将偏置 b 初始化为全 0 张量。TensorFlow 中通过 zeros（）函数和 ones（）函数创建这两种张量，代码如下：

```
import tensorflow as tf

print('全1,全0标量：',tf.zeros([]),tf.ones([]))          #全1,全0标量
print('全1,全0向量：',tf.zeros([1]),tf.ones([2]))         #全1,全0向量
print('全1,全0矩阵：',tf.zeros([1,2]),tf.ones([2,2]))     #全1,全0矩阵
```

输出：

```
全1,全0标量：tf.Tensor(0.0,shape = (),dtype = float32)
            tf.Tensor(1.0,shape = (),dtype = float32)
全1,全0向量：tf.Tensor([0.],shape = (1,),dtype = float32)
            tf.Tensor([1.1.],shape = (2,),dtype = float32)
```

```
全1,全0矩阵: tf.Tensor([[0.0.]],shape=(1,2),dtype=float32)
              tf.Tensor([[1.1.]
                          [1.1.]],shape=(2,2),dtype=float32)
```

②自定义数值张量。除了初始化全 0 和全 1 张量外,TensorFlow 也支持初始化张量全为某个自定义数值,通过 fill(shape,value) 可以创建全为自定义数值的张量,张量的形状由参数 shape 指定,值为参数 value,代码如下:

```
import tensorflow as tf

print('初始化标量: ',tf.fill([],2))
print('初始化矩阵: ',tf.fill([2,2],11))
```

输出:

```
初始化标量: tf.Tensor(2,shape=(),dtype=int32)
初始化矩阵: tf.Tensor([[11 11]
                        [11 11]],shape=(2,2),dtype=int32)
```

(4)创建已知分布的张量

正态分布和均匀分布是深度学习中神经网络权重初始化最常用的两种分布。

①正态分布。TensorFlow 中 random.normal(shape,mean=0.0,stddev=1.0) 函数用于从"服从指定正态分布 $N(mean,stddev^2)$ 的序列"中随机取出指定个数的值,并返回形状为 shape 的张量。其中"指定正态分布"的均值为 mean,标准差为 stddev,均值和标准差分别默认为 0 和 1,为标准正态分布。代码如下:

```
import tensorflow as tf

a=tf.random.normal([2])
print('标准正态分布: ',a)
b=tf.random.normal([2,1],mean=2,stddev=1)
print('m=2,s=1 的正态分布: ',b)
```

输出:

```
标准正态分布:tf.Tensor([1.0489203 -1.4391983],shape=(2,),dtype=float32)
m=2,s=1 的正态分布: tf.Tensor([[0.46820605]
                              [2.5882056 ]],shape=(2,1),dtype=float32)
```

②均匀分布。TensorFlow 中通过 tf.random.uniform(shape,minval=0,maxval=None,dtype=tf.float32) 函数从"服从指定均匀分布 $U(minval,maxval)$ 的序列"中随机取出指定个数的值,返回张量形状由 shape 决定,值的范围默认是 0~1 的左闭右开区间,代码如下:

```
import tensorflow as tf

a=tf.random.uniform([2,2])
print('采样自[0,1):',a)
b=tf.random.uniform([2,2],minval=1,maxval=5)
print('采样自[1,5):',b)
```

输出：

```
采样自[0,1):tf.Tensor( [[0.2065779  0.6165539 ]
                       [0.13708448 0.40547204]],shape = (2,2),dtype = float32)
采样自[1,5):tf.Tensor([[3.0400033 1.9176135]
                      [1.36885881.834827 ]],shape = (2,2),dtype = float32)
```

(5)创建序列

在循环计算或者对张量进行索引时，经常需要创建一段连续的整型序列，可以通过 tf.range( )函数实现。tf.range(limit,delta = 1)可以创建[0,limit)之间、步长为 delta 的整型序列，不包 limit 本身，代码如下：

```
import tensorflow as tf

print('[0,5),步长为 1 的序列:',tf.range(5))
print('[4,10),步长为 2 的序列:',tf.range(4.,10,delta = 2))
```

输出：

```
[0,5),步长为 1 的序列:tf.Tensor([0 1 2 3 4],shape = (5,),dtype = int32)
[4,10),步长为 2 的序列:tf.Tensor([4.6.8.],shape = (3,),dtype = float32)
```

2.张量的应用

5.2 节介绍了张量的四种形式：标量、向量、矩阵和多维张量，本节将介绍这些张量的应用场景。

(1)标量

在 TensorFlow 中，标量是一个简单的数字，维度数为 0,shape 为[ ]。标量的典型用途之一是各种评估指标的表示，比如准确度(Accuracy)、精度(Precision)和召回率(Recall)等。

以对数损失函数为例，对数损失函数用于二分类问题，函数 keras.losses. BinaryCrossentropy( )返回每个样本上的误差值，最后取误差的均值作为当前 batch 的误差，它是一个标量，代码如下：

```
import tensorflow as tf

out = tf.random.uniform([3,1])#随机模拟网络输出,输入值随机,输出结果不是一定的
print(out)
y = tf.constant([0,1,0])         #随机构造样本真实标签
bce = tf.keras.losses.BinaryCrossentropy(from_logits = False)
loss = bce(y,out)
print(loss)
```

输出：

```
tf.Tensor([[0.632022 ]
          [0.6971358]
          [0.5098394]],shape = (3,1),dtype = float32)
tf.Tensor(0.85124487,shape = (),dtype = float32)
```

由输出可知，对数损失函数的返回值为一个标量。

（2）向量

在数学中向量可以理解为有大小有方向的直线段，在神经网络中是一种常见的数据载体，如在全连接层和卷积神经网络层变换 $y = Wx + b$ 中，偏置 b 就为向量，代码如下：

```
import tensorflow as tf

z = tf.random.normal([2,2])
print('z:',z)
b = tf.ones([2])#创建偏置向量
print('b:',b)
print('y = z + b:',z + b)
```

输出：

```
z:tf.Tensor(
[[ 1.6389629   0.614214  ]
 [-0.65067494 -1.2064544 ]],shape = (2,2),dtype = float32)
b:tf.Tensor([1.1.],shape = (2,),dtype = float32)
y = z + b:tf.Tensor(
[[ 2.6389627   1.614214  ]
 [ 0.34932506 -0.2064544 ]],shape = (2,2),dtype = float32)
```

由输出可知，变换 $y = z + b$ 中，偏置 b 是形状为 $(2,)$ 的向量。

（3）矩阵

矩阵也是一个常见的张量类型，比如全连接层的输入张量 x 的形状为 (b, d_{in})，其中 b 表示输入样本的个数，即 Batch Size，d_{in} 表示输入特征的长度。例如，特征长度为 2，一共包含 2 个维度的输入可以表示为一个 2×2 的矩阵。还有神经网络中的权重与变换后的值都为矩阵，代码如下：

```
import tensorflow as tf

x = tf.random.normal([2])
w = tf.random.normal([2,2])          #定义 w 张量
b = tf.ones([2])                     #定义 b 张量
print('w:%s,x:%s,b:%s'%(w,x,b))
print('y = ',w* x + b)
```

输出：

```
w:tf.Tensor([[ 0.58775395 -0.2394244 ]
             [ 1.3864278   0.35740316]],shape = (2,2),dtype = float32),
x:tf.Tensor([0.20478104 0.7409377 ],shape = (2,),dtype = float32),
b:tf.Tensor([1.1.],shape = (2,),dtype = float32)
y = tf.Tensor([[1.1203609  0.82260144]
              [1.2839141  1.2648134 ]],shape = (2,2),dtype = float32)
```

由输出可知，变换 $y = Wx + b$ 中，权重 W 和输出 y 都是形状为 $(2,2)$ 的矩阵。

（4）三维张量

三维的张量一个典型应用是表示时空动态,它的格式是:$X = [\text{time}, \text{location}, \text{label}]$,其中 time 为时间,location 为地理位置,label 为主题标签。

接下来以自然语言处理中的句子表示为例进行介绍。为了能够方便字符串被神经网络处理,一般将单词通过嵌入层(Embedding Layer)编码为固定长度的向量,比如 a 编码为某个长度 7 的向量,那么 2 个等长(单词数量为 6)的句子序列可以表示为 shape 为(2,6,7)的 3 维张量,其中 2 表示句子个数,6 表示单词数量,7 表示单词向量的长度。IMDB 电影评价数据集是深度学习中一个常用的数据集,接下来将数据集中的数组转换为词向量,代码如下:

```
import tensorflow as tf

(x_train,y_train),(x_test,y_test) = tf.keras.datasets.imdb.load_data(num_
words =10000)      #导入数据集
x_train = tf.keras.preprocessing.sequence.pad_sequences(x_train,maxlen =80)
print(x_train.shape)
embedding = tf.keras.layers.Embedding(10000,100)      #创建词向量 Embedding 层类
print(embedding(x_train).shape)
```

输出:

```
(25000,80)
(25000,80,100)
```

由输出可知,初始 x_train 是 shape 为(25000,80)的矩阵,其中 25000 表示句子个数,80 表示每个句子共 80 个单词,每个单词使用数字编码方式表示。接下来通过定义一个 keras. layers. Embedding 层,用于将数字编码的单词转换为长度为 100 的词向量,句子张量的 shape 则变为(25000,80,100),其中 100 表示每个单词编码长度为 100 的向量。

●●●●●● 5.4 索引与切片 ●●●●●●

TensorFlow 中通过索引与切片操作可以提取张量的部分数据,它们的使用频率非常高。

1.索引

首先创建一个形状为(3,2,2,5)的四维张量,其中数值为 10 ~ 69,步长为 1,代码如下:

```
import tensorflow as tf

x = tf.range(10,70)              #创建 10 ~ 69,步长为 1 的序列
y = tf.reshape(x,[3,2,2,5])      #变换为形状是 (3,2,2,5)的四维张量
print('四维张量:',y)
```

输出:

```
四维张量:tf.Tensor([[[[10 11 12 13 14]
                [15 16 17 18 19]]
              [[20 21 22 23 24]
               [25 26 27 28 29]]]


             [[[30 31 32 33 34]
               [35 36 37 38 39]]
              [[40 41 42 43 44]
               [45 46 47 48 49]]]


             [[[50 51 52 53 54]
               [55 56 57 58 59]]
              [[60 61 62 63 64]
               [65 66 67 68 69]]]], shape = (3,2,2,5), dtype = int32)
```

接下来将使用索引方式读取张量的部分数据。

(1)基础索引

在 TensorFlow 中,支持基本的"[i][j]…"标准索引方式,i/j 取值从 0 开始,也支持通过逗号分隔索引号的索引方式,由上述代码的输出可知张量的维度有四个,接下来将在每一维度进行索引。

①索引至第 0 维度。

代码如下:

```
print('y[0]:',y[0])
```

输出:

```
y[0]:tf.Tensor([[[10 11 12 13 14]
                [15 16 17 18 19]]
              [[20 21 22 23 24]
               [25 26 27 28 29]]], shape = (2,2,5), dtype = int32)
```

由输出可知,y[0]选取了第一个样本所有数据,返回为一个 shape 为(2,2,5)的张量。

②索引至第 1 维度。

代码如下:

```
print('y[0][0]:',y[0][0])    #也可以逗号分隔,即 y[0,0]
```

输出:

```
y[0][0]:tf.Tensor([[10 11 12 13 14]
                  [15 16 17 18 19]], shape = (2,5), dtype = int32)
```

由输出可知,y[0][0]选取了第一个样本第一行数据,返回为一个 shape 为(2,5)的矩阵。

③索引至第 2 维度。

代码如下:

```
print('y[1][0][0]:',y[1,0,0])#也可以用 y[1][0][0]进行索引
```

输出：

```
y[1][0][0]:tf.Tensor([30 31 32 33 34],shape = (5,),dtype = int32)
```

这里使用逗号分隔索引号的方法进行索引。由输出可知,y[1][0][0]选取了第二个样本第一行第一列数据,返回一个长度为5的向量。

④索引至第3维度。

代码如下：

```
print('y[2][0][0][3]:',y[2,0,0,3])
```

输出：

```
y[2][0][0][3]:tf.Tensor(53,shape = (),dtype = int32)
```

由输出可知,y[2][0][0][3] 选取了第三个样本第一行第一列第四通道的数据,返回为一个标量。以上四个维度的具体索引可以参考图5.4.1所示。

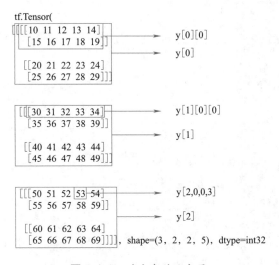

图5.4.1 对应索引示意图

⑤逆序索引。

TensorFlow 中也支持逆序索引,即索引参数为负数,索引从 −1 开始,以一开始创建的四维向量为例,对应的逆序索引代码如下：

```
print('y[-3]:',y[-3])
print('y[-3][-2]:',y[-3][-2])
print('y[-2][-2][-2]:',y[-2,-2,-2])
print('y[-1][-2][-2][-2]:',y[-1,-2,-2,-2])
```

输出：

```
y[-3]:tf.Tensor([[[10 11 12 13 14]
                  [15 16 17 18 19]]
                 [[20 21 22 23 24]
                  [25 26 27 28 29]]],shape = (2,2,5),dtype = int32)
y[-3][-2]:tf.Tensor([[10 11 12 13 14]
```

```
                     [15 16 17 18 19]],shape = (2,5),dtype = int32)
y[-2][-2][-2]:tf.Tensor([30 31 32 33 34],shape = (5,),dtype = int32)
y[-1][-2][-2][-2]:tf.Tensor(53,shape = (),dtype = int32)
```

以 y[2][0][0][3] 和 y[-1][-2][-2][-2] 为例,张量 y 第 0 轴长度为 3,正序索引为:0/1/2,对应的逆序索引为 -3/ -2/ -1,则 y[2] 对应逆序为 y[-1];第 3 轴长度为 5,正序索引为:0/1/2/3/4,对应的逆序索引为 -5/ -4/ -3/ -2/ -1,则y[...][3]对应的逆序为 y[...][-2]。

(2)选取式索引

TensorFlow 中还支持选取式索引 gather(params,indices,axis = 0),即从 params 的 axis 维根据 indices 的参数值获取对应值。以一开始的四维张量为例,axis 的取值可以为 0、1、2、3,接下来根据第 0 维和第 2 维进行索引,即 axis = 0 和 axis = 2。

①从第 0 维进行选取索引。

代码如下:

```
print(tf.gather(y,axis = 0,indices = [1,0]))
```

输出:

```
tf.Tensor([[[[30 31 32 33 34]
             [35 36 37 38 39]]
            [[40 41 42 43 44]
             [45 46 47 48 49]]]


           [[[10 11 12 13 14]
             [15 16 17 18 19]]
            [[20 21 22 23 24]
             [25 26 27 28 29]]]],shape = (2,2,2,5),dtype = int32)
```

由输出可知,以 0 为轴进行索引后返回的张量与原 shape 相比第 0 维的数值变为 indices 参数总和,即为 2,并且新张量由 y[1]、y[0] 组成,即 indices = [1,0]。

②从第 2 维进行选取索引。

代码如下:

```
print(tf.gather(y,axis = 2,indices = [1]))
```

输出:

```
tf.Tensor([[[[15 16 17 18 19]]
            [[25 26 27 28 29]]]


           [[[35 36 37 38 39]]
            [[45 46 47 48 49]]]


           [[[55 56 57 58 59]]
            [[65 66 67 68 69]]]],shape = (3,2,1,5),dtype = int32)
```

由输出可知,以 2 为轴进行索引后返回的张量与原 shape 相比第二维的数值变为 indices 参数总和,即为 1,并且新张量由每一行中第二列组成,即 indices = [1]。

2. 切片

切片是指对张量对象截取其中一部分的操作,切片操作返回的对象为张量,并且与原张量的维度数一致。TensorFlow 中通过[start:end:step]切片方式可以方便地提取一段数据,其中 start 为开始读取位置的索引,end 为结束读取位置的索引(不包含 end 位),step 为切片步长。具体的切片方式如表5.4.1 所示。

表5.4.1 TensorFlow 中切片方式

序号	切片方式	描 述
1	[start:end:step]	从 start 开始读取到 end(不包含 end),步长为 step
2	[start:end]	从 start 开始读取到 end(不包含 end),步长为 1
3	[start:]	从 start 开始读取完后续所有元素,步长为 1
4	[start::step]	从 start 开始读取完后续所有元素,步长为 step
5	[:end:step]	从 0 开始读取到 end(不包含 end),步长为 step
6	[:end]	从 0 开始读取到 end(不包含 end),步长为 1
7	[::step]	每隔 step − 1 个元素切片所有
8	[::] or [:]	读取所有元素

(1)正序切片

①单维度切片。接下来创建一个 shape 为(4,4)的二维矩阵 B,对矩阵 B 使用表5.4.1 中的方式进行切片,代码如下:

```
import tensorflow as tf

B = tf.reshape(tf.range(16),[4,4])
print('二维矩阵: ',B)
print('方法2 B[1:3]:',B[1:3])
print('方法4 B[1::2]',B[1::2])
print('方法7 B[::2]:',B[::2])
```

输出:

```
二维矩阵: tf.Tensor([[ 0  1  2  3]
                     [ 4  5  6  7]
                     [ 8  9 10 11]
                     [12 13 14 15]],shape = (4,4),dtype = int32)
方法2  B[1:3]:tf.Tensor([[ 4  5  6  7]
                        [ 8  9 10 11]],shape = (2,4),dtype = int32)
方法4  B[1::2] tf.Tensor([[ 4  5  6  7]
                        [12 13 14 15]],shape = (2,4),dtype = int32)
方法7  B[::2]:tf.Tensor([[ 0  1  2  3]
                        [ 8  9 10 11]],shape = (2,4),dtype = int32)
```

由输出可知,进行不同方法切片后返回的张量都是二维矩阵,而逆序索引部分返回的张量中有三维张量、矩阵、向量和标量。

②多维度切片。当张量的维度数量较多时,不需要切片的维度,一般用单冒号":"表示切片该维所有元素,需要切片的维度按照表 5.4.1 进行切片。代码如下:

```
import tensorflow as tf

y = tf.reshape(tf.range(10,70),[3,2,2,5])
print('y[:,::2]',y[:,::2])                #等同于 y[:,::2,:,:]
print('y[:,::2,::2]',y[:,::2,::2])        #等同于 y[:,::2,::2,:]
print('y[:,::2,::2,::3]',y[:,::2,::2,::3])
```

输出:

```
y[:,::2] tf.Tensor([[[[10 11 12 13 14]
                      [15 16 17 18 19]]]


                    [[[30 31 32 33 34]
                      [35 36 37 38 39]]]


                    [[[50 51 52 53 54]
                      [55 56 57 58 59]]]],shape = (3,1,2,5),dtype = int32)
y[:,::2,::2] tf.Tensor([[[[10 11 12 13 14]]]

                        [[[30 31 32 33 34]]]

                        [[[50 51 52 53 54]]]],shape = (3,1,1,5),dtype = int32)
y[:,::2,::2,::3] tf.Tensor([[[[10 13]]]

                           [[[30 33]]]

                           [[[50 53]]]],shape = (3,1,1,2),dtype = int32)
```

由输出可知,y[:,::2]在 y 的基础上保留第 0 维,并以步长为 2 在第 1 维进行取值,因为第 1 维原值为 2,即只有两行,于是只取第一行;y[:,::2,::2]在 y[:,::2]的基础上以步长 2 在第 2 维上取值,因为第 2 维原值为 2,即只有两列于是只取第一列;y[:,::2,::2,::3]在 y[:,::2,::2]的基础上以步长 3 在第 3 维取值。进行切片后的返回值依旧为四维张量。

③特殊切片。在进行切片时,会遇到切片后返回张量维度与原张量不一致,代码如下:

```
import tensorflow as tf

y = tf.reshape(tf.range(10,70),[3,2,2,5])
print(y[:,1:,0:,1:].shape)
print(y[:,1:,0,1].shape)
```

输出:

```
(3,1,2,4)
(3,1)
```

由输出可知,y[:,1:,0:,1:]返回的值为四维张量,而 y[:,1:,0:,1]返回的则是一个二维矩阵,这是因为 y[:,1:,0:,1:]是在 y 的基础上进行多维切片,y[:,1:,0:,1]则是在 y[:,1:]切片后进行索引,0/1 后面没有冒号":"。

(2)逆序切片

在表 5.4.1 中,step 可以为负数。当 step = -1 时,"start:end:-1"表示从 start 开始,逆序读取至 end 结束(不包含 end),并且索引号 end ≤ start;step = -2 时则逆序并以步长为2 切片,代码如下:

```
import tensorflow as tf

x = tf.range(9)
print('向量 x: ',x)
print('x[::-2]:',x[::-2])
print('x[6:0:-2]:',x[6:0:-2])
print('x[4::-2]:',x[4::-2])
```

输出:

```
向量 x: tf.Tensor([0 1 2 3 4 5 6 7 8],shape = (9,),dtype = int32)
x[::-2]:tf.Tensor([8 6 4 2 0],shape = (5,),dtype = int32)
x[6:0:-2]:tf.Tensor([6 4 2],shape = (3,),dtype = int32)
x[4::-2]:tf.Tensor([4 2 0],shape = (3,),dtype = int32)
```

●●●●● 5.5　维度变换 ●●●●●

对于 TensorFlow 的基本数据对象 Tensor,在进行运算或者处理问题时,需要经常改变数据的维度,以便于后期的计算和进一步处理。

1. 维度

维度是张量中的一个参数,张量的维度数即为 shape 参数的个数,每个维度的长度则对应 shape 中每个参数,比如,shape = (5,2,4)表示该张量有 3 维,第 0 维长度为 5,第 1 维长度为 2,第 2 维长度为 4,即为一个包括 5 个 2 行 4 列的三维张量。具体操作代码如下:

```
import tensorflow as tf

x = tf.ones([5,2,4])
print(x)
print('张量 x 的维度数: ',len(x.shape))
```

输出:

```
tf.Tensor( [[[1.1.1.1.]
            [1.1.1.1.]]

           [[1.1.1.1.]
            [1.1.1.1.]]
```

```
        [[1.1.1.1.]
         [1.1.1.1.]]

        [[1.1.1.1.]
         [1.1.1.1.]]

        [[1.1.1.1.]
         [1.1.1.1.]]], shape = (5,2,4),dtype = float32)
```

张量 x 的维度数：3

由输出张量可知 x 为上述的一个包含 5 个 2 行 4 列的三维张量，上述代码使用函数 len( ) 打印出 shape 参数的长度，由输出可知张量 x 的维度数为 shape 参数的个数，即长度。

接下来具体介绍两种打印张量维度的方法：tf. shape( ) 和 x. shape，代码如下：

```
import tensorflow as tf

x = tf.constant([[[0,  1,  2],[3,  4,  5],[6,  7,  8],[9,10,11],[12,13,14]],
                 [[15,16,17],[18,19,20],[21,22,23],[24,25,26],[27,28,29]],
                 [[30,31,32],[33,34,35],[36,37,38],[39,40,41],[42,43,44]],
                 [[45,46,47],[48,49,50],[51,52,53],[54,55,56],[57,58,59]]])
print(tf.shape(x))
print(x.shape,x.ndim)
for i in range(len(x.shape)):
    print(x.shape[i])
```

输出：

```
tf.Tensor([4 5 3],shape = (3,),dtype = int32)
(4,5,3) 3
4
5
3
```

tf. shape(x) 返回的第一个参数 [4 5 3] 为张量 x 的 shape 大小，即 x 为 1 个包含四个五行三列的三维张量；返回的第二个参数 shape = (3,) 则表示张量 x 的 shape 参数是一个长度为 3 的一维向量，是描述 shape 的长度。x. shape 直接返回了 x 的 shape，x. ndim 返回了张量 x 的维度数，与 tf. shape(x) 的返回值对应。x. shape 用索引 x. shape[i] 的方式循环返回了张量 x 每个维度的长度。

2. 维度变换

以线性变换 $Y = Wx + b$ 为例，假设权重 W 是 shape 为 (2,4) 的二维矩阵，输入 x 是 shape 为 (4,3) 的二维张量，偏置 $b = [\ b_1 \quad b_2 \quad b_3\ ]$ 是 shape 为 (3) 的一维向量。将 W 与 x 进行矩阵相乘得出的结果 X 是 shape 为 (2,3) 的矩阵：

$$X = \begin{pmatrix} X_{11} & X_{12} & X_{13} \\ X_{21} & X_{22} & X_{23} \end{pmatrix}$$

则将进行加法的 X 和 b 是 shape 不相同的两组张量，因此要将偏置 b 进行变换：插入

一个新的维度,在新维度将数据复制一份,得出变换后的 $\boldsymbol{B}$:

$$\boldsymbol{B} = \begin{pmatrix} b_1 & b_2 & b_3 \\ b_1 & b_2 & b_3 \end{pmatrix},$$

由矩阵可知道 $\boldsymbol{B}$ 的 shape 也为 $(2,3)$,则进行矩阵加法后得到的 $\boldsymbol{Y}$ 为:

$$\boldsymbol{Y} = \begin{pmatrix} X_{11}+b_1 & X_{12}+b_2 & X_{13}+b_3 \\ X_{21}+b_1 & X_{22}+b_2 & X_{23}+b_3 \end{pmatrix}$$

算法的每个模块对于数据张量的格式有不同的逻辑要求,当现有的数据格式不满足算法要求时,需要通过维度变换将数据调整为正确的格式。这就是维度变换的功能。基本的维度变换操作函数包含了改变视图 reshape、插入新维度 expand_dims,删除维度 squeeze、交换维度 transpose、复制数据 tile 等函数。

(1)改变视图

①存储与视图。张量的视图就是理解张量的方式,比如 shape 为 $(4,32,32,2)$ 的张量 A ,我们从逻辑上可以理解为 4 张图片,每张图片 32 行 32 列,每个位置的 RGB 有 2 个通道的数据;张量的存储体现在张量在内存上保存为一段连续的内存区域,对于同样的存储,可以有不同的理解方式,比如上述 A ,我们可以在不改变张量的存储下,将张量 A 理解为 4 个样本,每个样本的特征为长度为 $32 \times 32 \times 2$,即长度为 2 048 的向量。

②reshape。TensorFlow 中使用 reshape(tensor, shape, name = None)函数来改变张量产生不同 shape 的视图。其中,tensor 为原张量,shape 为一个列表,特殊的一点是列表中可以存在 -1 , -1 代表的含义是不用手动指定这一维的大小,函数会自动计算,但列表中只能存在一个 -1 。代码如下:

```
import tensorflow as tf

x = tf.range(60)
y1 = tf.reshape(x,[4,5,3])
y2 = tf.reshape(x,[2,6,-1])
y3 = tf.reshape(x,[30,2])
print(y1.shape)
print(y2.shape)
print(y3.shape)
```

输出:

```
(4,5,3)
(2,6,5)
(30,2)
```

上述代码过 tf.range()模拟生成一个长为 60 的一维向量 x,并通过 tf.reshape()函数改变原视图 x 产生不同的视图 y1、y2 和 y3,并通过 shape 方法返回对应 shape。其中 y2 中最后一个维度没有指定,而是设置为 -1 ,函数自动计算出对应维度值。

张量在创建时按着初始的维度顺序写入,改变张量的视图仅仅是改变了张量的理

解方式,并不需要改变张量的存储顺序,代码如下:

```
import tensorflow as tf

x = tf.range(16)
print('x:',x)
y1 = tf.reshape(x,[2,8])
y2 = tf.reshape(x,[4,4])
y3 = tf.reshape(x,[2,2,4])
print('y1:',y1)
print('y2:',y2)
print('y3:',y3)
```

输出:

```
x:tf.Tensor([ 0  1  2  3  4  5  6  7  8  9 10 11 12 13 14 15],shape = (16,),
dtype = int32)
   y1:tf.Tensor([[ 0  1  2  3  4  5  6  7]
                 [ 8  9 10 11 12 13 14 15]],shape = (2,8),dtype = int32)
   y2:tf.Tensor([[ 0  1  2  3]
                 [ 4  5  6  7]
                 [ 8  9 10 11]
                 [12 13 14 15]],shape = (4,4),dtype = int32)
   y3:tf.Tensor([[[ 0  1  2  3]
                  [ 4  5  6  7]]

                 [[ 8  9 10 11]
                  [12 13 14 15]]],shape = (2,2,4),dtype = int32)
```

（2）插入新维度

增加一个长度为1的维度相当于给原有的数据添加一个新维度的概念,维度长度为1,故数据并不需要改变,仅仅是改变数据的理解方式,因此它可以理解为改变视图的一种特殊方式。TensorFlow 中通过 tf. expand_dims(x,axis) 可在指定的 axis 轴前插入一个新的维度,且 axis 可为负数,不同 axis 参数的实际插入位置如图 5.5.1 所示。

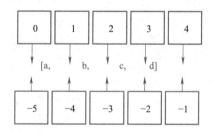

图 5.5.1 插入维度位置示意图

具体操作代码如下:

```
import tensorflow as tf

x = tf.reshape(tf.range(120),[3,5,4,2])
y1 = tf.expand_dims(x,axis = 2)
y2 = tf.expand_dims(x,axis = 4)
```

```
y3 = tf.expand_dims(x,axis = -2)
print(y1.shape,y2.shape,y3.shape)
```

输出：

```
(3,5,1,4,2)(3,5,4,2,1)(3,5,4,1,2)
```

将原张量的四个维度[3,5,4,2]对应图5.5.1中[a,b,c,d]，由输出可以得到
tf. expand_dims( )函数在对应的 axis 前插入了一个长度为1的维度。

（3）删除维度

删除维度是增加维度的逆操作，与增加维度一样，删除维度只能删除长度为1的
维度，也不会改变张量的存储。TensorFlow 中通过 tf. squeeze(x,axis) 函数进行维度删
除，参数 axis 为待删除的维度的索引号，如果不指定维度参数 axis，即 tf. squeeze(x)，
那么它会默认删除所有长度为1的维度，代码如下：

```
import tensorflow as tf

x = tf.reshape(tf.range(120),[3,5,1,4,2,1])
y1 = tf.squeeze(x,axis = 2).shape
y2 = tf.squeeze(x).shape
print(y1,y2)
```

输出：

```
(3,5,4,2,1)(3,5,4,2)
```

由输出可知，y1 通过 tf. squeeze( )函数删去了第2维度，y2 没有指定删除维度，则
删去了所有长度为1的维度。

（4）交换维度

实现算法逻辑时，在保持维度顺序不变的条件下，仅仅改变张量的理解方式是不
够的，有时需要直接调整存储顺序，即交换维度（Transpose）。通过交换维度操作，改变
了张量的存储顺序，同时也改变了张量的视图。TensorFlow 中使用 tf. transpose(x,
perm) 函数完成维度交换操作，其中参数 perm 表示新维度的顺序 List，具体操作代码
如下：

```
import tensorflow as tf

x = tf.reshape(tf.range(24),[3,2,4])
print(x)
y = tf.transpose(x,perm = [0,2,1])
print(y)
```

输出：

```
tf.Tensor([[[ 0  1  2  3]
            [ 4  5  6  7]]

           [[ 8  9 10 11]
            [12 13 14 15]]
```

```
                [[16 17 18 19]
                [20 21 22 23]]], shape = (3,2,4), dtype = int32)
tf.Tensor([[[0   4]
            [1   5]
            [2   6]
            [3   7]]

           [[ 8 12]
            [ 9 13]
            [10 14]
            [11 15]]

           [[16 20]
            [17 21]
            [18 22]
            [19 23]]], shape = (3,4,2), dtype = int32)
```

由输出可知，通过 tf. transpose( )完成维度交换后，张量的存储顺序已经改变，视图也随之改变。上述代码后两维进行维度交换，即在每一个二维矩阵中进行了行列转置。

（5）复制数据

当通过增加维度操作插入新维度后，可能希望在新的维度上面复制若干份数据，满足后续算法的格式要求。以前面提到的 $Y = Wx + b$ 为例，偏置 b 插入样本数的新维度后，需要在新维度上复制 1 份数据，将 shape 变为与 Wx 的结果一致后，才能完成张量相加运算。

TensorFlow 中通过 tf. tile(x, multiples) 函数完成数据在指定维度上的复制操作，multiples 分别指定了每个维度上面的复制倍数，对应位置为 1 表明不复制，为 2 表明新长度为原来长度的 2 倍，即数据复制一份，依此类推，具体操作代码如下：

```
import tensorflow as tf

b = tf.constant([[1,2,3]])
B1 = tf.tile(b, multiples = [1,2])
B2 = tf.tile(b, multiples = [2,1])
print(B1, B2)
```

输出：

```
tf.Tensor([[1 2 3 1 2 3]], shape = (1,6), dtype = int32)
tf.Tensor([[1 2 3]
           [1 2 3]], shape = (2,3), dtype = int32)
```

●●●●● 5.6 广播机制 ●●●●●

1. 广播机制的介绍

在线性代数中，两个矩阵可以相加的前提是这两个矩阵的"形状"相同，比如，不能将一个形状为(3,5)的矩阵和一个形状为(1,5)的矩阵相加。但是,在 TensorFlow 中有一种特殊的情况:当其中一个操作数是一个具有单独维度的张量时,TensorFlow 会隐式地在它的单独维度方向填满,以确保和另一个操作数的形状相匹配。所以在 TensorFlow 里面,维度为(3,5)的矩阵和维度为(1,5)的矩阵相加是合法的,因为(1,5)具有单独维度,这种操作称为广播机制(或自动扩展机制,Broadcasting),代码如下:

```
import tensorflow as tf

a = tf.random.normal([3,5])
b = tf.ones([1,5])
y = a + b
print('维度为(3,5)和(1,5)的张量相加所得维度:',y.shape)
```

输出:

```
维度为(3,5)和(1,5)的张量相加所得维度:(3,5)
```

由输出可知,不同 shape 的两个张量可以进行运算,没有报错,这是因为操作符"+"在遇到 shape 不一致的两个张量时,TensorFlow 会自动调用 Broadcasting 中的 broadcast_to(x,new_shape)函数,将两个张量自动扩展到一致的 shape,然后再完成张量相加运算。

broadcast_to(x,new_shape)函数可以显式地执行自动扩展功能,将现有 shape 扩展为指定的 new_shape,操作代码如下:

```
import tensorflow as tf

b = tf.ones([1,5])
print('原张量:',b)
B = tf.broadcast_to(b,[3,5])
print('扩展后的张量:',B)
```

输出:

```
原张量: tf.Tensor([[1.1.1.1.1.]],shape = (1,5),dtype = float32)
扩展后的张量: tf.Tensor([[1.1.1.1.1.]
                         [1.1.1.1.1.]
                         [1.1.1.1.1.]],shape = (3,5),dtype = float32)
```

综上可知,Broadcasting 是一种轻量级的张量复制手段,在逻辑上扩展张量数据的形状,但是只会在需要时才会执行实际存储复制操作。对于大部分场景,Broadcasting 机制都能通过优化手段避免实际复制数据而完成逻辑运算,从而相对于 tile() 函数,减少了大量计算代价。

2. 广播机制的使用

(1)广播的普适性

Broadcasting 机制的核心思想是普适性,即同一份数据能普遍适合于其他位置。在验证普适性之前,需要先将张量 shape 靠右对齐,然后进行普适性判断:对于长度为 1

的维度,默认这个数据普遍适合于当前维度的其他位置;对于不存在的维度,则在增加新维度后默认当前数据也是普适于新维度的,从而可以扩展为更多维度数、任意长度的张量形状。

以维度为(b,h,w,c)的四维张量A和维度为$(w,1)$的二维张量B的加法为例,需要将张量B扩展为与张量A相同的 shape:(b,h,w,c)。接下来将详细介绍扩展方法:

①将张量B的 shape 靠右对齐,对于通道维度c,张量B的现长度为1,则默认此数据同样适合当前维度的其他位置。

②对于张量B的通道维度1,将数据在逻辑上复制$c-1$份,长度变为c。

③对于不存在的b和h维度,则自动插入新维度,新维度长度为1,同时默认当前的数据普适于新维度的其他位置,假设A为四维特征图张量,即对于其他的图片、其他的行来说,与当前的这一行的数据完全一致。

④将数据b和h维度的长度自动扩展为b和h。

具体操作如图 5.6.1 所示。

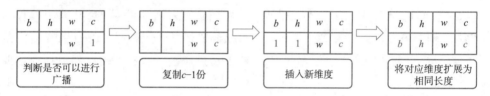

图 5.6.1　广播示意图

(2)广播实例

①实例一。假设张量A的维度为$(1,2,3,4)$,张量B是维度为$(3,1)$的二维矩阵$[[0],[1],[2]]$,将张量B进行如图 5.6.1 所示的扩展,代码如下:

```
import tensorflow as tf

x = tf.reshape(tf.range(3),[3,1])
y = tf.broadcast_to(x,[2,2,3,4])
print(x,y)
```

输出:

```
tf.Tensor([[0]
          [1]
          [2]],shape = (3,1),dtype = int32)
tf.Tensor([[[[0 0 0 0]
           [1 1 1 1]
           [2 2 2 2]]
          [[0 0 0 0]
           [1 1 1 1]
           [2 2 2 2]]]

          [[[0 0 0 0]
           [1 1 1 1]
```

```
        [2 2 2 2]]
     [[0 0 0 0]
      [1 1 1 1]
      [2 2 2 2]]]],shape = (2,2,3,4),dtype = int32)
```

可以看到,在普适性原则的指导下,Broadcasting 机制变得直观、好理解,它的设计符合人的思维模式。

②实例二。在进行张量运算时,有些运算(如 + 、- 、* 、/等)在处理不同 shape 的张量时,会隐式地自动调用 Broadcasting 机制,将参与运算的张量 Broadcasting 成一个公共 shape,再进行相应的计算。以下代码演示了三种不同 shape 下的张量 A、B 相加的例子:

```
import tensorflow as tf

A1 = tf.constant([[0,0,0],[10,10,10],[20,20,20],[30,30,30]])
B1 = tf.constant([[0,1,2],[0,1,2],[0,1,2],[0,1,2]])
print('A1,B1:',A1.shape,B1.shape)
print('A1 + B1 = ',A1 + B1)
print('_____')
A2 = tf.constant([[0,0,0],[10,10,10],[20,20,20],[30,30,30]])
B2 = tf.constant([[0,1,2]])
print('A2,B2:',A2.shape,B2.shape)
print('A2 + B2 = ',A2 + B2)
print('_____')
A3 = tf.constant([[0],[10],[20],[30]])
B3 = tf.constant([[0,1,2]])
print('A3,B3:',A3.shape,B3.shape)
print('A3 + B3 = ',A3 + B3)
```

输出:

```
A1,B1:(4,3)(4,3)
A1 + B1 = tf.Tensor([[ 0  1  2]
                     [10 11 12]
                     [20 21 22]
                     [30 31 32]],shape = (4,3),dtype = int32)
_____
A2,B2:(4,3)(1,3)
A2 + B2 = tf.Tensor([[ 0  1  2]
                     [10 11 12]
                     [20 21 22]
                     [30 31 32]],shape = (4,3),dtype = int32)
_____
A3,B3:(4,1)(1,3)
A3 + B3 = tf.Tensor([[ 0  1  2]
                     [10 11 12]
                     [20 21 22]
                     [30 31 32]],shape = (4,3),dtype = int32)
```

由输出可知,A2 + B2 和 A3 + B3 在不同 shape 下可以进行加法运算,并且结果相同,具体操作视图如图 5.6.2 所示。

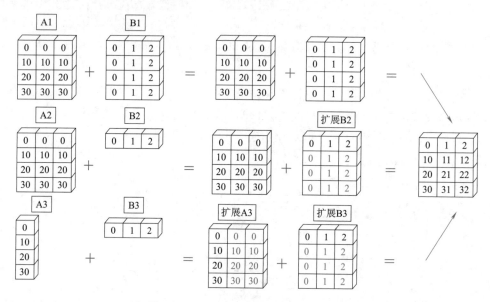

图 5.6.2 不同 shape 张量相加示意图

5.7 数学运算

TensorFlow 提供了丰富的操作库,除了简单的四则数值运算,还可以进行向下取整、取模、乘法、指数、对数等运算,接下来将详细介绍。

1. 四则运算

加、减、乘、除是最基本的数学运算,分别通过 TensorFlow 中的 tf. add(x, y, name = None)、tf. subtract(x, y, name = None)、tf. multiply(x, y, name = None)、tf. divide(x, y, name = None)函数实现,TensorFlow 已经重载了" + 、 − 、 * 、/"运算符,一般推荐直接使用运算符来完成加、减、乘、除运算。

(1)数学函数

简单操作代码如下:

```
import tensorflow as tf

a = tf.range(2,7)
b = tf.constant(2)
print('a = ',a)
print('b = ',b)
print('a + b = ',tf.add(a,b))
print('a - b = ',tf.subtract(a,b))
print('a*b = ',tf.multiply(a,b))
print('a/b = ',tf.divide(a,b))
```

输出：

```
a = tf.Tensor([2 3 4 5 6],shape = (5,),dtype = int32)
b = tf.Tensor(2,shape = (),dtype = int32)
a + b = tf.Tensor([4 5 6 7 8],shape = (5,),dtype = int32)
a - b = tf.Tensor([0 1 2 3 4],shape = (5,),dtype = int32)
a*b = tf.Tensor([ 4  6  8 10 12],shape = (5,),dtype = int32)
a/b = tf.Tensor([1.  1.5 2.  2.5 3.],shape = (5,),dtype = float64)
```

由上一节可知，TensorFlow 在进行四则运算时对 shape 不同的两个张量进行了 Broadcasting。

（2）整除、余除

整除和余除也是常见的运算之一，分别通过//和% 运算符实现，简单操作代码如下：

```
import tensorflow as tf

a = tf.range(2,7)
b = tf.constant([4])
print('a = ',a)
print('b = ',b)
print('a//b = ',a//b)      #向下取整
print('a%b = ',a%b)       #取模
```

输出：

```
a = tf.Tensor([2 3 4 5 6],shape = (5,),dtype = int32)
b = tf.Tensor([4],shape = (1,),dtype = int32)
a//b = tf.Tensor([0 0 1 1 1],shape = (5,),dtype = int32)
a%b = tf.Tensor([2 3 0 1 2],shape = (5,),dtype = int32)
```

2. 乘方运算

通过 tf.pow(x,a) 可以方便地完成 $y = x^a$ 的乘方运算，也可以通过运算符 ** 实现乘方运算。

（1）tf.pow(x,a) 函数

使用 tf.pow(x,a) 函数进行乘方运算的代码如下：

```
import tensorflow as tf

x = tf.range(4)
print('x = ',x)
print('x 的三次方为:',tf.pow(x,3))
```

输出：

```
x = tf.Tensor([0 1 2 3],shape = (4,),dtype = int32)
x 的三次方为:tf.Tensor([ 0  1  8 27],shape = (4,),dtype = int32)
```

（2）运算符

使用运算符进行乘方运算的代码如下：

```
import tensorflow as tf

x = tf.range(1,6)
print('x = ',x)
print('x 的四次方为:',x**4)          #相当于 tf.pow(x,4)
```

输出:

```
x = tf.Tensor([1 2 3 4 5],shape = (5,),dtype = int32)
x 的四次方为:tf.Tensor([  1  16  81 256 625],shape = (5,),dtype = int32)
```

3. 指数、对数运算

(1)指数运算

通过 tf.pow(a,x)或者 ** 运算符也可以方便地实现 $y = a^x$ 的指数运算,代码如下:

```
import tensorflow as tf

x = tf.range(4)
print('x = ',x)
print('3 的 x 次方为:',tf.pow(3,x))
print('4 的 x 次方为:',4**x)
```

输出:

```
x = tf.Tensor([0 1 2 3],shape = (4,),dtype = int32)
3 的 x 次方为:tf.Tensor([ 1  3  9 27],shape = (4,),dtype = int32)
4 的 x 次方为:tf.Tensor([ 1  4 16 64],shape = (4,),dtype = int32)
```

特别地,对于自然指数 e^x,可以通过 tf.exp(x)实现,代码如下:

```
import tensorflow as tf

x = tf.constant([1.,2.,3.])
print('x = ',x)
print('e 的 x 次方:',tf.exp(x))
```

输出:

```
x = tf.Tensor([1.2.3.],shape = (3,),dtype = float32)
e 的 x 次方: tf.Tensor([ 2.7182817  7.389056  20.085537 ],shape = (3,),dtype = float32)
```

(2)对数运算

在 TensorFlow 中,自然对数 $\ln x$(即 $\log_e x$)可以通过 tf.math.log(x)实现。以 $\ln e^x = x$ 为例,计算代码如下:

```
import tensorflow as tf

x = tf.exp(tf.constant([1.,2.,3.]))
print('x = ',x)
print('以 e 为底的对数:',tf.math.log(x))
```

输出:

```
x = tf.Tensor([ 2.7182817  7.389056  20.085537 ],shape = (3,),dtype = float32)
以 e 为底的对数: tf.Tensor([1.2.3.],shape = (3,),dtype = float32)
```

如果希望计算其他底数的对数,可以根据对数的换底公式:

$$\log_a x = \frac{\log_e x}{\log_e a} \tag{5.7.1}$$

间接地通过 tf. math. log(x)实现。以 lg x(即,$\log_{10} x$)为例,计算代码如下:

```
import tensorflow as tf

x = tf.constant([[100.,1.,1000.,10.]])
print('以 10 为底的对数: ',tf.math.log(x)/tf.math.log(10.))
```

输出:

```
以 10 为底的对数: tf.Tensor([[2.0.3.1.]],shape = (1,4),dtype = float32)
```

4. 矩阵相乘

(1)运算符

神经网络中间包含了大量的矩阵相乘运算,5.5 节中使用了运算符@ 进行矩阵运算表示:$Y = W@x + b$,其中@ 即为 TensorFlow 中的矩阵运算符,代码如下:

```
import tensorflow as tf

a = tf.reshape(tf.range(16),[4,4])
b = tf.reshape(tf.range(2,14),[4,3])
print('a = ',a)
print('b = ',b)
print('a@ b = ',a@ b)
```

输出:

```
a = tf.Tensor([[ 0  1  2  3]
               [ 4  5  6  7]
               [ 8  9 10 11]
               [12 13 14 15]],shape = (4,4),dtype = int32)
b = tf.Tensor([[ 2  3  4]
               [ 5  6  7]
               [ 8  9 10]
               [11 12 13]],shape = (4,3),dtype = int32)
a@ b = tf.Tensor([[ 54  60  66]
                  [158 180 202]
                  [262 300 338]
                  [366 420 474]],shape = (4,3),dtype = int32)
```

(2)tf. matmul( )函数

TensorFlow 中还可以通过 tf. matmul(a,b)函数实现矩阵相乘。需要注意的是,TensorFlow 中的矩阵相乘可以使用批量方式,也就是张量 A 和 B 的维度数可以大于2。当张量 A 和 B 维度数大于2 时,TensorFlow 会选择 A 和 B 的最后两个维度进行矩阵相乘,这是因为根据矩阵相乘的定义,多维张量 A 和张量 B 能够矩阵相乘的条件是,张量

A 的倒数第一个维度长度 (a,b,c,d) 和张量 B 的倒数第二个维度长度 (a,b,d,e) 必须相等,相乘后张量 shape 为 (a,b,c,e)。比如 shape 为 $(1,2,2,4)$ 的张量 A 可以与 shape 为 $(1,2,4,3)$ 的张量 b 进行矩阵相乘,得到一个 shape 为 $(1,2,2,3)$ 的张量,代码如下:

```
import tensorflow as tf

a = tf.reshape(tf.range(16),[1,2,2,4])
b = tf.reshape(tf.range(2,26),[1,2,4,3])
print('a = ',a)
print('b = ',b)
print('a@b = ',tf.matmul(a,b))
```

输出:

```
a = tf.Tensor([[[[ 0  1  2  3]
                 [ 4  5  6  7]]

                [[ 8  9 10 11]
                 [12 13 14 15]]]],shape = (1,2,2,4),dtype = int32)
b = tf.Tensor([[[[ 2  3  4]
                 [ 5  6  7]
                 [ 8  9 10]
                 [11 12 13]]

                [[14 15 16]
                 [17 18 19]
                 [20 21 22]
                 [23 24 25]]]],shape = (1,2,4,3),dtype = int32)
a@b = tf.Tensor([[[[  54   60   66]
                   [ 158  180  202]]

                  [[ 718  756  794]
                   [1014 1068 1122]]]],shape = (1,2,2,3),dtype = int32)
```

矩阵相乘函数同样支持自动 Broadcasting 机制,代码如下:

```
import tensorflow as tf

a = tf.random.normal([4,28,32])
b = tf.random.normal([32,16])
print('a@b 的 shape: ',(tf.matmul(a,b)).shape)
```

输出:

```
a@b 的 shape: (4,28,16)
```

上述运算自动将二维张量 b 的 shape 扩展为公共 shape:$(4,32,16)$,再将扩展后的张量 b 与三维张量 a 进行批量形式地矩阵相乘,得到 shape 为 $(4,28,16)$ 的张量。

●●●●●● 5.8　使用 GPU ●●●●●●

1. GPU 的介绍

中央处理器(Central Processing Unit,CPU)由专为顺序串行处理而优化的几个核心组成,而图形处理器(Graphics Processing Unit,GPU)则拥有一个由数以千计的更小、更高效的核心(专为同时处理多重任务而设计)组成的大规模并行计算架构,最初被设计用于游戏、计算机图像处理等。

神经网络算法是一类基于神经网络从数据中学习的算法,它仍然属于机器学习的范畴。受限于计算能力和数据量,早期的神经网络层数较浅,一般为 1~4 层,网络表达能力有限。随着计算能力的提升和大数据时代的到来,高度并行化的 GPU 和海量数据让大规模神经网络的训练成为可能。

2. GPU 的使用

(1)查看 GPU

使用 TensorFlow 中的 python. client 接口可以查看环境中 GPU 的数量,代码如下:

```python
from tensorflow.python.client import device_lib

def get_available_gpus():
    local_device_protos = device_lib.list_local_devices()
    return [x.name for x in local_device_protos if x.device_type == 'GPU']

print(get_available_gpus())
```

输出:

```
['/device:GPU:0']
```

由于环境中有 1 块 GPU,所以输出这块 GPU 的编号:"['/device:GPU:0']";如果当前环境存在 N 块 GPU,则会输出这些 GPU 的编号:"['/device:GPU:0','/device:GPU:1',...,'/device:GPU:N-1']"。

(2)使用 GPU

使用 GPU 加速神经网络训练的代码如下:

```python
import tensorflow as tf
from tensorflow import keras as keras
import os

os.environ["CUDA_VISIBLE_DEVICES"] = "0"          #选择编号为 0 的 GPU
model = tf.keras.Sequential()                      #创建模型
model.add(keras.layers.Dense(16,activation = 'relu',input_shape = (10,)))
model.add(keras.layers.Dense(1,activation = 'sigmoid'))
optimizer = tf.keras.optimizers.SGD(0.2)           #设置目标函数和学习率
model.compile(loss = 'binary_crossentropy',optimizer = optimizer)#编译模型
model.summary()                                    #输出模型概况
```

输出:

```
Model:"sequential"
_____
Layer(type)              Output Shape             Param #
=================================================================
dense(Dense)             (None,16)                176
```

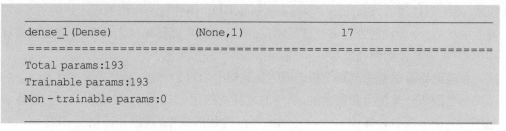

```
dense_1(Dense)              (None,1)                    17
==========================================================================
Total params:193
Trainable params:193
Non-trainable params:0
```

上述代码用了编号为 0 的 GPU,执行完上面的这段代码后,在终端使用命令 nvidia-smi 来查看 GPU 的占用情况,如图 5.8.1 所示。

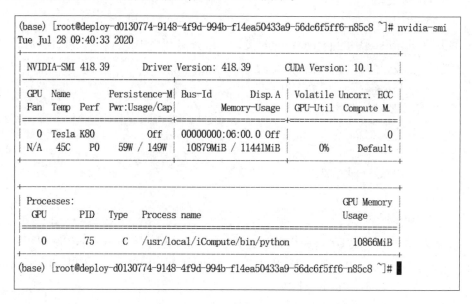

图 **5.8.1** 环境中 GPU 的使用情况

如图 5.8.1 所示,编号为 0 的 GPU 正在被占用。

(3)GPU 与 CPU 的对比

不管是 CPU 还是 GPU 的运行时间,都可以抽象成如下的计算公式:

$$运行时间 = \frac{执行的指令数量 \times 每条指令的平均执行时间}{核数量}$$

不管是 CPU 还是 GPU,总的指令数量大致是相等的,它们之前的差异主要由后面两个参数决定。GPU 的核性能相比 CPU 来说要差许多,即 GPU 每条指令的平均执行时间长于 CPU,但是 GPU 核的数量却远远大于 CPU,这样可以知道 GPU 和 CPU 的核数量差异是远远大于核性能差异。所以,在数据量较小的时候,CPU 计算会快于 GPU,但在数据量非常大时,GPU 计算会快于 CPU。接下来将用神经网络进行 GPU 和 CPU 的计算比较。

神经网络本质上由大量的矩阵相乘、矩阵相加等基本数学运算构成,TensorFlow 的重要功能就是利用 GPU 方便地实现并行计算加速功能。为了演示 GPU 的加速效果,接下来通过完成多次矩阵 *A* 和矩阵 *B* 的矩阵相乘运算,并测量其平均运算时间来比对。

①调用相关库。调用 TensorFlow 使用 GPU 进行计算,调用 timeit 计算运行时间,调用 matplotlib 对 CPU 和 GPU 运行结果进行可视化,代码如下:

```
import tensorflow as tf
import timeit
import matplotlib.pyplot as plt
```

②进行矩阵运算。通过定义 CPU 和 GPU 调用函数,进行不同环境下的矩阵乘法,统计矩阵计算量的大小与 CPU 和 GPU 计算时间的关系,计算量通过改变矩阵大小实现,具体操作代码如下:

```
def cpu_gpu_compare(n):
    with tf.device('/cpu:0'):            #指定操作用 CPU 计算
        cpu_a = tf.random.normal([10,n]) #生成符合高斯分布的随机数矩阵,通过
                                         #改变 n 大小,增减计算量
        cpu_b = tf.random.normal([n,10])
    print(cpu_a.device,cpu_b.device)
    with tf.device('/gpu:0'):
        gpu_a = tf.random.normal([10,n])
        gpu_b = tf.random.normal([n,10])
    print(gpu_a.device,gpu_b.device)
    def cpu_run():
        with tf.device('/cpu:0'):        #矩阵乘法,此操作采用 CPU 计算
            c = tf.matmul(cpu_a,cpu_b)
        return c
    def gpu_run():
        with tf.device('/gpu:0'):        #矩阵乘法,此操作采用 GPU 计算
            c = tf.matmul(gpu_a,gpu_b)
        return c
    #第一次计算需要热身,避免将初始化时间计算在内
    cpu_time = timeit.timeit(cpu_run,number=10)
    gpu_time = timeit.timeit(gpu_run,number=10)
    #正式计算 10 次,取平均值
    cpu_time = timeit.timeit(cpu_run,number=10)
    gpu_time = timeit.timeit(gpu_run,number=10)
    return cpu_time,gpu_time
n_list1 = range(1,2000,5)
n_list2 = range(2001,10000,100)
n_list = list(n_list1) + list(n_list2)
time_cpu = []
time_gpu = []
for n in n_list:
    t = cpu_gpu_compare(n)
    time_cpu.append(t[0])
    time_gpu.append(t[1])
```

③运行结果可视化。可视化代码如下,运行结果如图 5.8.2 所示。

```
    plt.plot(n_list,time_cpu,color = 'red',label = 'cpu')
    plt.plot(n_list,time_gpu,color = 'green',linewidth = 1.0,linestyle = ' -',
label = 'gpu')
    plt.ylabel('耗时',fontproperties = 'SimHei',fontsize =20)
    plt.xlabel('计算量',fontproperties = 'SimHei',fontsize =20)
    plt.title('cpu 和 gpu 计算力比较',fontproperties = 'SimHei',fontsize =30)
    plt.legend(loc = 'upper right')
    plt.show()
```

输出：

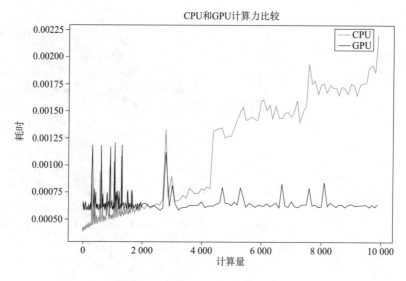

图 5.8.2　CPU 和 GPU 计算力比较

由输出可知，在计算量较小的情况下，CPU 的计算速度比 GPU 计算速度快，但是都是微量级别的差异；随着计算量的增加，CPU 的计算时间逐步增加，而 GPU 的计算时间相对平缓；在计算量达到一定程度之后，GPU 的计算速度比 CPU 的计算速度快多倍。

5.9　TensorBoard 可视化

在网络训练的过程中，通过 Web 端远程监控网络的训练进度，可视化网络的训练结果，对于提高开发效率和实现远程监控是非常重要的。TensorFlow 提供了一个专门的可视化工具，叫做 TensorBoard，它通过读取 TensorFlow 事件文件进行操作。TensorFlow 事件文件包含运行 TensorFlow 时所生成的摘要数据。

TensorBoard 工具可以监控网络训练进度，接下来通过一个神经网络模型进行详细介绍。

1. 模型训练

（1）导入相关的库

调用 TensorFlow 搭建神经网络进行训练，调用 numpy 进行数学计算，代码如下：

```
import tensorflow as tf
import tensorflow.keras as keras
import tensorflow.keras.layers as layers
import numpy as np
```

（2）加载数据集

加载 mnist 手写图片数据集，代码如下：

```
mnist = keras.datasets.mnist

(x_train,y_train),(x_test,y_test) = mnist.load_data()
x_train,x_test = x_train / 255.0,x_test / 255.0

x_train = x_train[...,tf.newaxis].astype(np.float32)
x_test = x_test[...,tf.newaxis].astype(np.float32)

train_ds = tf.data.Dataset.from_tensor_slices((x_train,y_train)).shuffle
(10000).batch(32)
    test_ds = tf.data.Dataset.from_tensor_slices((x_test,y_test)).batch(x_test.
shape[0])
```

（3）搭建卷积神经网络

搭建一个四层神经网络，包括两个卷积池化层、一个全连接层和一个输出层，具体
操作代码如下：

```
class MyModel(keras.Model):
    def __init__(self):
        super(MyModel,self).__init__()
        self.conv1 = layers.Conv2D(32,kernel_size = 5,activation = tf.nn.relu)
        #卷积层有 32 个 5x5 大小的卷积核
        self.maxpool1 = layers.MaxPool2D(2,strides = 2)      #最大池化

        self.conv2 = layers.Conv2D(64,kernel_size = 3,activation = tf.nn.relu)
#卷积层有 64 个 3x3 大小的卷积核
        self.maxpool2 = layers.MaxPool2D(2,strides = 2)      #最大池化

        self.flatten = layers.Flatten()                     #展平数据
        self.fc1 = layers.Dense(1024)                        #全连接
        self.dropout = layers.Dropout(rate = 0.5)            #Dropout
        self.out = layers.Dense(10)                          #输出层,用于分类预测

    #搭建前向传播层
    def call(self,x,is_training = False):
        x = tf.reshape(x,[-1,28,28,1])
        x = self.conv1(x)
        x = self.maxpool1(x)
        x = self.conv2(x)
        x = self.maxpool2(x)
        x = self.flatten(x)
```

```
        x = self.fc1(x)
        x = self.dropout(x,training = is_training)
        x = self.out(x)
        if not is_training:
            x = tf.nn.softmax(x)
        return x

model = MyModel()
```

（4）编译

模型采用多类损失作为损失函数，优化器选择 Adam，并定义训练函数，返回损失，具体操作代码如下：

```
loss_object = keras.losses.SparseCategoricalCrossentropy()
optimizer = keras.optimizers.Adam()

def train_step(images,labels):
    with tf.GradientTape()as tape:
        predictions = model(images)
        loss = loss_object(labels,predictions)
        loss = tf.reduce_mean(loss)
    gradients = tape.gradient(loss,model.trainable_variables)
    optimizer.apply_gradients(zip(gradients,model.trainable_variables))
    return loss
```

（5）可视化接口

设置保存路径，通过 tf.summary.create_file_writer 创建监控对象类实例，并指定监控数据的写入路径，具体操作代码如下：

```
log_dir = 'tensorboard'
summary_writer = tf.summary.create_file_writer(log_dir)     #实例化记录器
tf.summary.trace_on(profiler = True)                        #开启 Trace(可选)
```

（6）模型训练

进行模型训练，在训练每个 epoch 时，将当前损失函数值写入记录器，代码如下：

```
EPOCHS = 5
for epoch in range(EPOCHS):
    for images,labels in train_ds.take(10):
        loss = train_step(images,labels)
        with summary_writer.as_default():                    #指定记录器
            tf.summary.scalar("loss",loss,step = epoch)      #将当前损失函数的
                                                             #值写入记录器
with summary_writer.as_default():
    tf.summary.trace_export(name = "model_trace",step = 0,profiler_outdir =
log_dir)     #保存 Trace 信息到文件(可选)
```

2. 可视化

打开 TensorBoard 终端，其训练结果可视化界面如图 5.9.1 所示。

从图 5.9.1 中可以清楚看到五个 epoch 训练后的实时损失。除了训练函数损失

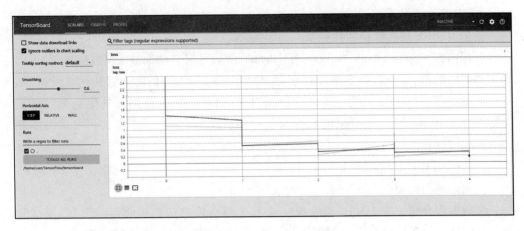

图5.9.1 训练结果可视化

值,TensorBoard 还能展示模型训练过程中绘制的图像、网络结构等。

●●●●● 5.10 数据集加载 ●●●●●

1.数据集模块函数

(1)Keras 介绍

Keras 是 Python 中的一个开源神经网络计算库,它提供了一系列高层的神经网络相关类和函数,如经典数据集加载函数、网络层类、模型容器、损失函数类、优化器类、经典模型类等。2019 年,Keras 被确定为 TensorFlow 的高层唯一接口 API,调用的代码如下:

```
import tensorflow as tf

print(tf.keras)
```

输出:

```
< module 'tensorflow_core.keras' from '/usr/local/iCompute/lib/python3.6/
site-packages /tensorflow_core/python/keras/api/_v2/keras/__init__.py' >
```

由输出可知,keras 是 TensorFlow 中的一个接口模块。

(2)tf. keras 加载数据集

tf. keras 中的 datasets 模块提供了常用经典数据集的自动下载、管理与转换功能。这些数据集包括以下七种:

①Boston 房价预测数据集。

②CIFAR-10 图片数据集。

③CIFAR-100 图片数据集。

④MNIST 手写数字图片数据集。

⑤Fashion_MNIST 时尚图片数据集。

⑥IMDB 文本数据集。

⑦REUTERS 路透社新闻数据集。

使用内置 tf. keras. datasets. xxx. load_data( )函数可以自动加载 xxx 数据集,并返回相应格式的数据。例如,对于图片数据集 MNIST、Fashion-MNIST,会返回两个元组,第一个元组保存了 60 000 对用于训练的数据对象:(训练集,训练集标签集);第二个元组则保存了 10 000 对用于测试的数据对象:(测试集,测试集标签集),所有的数据都用 Numpy 数组容器保存。

2. TensorFlow 中数据集介绍

(1)Boston Housing

①数据集介绍。Boston Housing 是一个波士顿房价趋势数据集,用于回归模型的训练与测试。该数据集中每条数据包含房屋及房屋周围的详细信息,共有 506 个案例,划分为 404 个训练集样本和 102 个测试集样本,每个样本包含 14 个输入变量,输入变量名称及对应意义如表 5.10.1 所示。

表 5.10.1　Boston Housing 数据集属性

序号	输入变量	意　义
1	CRIM	城镇人均犯罪率
2	ZN	占地面积超过 25 000 平方英尺(1 平方英尺约为 $0.09m^2$)的住宅用地比例
3	INDUS	每个城镇非零售业务的比例
4	CHAS	Charles River 虚拟变量(如果是河道,则为 1;否则为 0)
5	NOX	一氧化氮浓度(每千万份)
6	RM	每间住宅的平均房间数
7	AGE	1940 年以前建造的自住单位比例
8	DIS	到波士顿五个中心区域的加权距离
9	RAD	辐射性公路的接近指数
10	TAX	每 10 000 美元的全值财产税率
11	PTRATIO	城镇师生比例
12	B	$1 000(Bk - 0.63)^2$,其中 Bk 是城镇黑人的比例
13	LSTAT	人口中地位低下者的比例
14	MEDV	自住房的平均房价,以千美元为单位

②加载数据集。tf. keras 可从 https://storage. googleapis. com/tensorflow/tf-keras-datasets/boston_housing. npz 中自动加载 boston_housing 数据集,代码如下:

```
import tensorflow.keras.datasets.boston_housing as boston_housing

(x_train,y_train),(x_test,y_test) = boston_housing.load_data(path = 'boston_
housing.npz')
```

```
print('训练集样本:',x_train.shape,y_train.shape)    # x 为样本,y 为对应标签
print('测试集样本:',x_test.shape,y_test.shape)
print('样本数据类型:',type(x_train),type(x_train[0]))    #样本
print('标签数据类型:',type(y_train),type(y_train[0]))    #标签
print('每个样本 shape:',x_train[0].shape)
```

输出:

```
训练集样本: (404,13)(404,)
测试集样本: (102,13)(102,)
样本数据类型: <class 'numpy.ndarray'> <class 'numpy.ndarray'>
标签数据类型: <class 'numpy.ndarray'> <class 'numpy.float64'>
每个样本 shape: (13,)
```

由输出可知,返回的训练集和测试集样本为 ndarray 类型,其中每一个样本为一个 ndarray 数组,是一个 shape 为(13,)的一维向量;标签数据为 ndarray 类型,其中每一个标签数据为一个双精度浮点数,为表 5.10.1 中第 14 个输入变量 MEDV,也称目标变量。

接下来随机展示训练集中的一个样本属性数据及对应房价标签,代码如下:

```
import random

n = random.randint(0,404)
print('训练集中第 % d 个样本数据:% s' % (n,x_train[n]))
print('训练集中第 % d 个样本标签:% d' % (n,y_train[n]))
```

输出:

```
训练集中第 45 个样本数据: [ 0.75026  0.  8.14  0.  0.538  5.924  94.1
   4.3996  4.   307.   21.   394.33   16.3   ]
训练集中第 45 个样本标签:15
```

(2)CIFAR-10

①数据集介绍。CIFAR-10 数据集是一个包含 60 000 张图片的数据集,用于图片分类任务,其中 50 000 张图片被划分为训练集,剩下的 10 000 张图片属于测试集。数据集中每张图片是像素矩阵大小为 32 × 32 的彩色图片,每个像素点包括 R、G、B 三个数值,数值范围为 0 ~ 255,0 表示背景(白色),255 表示前景(黑色)。所有图片分属 10 个不同的类别,如表 5.10.2 所示。

表 5.10.2　CIFAR-10 数据集

标签	类　别	随机图像
0	飞机(airplane)	...
1	汽车(automobile)	...
2	鸟(bird)	...

续表

标签	类　别	随机图像								
3	猫(cat)									…
4	鹿(deer)									…
5	狗(dog)									…
6	青蛙(frog)									…
7	马(horse)									…
8	船(ship)									…
9	卡车(truck)									…

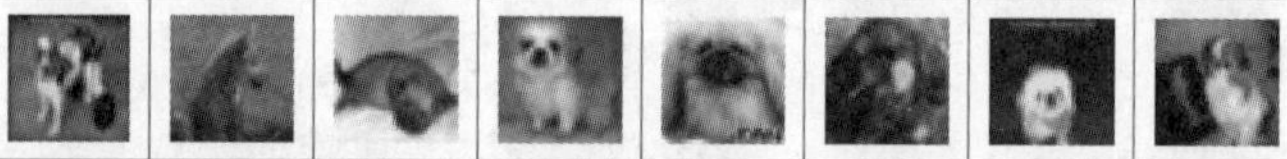

上述 10 种类别是完全互斥的。汽车和卡车之间没有重叠,"汽车"包括轿车、SUV 和类似车型,"卡车"仅包括大型卡车,二者都不包括皮卡车。

CIFAR-10 数据集包含另一个文件:batchs. meta,该文件是一个 Python 字典对象,由 10 个元素组成,为上述的标签数组中的数字标签提供有意义的名称。例如,label_names[0] == "airplane",label_names[1] == "automobile"等。

②加载数据集。tf. keras 可从 https://www. cs. toronto. edu/～kriz/cifar-10-python. tar. gz 中自动加载 CIFAR-10 数据集。但因为数据集较大,自动加载需要很长时间,所以也可以手动从上述网址中下载 tar. gz 压缩格式的 CIFAR-10 数据集到/. keras/datasets 目录下,在终端中解压后使用,在终端进行解压的过程如图 5. 10. 1 所示。

```
(base) [root@deploy-5fe73c3e-987a-4d12-a9a8-2287f1b112fa-785c7cd9c8-klgtn datasets]# ls
boston_housing.npz  cifar-10-batches-py.tar.gz  fashion-mnist  imdb.npz  mnist.npz  reuters.npz  reuters_word_index.json
(base) [root@deploy-5fe73c3e-987a-4d12-a9a8-2287f1b112fa-785c7cd9c8-klgtn datasets]# tar xvfz cifar-10-batches-py.tar.gz
cifar-10-batches-py/
cifar-10-batches-py/data_batch_4
cifar-10-batches-py/readme.html
cifar-10-batches-py/test_batch
cifar-10-batches-py/data_batch_3
cifar-10-batches-py/batches.meta
cifar-10-batches-py/data_batch_2
cifar-10-batches-py/data_batch_5
cifar-10-batches-py/data_batch_1
```

图 5. 10. 1　在终端解压 CIFAR-10 数据集

接下来加载数据集,代码如下:

```
import tensorflow.keras.datasets.cifar10 as cifar10

(x_train,y_train),(x_test,y_test) = cifar10.load_data()
print('训练集样本: ',x_train.shape,y_train.shape)   #x为样本,y为对应标签
print('测试集样本: ',x_test.shape,y_test.shape)
print('样本数据类型: ',type(x_train),type(x_train[0]))   #样本
print('标签数据类型: ',type(y_train),type(y_train[0]))   #标签
print('每个样本 shape: ',x_train[0].shape)
print('每个样本标签 shape: ',y_train[0].shape)
print('标签取值由 % d 至 % d'% (min(y_train),max(y_train)))
```

输出:

```
训练集样本: (50000,32,32,3) (50000,1)
测试集样本: (10000,32,32,3) (10000,1)
样本数据类型: <class 'numpy.ndarray'> <class 'numpy.ndarray'>
标签数据类型: <class 'numpy.ndarray'> <class 'numpy.ndarray'>
每个样本 shape: (32,32,3)
每个样本标签 shape: (1,)
标签取值由 0 至 9
```

由输出可知,返回的训练集和测试集样本为 ndarray 类型,其中每一个样本为一个 ndarray 数组,是一个 shape 为(32,32,3)的三维张量;标签数据为 ndarray 类型,其中每一个标签数据为一个长度为 1 的一维数组向量,取值范围为 0~9。

接下来在上述代码的基础上随机展示训练集中的一个样本图片及对应标签,代码如下,运行结果如图 5.10.2 所示。

```
import matplotlib.pyplot as plt
import random

n = random.randint(0,50000)
print('训练集中第%d 个样本标签:%d'%(n,y_train[n]))
print(' --------- 训练集中第%d 个样本 ----------'%n )
plt.imshow(x_train[n])
plt.show()
```

输出:

```
训练集中第 39966 个样本标签:0
---------- 训练集中第 39966 个样本 ----------
```

由输出及图 5.10.2 可知,训练集第 39 966 个样本图片为飞机,标签为 0,与表5.10.2 一致。

(3)CIFAR-100

①数据集介绍。CIFAR-100 数据集与 CIFAR-10 数据集一样,差别在于类别与图像数不同。CIFAR-100 一共包含 100 类数据,每个类别包含 600 张图像,划分为 500 张训练图像和 100 张测试图像;100 类图像又分为 20 个大类,具体大类如表 5.10.3 所示。

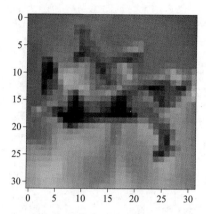

图 5.10.2　展示 CIFAR-10 训练集图片

表 5.10.3　CIFAR-100 数据集

标签（coarse_labels）	大类别（Superclass）	细分类（Classes）
0	水生哺乳动物	海狸、海豚、水獭、海豹、鲸鱼
1	鱼	水族馆鱼、比目鱼、鳐鱼、鲨鱼、鳟鱼
2	花卉	兰花、罂粟、玫瑰、向日葵、郁金香
3	食品容器	瓶子、碗、罐、杯子、盘子
4	水果和蔬菜	苹果、蘑菇、橘子、梨、甜椒
5	家用电器	时钟、计算机键盘、灯、电话、电视
6	家用家具	床、椅子、沙发、桌子、衣柜
7	昆虫	蜜蜂、甲虫、蝴蝶、毛毛虫、蟑螂
8	大型食肉动物	熊、豹、狮子、老虎、狼
9	大型人造户外用品	桥梁、城堡、房屋、道路、摩天大楼
10	大型自然户外场景	云、森林、山、平原、海洋
11	大型杂食动物和食草动物	骆驼、牛、黑猩猩、大象、袋鼠
12	中型哺乳动物	狐狸、豪猪、负鼠、浣熊、臭鼬
13	非昆虫无脊椎动物	螃蟹、龙虾、蜗牛、蜘蛛、蠕虫
14	人	婴儿、男孩、女孩、男人、女人
15	爬虫类	鳄鱼、恐龙、蜥蜴、蛇、乌龟
16	小哺乳动物	仓鼠、老鼠、兔子、駒鼱、松鼠
17	树木	枫木、橡木、棕榈、松木、柳树
18	车辆1	自行车、公共汽车、摩托车、皮卡车、火车
19	车辆2	割草机、火箭、电车、坦克、拖拉机

其中，coarse_labels 是大类别的标签，细分类别标签则是细分类别（fine_labels）名字对应字典序的序号，标签按英文首字母排序。例如，大类别中的水生哺乳动物：

coarse_labels[0]=="aquatic_mammals"，细分类中的苹果：fine_labels[0]=="apple"等。

②加载数据集。与 CIFAR-10 数据集一样，CIFAR-100 数据集较大，可用与图 5.10.1 相同的方法处理数据集。接下来使用 tf. keras 加载 CIFAR－100 数据集，代码如下：

```
import tensorflow as tf
import tensorflow.keras.datasets.cifar100 as cifar100

(x_train,y_train),(x_test,y_test) = cifar100.load_data()
print('训练集样本: ',x_train.shape,y_train.shape)    # x 为样本,y 为对应标签
print('测试集样本: ',x_test.shape,y_test.shape)
print('样本数据类型: ',type(x_train),type(x_train[0]))     #样本
print('标签数据类型: ',type(y_train),type(y_train[0]))     #标签
print('每个样本 shape: ',x_train[0].shape)
print('每个样本标签 shape: ',y_train[0].shape)
print('标签取值由%d 至%d'%(min(y_train),max(y_train)))
```

输出：

```
训练集样本: (50000,32,32,3)(50000,1)
测试集样本: (10000,32,32,3)(10000,1)
样本数据类型: <class 'numpy.ndarray'> <class 'numpy.ndarray'>
标签数据类型: <class 'numpy.ndarray'> <class 'numpy.ndarray'>
每个样本 shape: (32,32,3)
每个样本标签 shape: (1,)
标签取值由 0 至 99
```

由输出可知，返回的训练集和测试集样本为 ndarray 类型，其中每一个样本为一个 ndarray 数组，是一个 shape 为(32,32,3)的三维张量；标签数据为 ndarray 类型，其中每一个标签数据为一个长度为 1 的一维数组向量，取值范围为 0~99，为细分类的标签。

接下来展示训练集中第三个样本图片及对应标签，具体代码如下，运行结果如图 5.10.3 所示。

```
import matplotlib.pyplot as plt

print('训练集中第三个样本标签:%d'%y_train[2])
print(' ---------- 训练集中第三个样本 ----------' )
plt.imshow(x_train[2])
plt.show()
```

输出：

```
训练集中第三个样本标签: 0
---------- 训练集中第三个样本 ----------
```

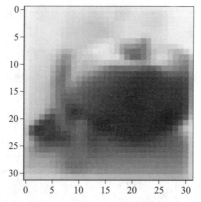

图 5.10.3　展示 CIFAR-10 训练集图片

（4）MNIST

①数据集介绍。MNIST 是一个手写数字图片数据集，用于图片分类任务。数据集中共有70 000个样本，包含 60 000 个训练样本与 10 000 个测试集样本。在 10 000 个测试集样本中，前 5 000 个样本比后 5 000 个样本更清晰、更简单。

在 MNIST 数据集中，每一张图片都代表了 0 ~ 9 中的一个数字，图片的像素矩阵大小都为 28 × 28，像素值为 0 ~ 255，0 表示背景（白色），255 表示前景（黑色），且数字都会出现在图片的正中间，如图 5.10.4 所示。

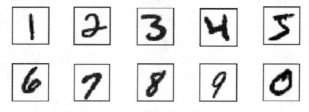

图 5.10.4　MNIST 数据集中部分图片

②加载数据集。tf. keras 可从 https://storage. googleapis. com/tensorflow/tf-keras-datasets/mnist. npz 中自动加载 MNIST 数据集，代码如下：

```
from tensorflow.keras import  datasets #导入 TF 子库 datasets

(data_train,label_train),(data_test,label_test) = datasets.mnist.load_data()
print('训练集样本: ',data_train.shape,label_train.shape)    # 训练样本集
print('测试集样本: ',data_test.shape,label_test.shape)
print('样本数据类型: ',type(data_train),type(data_train[0]))
print('标签数据类型: ',type(label_train),type(label_train[0]))
print('每个样本 shape: ',data_train[0].shape)
```

输出：

```
训练集样本: (60000,28,28)(60000,)
测试集样本: (10000,28,28)(10000,)
样本数据类型: <class 'numpy.ndarray'> <class 'numpy.ndarray'>
标签数据类型: <class 'numpy.ndarray'> <class 'numpy.uint8'>
每个样本 shape: (28,28)
```

由输出可知，返回的训练集和测试集样本为 ndarray 类型，其中每一个样本为一个

ndarray 数组,是一个 shape 为(28,28)的矩阵;标签数据为 ndarray 类型,其中每一个标签数据为一个 8 位无符号整型。

接下来在上述代码的基础上展示训练集中第一个样本图片及对应标签,代码如下,运行结果如图 5.10.5 所示。

```
import matplotlib.pyplot as plt
print('训练集中第一个样本标签: ',label_train[0])
print(' ----- 训练集中第一个样本图片 ------')      #以灰度图片展示
plt.imshow(data_train[0],cmap = 'gray')
plt.show()
```

输出:

```
训练集中第一个样本标签: 5
----- 训练集中第一个样本图片 ------
```

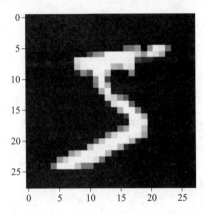

图 5.10.5 展示 MNIST 训练集图片

（5）Fashion-MNIST

①数据集介绍。Fashion-MNIST 是一个图像数据集,其涵盖了来自 10 种类别的共 70 000 个不同商品的正面图片。与 MNIST 数据集一样,Fashion-MNIST 也包含了 60 000 张训练图片和10 000 张测试图片,这些图片是像素矩阵大小为 28×28 的灰度图片,共计 10 个种类商品。其中这 10 类商品如表 5.10.4 所示。

表 5.10.4 Fashion-MNIST 数据集

标签	英文名称	中文名称	示例图片
0	T-shirt	T恤衫	
1	Trouser	裤子	

195

续表

标签	英文名称	中文名称	示例图片
2	Pullover	套头衫	
3	Dress	裙子	
4	Coat	外套	
5	Sandal	凉鞋	
6	Shirt	衬衫	
7	Sneaker	运动鞋	
8	Bag	包	
9	Ankle boot	靴子	

②加载数据集。tf. keras 可从 https://storage. googleapis. com/tensorflow/tf-keras-datasets 中自动加载 Fashion-MNIST 数据集,代码如下:

```
import tensorflow as tf

(data_train,label_train),(data_test,label_test) = tf.keras.datasets.fashion
_mnist.load_data()
print('训练集样本: ',data_train.shape,label_train.shape)    #训练样本集
print('测试集样本: ',data_test.shape,label_test.shape)
print('样本数据类型: ',type(data_train),type(data_train[0]))
```

```
print('标签数据类型: ',type(label_train),type(label_train[0]))
print('每个样本 shape: ',data_train[0].shape)
```

输出：

```
训练集样本: (60000,784)(60000,)
测试集样本: (10000,784)(10000,)
样本数据类型: <class 'numpy.ndarray'> <class 'numpy.ndarray'>
标签数据类型: <class 'numpy.ndarray'> <class 'numpy.uint8'>
每个样本 shape: (784,)
```

　　由输出可知,返回的训练集和测试集样本为 ndarray 类型,其中每一个样本为一个 ndarray 数组,是一个 shape 为(784,)的一维向量;标签数据为 ndarray 类型,其中每一个标签数据为一个 8 位无符号整型。

　　因为训练集和测试集中的每个样本是一个长为 784 的一维向量,所以在进行图像显示前要将样本 reshape 为一个 28×28 的矩阵。接下来随机展示训练集中的一个样本图片及对应标签,代码如下,运行结果如图 5.10.6 所示。

```
import matplotlib.pyplot as plt
import tensorflow as tf
import random

n = random.randint(0,60000)
data_train0 = tf.reshape(data_train[n],[28,28])
print('训练集中第%d 个样本标签及图片:% d'%(n,label_train[n]))
plt.imshow(data_train0,cmap = 'gray')
plt.show()
```

输出：

```
训练集中第 45444 个样本标签及图片:1
```

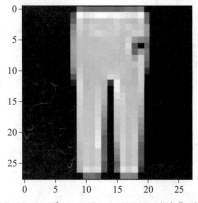

图 5.10.6　展示 Fashion-MNIST 训练集图片

（6）IMDB

　　①数据集介绍。IMDB 数据集是一个情感分类任务数据集,用于文本分类任务。该数据集包含来自互联网的 50 000 条严重两极分化的评论,该数据被分为用于训练的 25 000 条评论和用于测试的 25 000 条评论,训练集和测试集都包含 50% 的正面评价

和 50% 的负面评价，即标签值只有两种。该数据集已经经过预处理：评论（单词序列）已经被转换为整数序列，其中每个整数代表字典中的某个单词。

②加载数据集。加载 IMDB 数据集的代码如下：

```
import tensorflow.keras.datasets.imdb as imdb

(data_train,label_train),(data_test,label_test) = imdb.load_data(path = 'imdb.npz')
print('训练集样本: ',data_train.shape,label_train.shape)
print('测试集样本: ',data_test.shape,label_test.shape)
print('样本数据类型: ',type(data_train),type(data_train[0]))
print('标签数据类型: ',type(label_train),type(label_train[0]))
print('第 160 个训练样本数据: ',data_train[159],len(data_train[159]))
print('第 160 个训练样本数据的标签: ',label_train[159])
```

输出：

```
训练集样本: (25000,) (25000,)
测试集样本: (25000,) (25000,)
样本数据类型: <class 'numpy.ndarray'> <class 'list'>
标签数据类型: <class 'numpy.ndarray'> <class 'numpy.int64'>
第 160 个训练样本数据: [1,6,675,7,300,127,24,895,8,2623,89,753,2279,5,6866,78,14,20,9] 19
第 160 个训练样本数据的标签: 0
```

由输出可知，返回的训练集和测试集样本为 ndarray 类型，其中每一个样本为一个 list；标签数据为 ndarray 类型，其中每一个标签数据为一个 8 位无符号整型。

IMDB 数据中还有一个 imdb_word_index. json 文件，通过 get_word_index(path) 函数可以进行加载，返回数据为字典类型。该文件为词汇索引数据集，字典中 key 是单词，values 为索引，可以通过该数据集将处理后的整数序列转为单词序列，在上述代码的基础上进行如下述代码操作：

```
word_dict = imdb.get_word_index(path = 'reuters_word_index.json')
print(type(word_dict))
print('单词 help 对应索引: ',word_dict['help'])
#通过 A[B.index(get_value)] 方法值寻找键
print('第 1000 个词为: ',list(word_dict.keys())[list(word_dict.values()).index(999)])    #索引从 0 开始
print(' --------- 将第 160 个训练样本转为单词序列 ----------- ')
data_ints = data_train[159]
data_texts = []
for item in data_ints:
    data_texts.append(list(word_dict.keys())[list(word_dict.values()).index(item)])
print('第 160 个训练样本对应单词序列为: ',data_texts)
```

输出：

```
<class 'dict'>
单词 help 对应索引: 336
```

```
第1000个词为: cop
---------- 将第160个训练样本转为单词序列 -----------
第160个训练样本对应单词序列为: ['the','is','major','br','later','end','his','
credits','in','figured',"don't",'theme','shakespeare','to','jersey','do','as
','on','it']
```

（7）REUTERS

①数据集介绍。REUTERS是一个路透社主题数据集，用于分类任务。该数据集来源于路透社的11 228条新闻文本，划分为8 982条训练集和2 246条测试集，总共分为46个主题。与IMDB数据集一样，每条新闻都被编码为一个词索引的序列。

②加载数据集。tf. keras可从 https://storage. googleapis. com/tensorflow/tf-keras-datasets/reuters. npz 中自动加载REUTERS数据集，代码如下：

```
from tensorflow.keras import  datasets          #导入TF子库datasets

(data_train,label_train),(data_test,label_test) = datasets.reuters.load_
data()
print(data_train.shape,label_train.shape)       #训练样本集
print(data_test.shape,label_test.shape)          #测试集样本
print('样本数据类型: ',type(data_train),type(data_train[0]))
print('标签数据类型: ',type(label_train),type(label_train[0]))
print('第18个训练样本数据及长度: ',data_train[17],len(data_train[17]))
print('第18个训练样本数据的标签: ',label_train[17])
```

输出：

```
训练集样本: (8982,)(8982,)
测试集样本: (2246,)(2246,)
样本数据类型: <class 'numpy.ndarray'> <class 'list'>
标签数据类型: <class 'numpy.ndarray'> <class 'numpy.int64'>
第18个训练样本数据及长度: [1,486,341,785,26,14,482,26,255,606,252,83,146,91,
102,17,12] 17
第18个训练样本数据的标签: 3
```

由输出可知返回的训练集和测试集样本为ndarray类型，其中每一个样本为一个list；标签数据为ndarray类型，其中每一个标签数据为一个8位无符号整型。

与IMBD数据集相同，REUTERS中的整数序列也可以通过词汇索引数据集转换为单词序列，在上述代码的基础上做以下操作：

```
import tensorflow.keras.datasets.imdb as imdb

word_dict = imdb.get_word_index(path = 'reuters_word_index.json')
data_ints = data_test[17]
data_texts = []
for item in data_ints:
    data_texts.append(list(word_dict.keys())[list(word_dict.values()).index
(item)])
print('第18个训练样本对应单词序列为: ',data_texts)
```

输出：

第 18 个训练样本对应单词序列为：['the','flamethrower','minutes','people','in',
'have','find','street',"it's",'quickly','money','to','back','he','made','can
','hell','way','hollywood','is','peter','to','watching','make','before','
movie','that']

●●●●●● 5.11　保存和载入模型　●●●●●●

神经网络模型训练完成后，可将模型保存到文件系统中，用于后续的模型测试与部署工作。TensorFlow 中的 tf. keras. model 类将定义好的网络结构封装入一个对象，用于训练、测试和预测。在 tf. keras. model 类，有三种常用的模型保存与加载方法，接下来将一一介绍。

1. model. save_weights(path)

使用 tf. keras. model 类中的 save_weights(path)方法不会保存整个网络的结构，只是保存模型的权重和偏置，所以在后期恢复模型之前，必须手动创建和之前模型一模一样的模型，以保证权重和偏置的维度和保存之前的相同。

（1）创建模型并训练

接下来以手写字识别数据集为例，使用 tf. keras 创建一个两层神经网络进行编译与训练，代码如下：

```
import tensorflow as tf

mnist = tf.keras.datasets.mnist                #加载数据集
(x_train,y_train),(x_test,y_test) = mnist.load_data()
x_train,x_test = x_train / 255.0,x_test / 255.0
model = tf.keras.models.Sequential([
      tf.keras.layers.Flatten(input_shape = (28,28)),
      tf.keras.layers.Dense(128,activation = 'relu'),
      tf.keras.layers.Dropout(0.2),
      tf.keras.layers.Dense(10,activation = 'softmax')
    ])                                    #创建模型

model.compile(optimizer = 'adam',loss = 'sparse_categorical_crossentropy',
metrics = ['accuracy'])                    #编译
model.fit(x_train,y_train,epochs =10)      #训练

loss,acc = model.evaluate(x_test,y_test)   #评估
print("train model,accuracy:{:5.2f}% ".format(100*acc))
```

输出：

```
train model,accuracy:97.88%
```

（2）保存模型

接下来调用 model. save_weights(path)方法即可将当前训练好的网络参数保存到路径文件上，代码如下：

```
model.save_weights('./save_weights/my_save_weights')
```

运行结束后会在路径 save_weights 文件下生成四个文件,分别为:

①checkpoint:checkpoint 中存储着模型 model 所使用的所有 tf. Variable 对象,它不包含任何关于模型的计算信息,因此只有在源代码可用,也是我们可以恢复原模型结构的时候,checkpoint 才有用,否则不知道模型的结构,仅仅只知道一些 Variable 是没有意义的。

②my_save_weights. data-xxxxx-of-xxxxx:数据文件,保存的是网络的权值、偏置、操作等。

③my_save_weights. index:index 文件是一个不可变的字符串字典,每一个键都是张量的名称,它的值是一个序列化的 BundleEntryProto。每个 BundleEntryProto 描述张量的元数据,所谓的元数据就是描述这个 Variable 的一些信息的数据,具体为数据文件中的哪个文件包含张量的内容,该文件的偏移量、校验和一些辅助数据等。模型保存路径如图 5.11.1 所示。

```
(base) [root@deploy-5fe73c3e-987a-4d12-a9a8-2287f1b112fa-785c7cd9c8-klgtn datasets]# ls
boston_housing.npz  cifar-10-batches-py. tar. gz  fashion-mnist  imdb.npz  mnist.npz  reuters.npz  reuters_word_index. json
(base) [root@deploy-5fe73c3e-987a-4d12-a9a8-2287f1b112fa-785c7cd9c8-klgtn datasets]# tar xvfz cifar-10-batches-py. tar. gz
cifar-10-batches-py/
cifar-10-batches-py/data_batch_4
cifar-10-batches-py/readme. html
cifar-10-batches-py/test_batch
cifar-10-batches-py/data_batch_3
cifar-10-batches-py/batches. meta
cifar-10-batches-py/data_batch_2
cifar-10-batches-py/data_batch_5
cifar-10-batches-py/data_batch_1
```

图 5.11.1　模型保存路径

(3)加载模型并重新编译

接下来使用 model. load_weights(path)方法加载模型权重和偏置,代码如下:

```
del model                    #删除原有模型对象

#重新创建模型
model = tf. keras.models.Sequential ([
    tf. keras. layers. Flatten (input_shape = (28,28)),
    tf. keras. layers. Dense (128,activation = 'relu'),
    tf. keras. layers. Dropout (0.2),
    tf. keras. layers. Dense (10,activation = 'softmax')
    ])
model.compile (optimizer = 'adam',
            loss = 'sparse_categorical_crossentropy',
            metrics = ['accuracy'])
#恢复权重
model.load_weights ('./save_weights/my_save_weights')
#测试模型
```

```
loss,acc = model.evaluate(x_test,y_test)
print("Restored model,accuracy:{:5.2f}% ".format(100*acc))
```

输出：

```
Restored model,accuracy:97.88%
```

由输出可知,模型的权重和偏置恢复之后,在测试集上达到了和之前相同的准确率。

2. model.save(path)

使用 tf.keras.model 类中的 save(path)方法会将网络的结构、权重和优化器的状态等参数全部保存下来,后期恢复的时候不需要创建新的网络。接下来在图 5.11.1 建立的模型基础上进行保存和载入模型展示。

(1)创建模型并训练

创建与第一种方法中一样的手写字识别训练模型,进行编译训练,此时模型的accuracy 为 97.96%。

(2)保存模型

save()方法可以将模型保存为单个 HDF5 文件,代码如下：

```
model.save('my_model.h5')                   #创建一个 HDF5 文件 'my_model.h5'
```

运行结束后会在当前路径下生成一个 HDF5 文件,如图 5.11.2 所示。

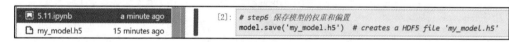

图 5.11.2　模型保存路径

my_model.h5 文件包含模型的结构、权值、配置(即一些编译配置,如优化器、损失函数等),以及优化器的状态信息。

(3)加载模型并重新编译

接下来使用 models.load_model(path)重新加载模型,代码如下：

```
del model        #删除原有模型对象

restored_model = tf.keras.models.load_model('my_model.h5')         #加载模型
loss,acc = restored_model.evaluate(x_test,y_test)                  #测试模型
print("Restored model,accuracy:{:5.2f}% ".format(100*acc))
```

输出：

```
Restored model,accuracy:97.96%
```

由输出可知,重新加载后的模型在测试集上达到了与之前训练时相同的准确率。

(4)SavedModel 格式

save()方法也可以将模型保存为 SavedModel 格式。SavedModel 格式是 TensorFlow

所特有的一种序列化文件格式,保存模型的代码如下:

```
model.save('./mnist_model/my_model',save_format='tf')
```

以 SavedModel 格式保存模型时,tensorflow 将创建一个保存模型的目录,该目录由以下子目录和文件组成:

①asset 是包含辅助(外部)文件(如词汇表)的子文件夹。资源被复制到目录位置下,并且可以在加载特定的 MetaGraphDef(一种 tensorflow 数据结构)时读取。

②variable 是包含 tf. train. saver 输出的子文件夹。包含 variables. data-00000-of-00002、variables. data-00001-of-00002 和 variables. index 三个文件。

③saved_model. pb 或 saved_model. pbtxt 是 SavedModel 协议缓冲区。它将图形定义作为 MetaGraphDef 协议缓冲区。

模型文件保存结果如图 5.11.3 所示。

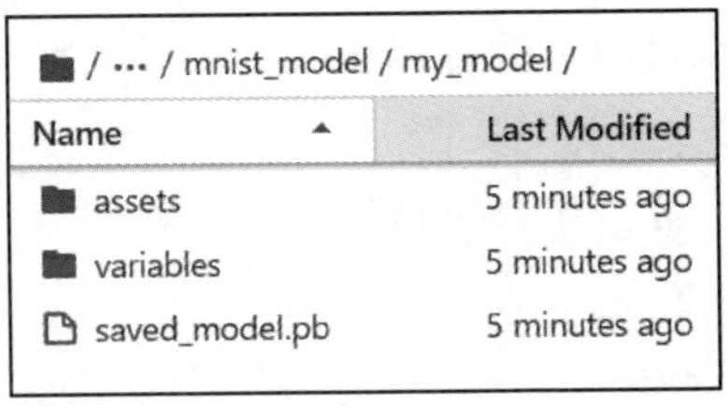

图 5.11.3 SavedModel 格式保存路径

该方法保存后模型的重新加载方法与 models. load_model(path)相似,只是将模型加载路径由 my_model. h5 换为 ./mnist_model/my_model。模型重建后在测试集上也同样达到了训练之前相同的准确率。

3. export_saved_model(model, path)

(1)创建模型并训练

创建与第一种方法中一样的手写字识别训练模型,进行编译训练,此时模型的accuracy 为 96.80%。

(2)保存模型

export_saved_model(model, path)方法将模型保存为 SavedModel 格式,保存格式与图 5.11.3 相同,代码如下:

```
saved_model_path = './my_model'
tf.keras.experimental.export_saved_model(model,saved_model_path)
```

(3)加载模型并重新编译

接下来使用 load_from_saved_model(path)方法重新加载模型,代码如下:

```
new_model=tf.keras.experimental.load_from_saved_model(saved_model_path)
new_model.compile(optimizer=model.optimizer,        #保留已加载的优化程序
                  loss='sparse_categorical_crossentropy',
                  metrics=['accuracy'])
```

```
loss,acc = new_model.evaluate(x_test,y_test,verbose = 2)
print("Restored model,accuracy:{:5.2f}% ".format(100*acc))
```

输出：

```
Restored model,accuracy:96.80%
```

由输出可知，重新加载后的模型在测试集上达到了与之前训练时相同的准确率。

●●●●● 5.12 TensorFlow 模型之线性回归 ●●●●●

1. 线性回归

（1）基本概念

线性回归通常使用曲线或直线来拟合数据点，目标是使曲线到数据点的距离差异最小。根据变量个数的多少可以将线性回归分为一元线性回归和多元线性回归，接下来以一元线性回归为例进行介绍。

①一元线性回归。一元线性函数可以用如下公式进行表达：

$$f(x_i) = w x_i + b$$

线性回归试图学得 $f(x_i) \approx y_i$。其中自变量 x_i 和因变量 y_i 是已知的 N 个数据点，$D = \{(x_1,y_1),(x_2,y_2),\cdots,(x_n,y_n)\}$，$f(x_i)$ 是通过计算后得到的预测值。线性回归的目标是通过已知的数据点，构建这个函数关系，即求解线性模型中 w 和 b 两个参数。

②目标函数。为了求解最佳参数 w 和 b，需要一个标准来对结果进行衡量，因此需要定量化一个目标函数式（也称损失函数），使得计算机可以在求解过程中不断优化。任何模型求解问题最终都可以得到一组预测值 $f(x) = (f(x_i),f(x_2),\cdots,f(x_n))$，对比已有的真实值 $y = (y_1,y_2,\cdots,y_n)$。均方误差（Mean Squared Error，MSE）是回归任务中最常用的评估函数。假设数据对有 n 个，接下来使用均方误差定义目标函数，即

$$L(w,b) = \frac{1}{n}\sum_{i=1}^{n}(f(x_i) - y_i)^2 = \frac{1}{n}\sum_{i=1}^{n}(w x_i + b - y_i)^2$$

线性回归试图求出均方误差最小化时的参数 w 和 b，即

$$(w^*,b^*) = arg\min_{(w,b)}\sum_{i=1}^{n}(w x_i + b - y_i)^2$$

③目标函数优化方法。常用的目标函数优化方法有两种：最小二乘法（Least Square Method）和梯度下降法（Gradient Descent）。

最小二乘法（Least Squares Method）的原则是以"残差平方和最小"来确定直线位置。首先将目标函数 $L(w,b)$ 分别对 w 和 b 求导，得到以下式子：

$$\frac{\partial L}{\partial w} = 2\left[w\sum_{i=1}^{n}x_i^2 - \sum_{i=1}^{n}x_i(y_i - b)\right]$$

$$\frac{\partial L}{\partial b} = 2\left[nb - \sum_{i=1}^{n}(y_i - w x_i)\right]$$

根据数理知识可知,函数的极值点是偏导为0的点,所以令上述两式为0,可得到 w 和 b 最优解的闭式解,即

$$w = \frac{\sum_{i=1}^{n} y_i(x_i - \bar{x})}{\sum_{i=1}^{n} x_i^2 - \frac{1}{n}\left(\sum_{i=1}^{n} x_i\right)^2}$$

$$b = \frac{1}{n}\sum_{i=1}^{n}(y_i - wx_i)$$

梯度下降(Gradient Descent)的核心内容是对自变量进行不断的更新(针对 w 和 b 求偏导),使得目标函数不断逼近最小值的过程,即

$$w \leftarrow w - \alpha\frac{\partial L}{\partial w}$$

$$b \leftarrow b - \alpha\frac{\partial L}{\partial b}$$

(2)TensorFlow 实现线性回归

在 TensorFlow 中,可以搭建一个只有一个神经元的一层全连接网络来实现线性回归,如图 5.12.1 所示。

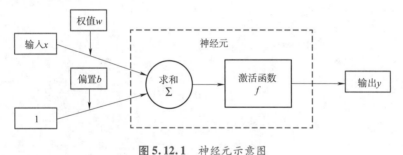

图 5.12.1 神经元示意图

图 5.12.1 中虚线框内即为一个神经元,为线性回归 $y = f(wx + b)$ 的神经网络表示。

2. 线性回归实战

(1)随机样本

本实验真实曲线为 $y = 2x + 4.2$,采用长为 250 的一维数组 $[x_1, x_2, \cdots, x_{250}]$ 为模拟数据,该数据符合正态分布,标准差为 1,并给每个真实结果 y_i 加上噪声数据 o_i,即 $y_i' = y_i + o_i$,o_i 由标准差为 0.01 的正态分布生成,则拟合的数据点为 $\{(x_1, y_1'), (x_2, y_2'), \cdots, (x_{250}, y_{250}')\}$。

(2)网络模型

本实验使用 tf. keras 模块中的 Sequential( )序贯模型定义一个只有一层的全连接网络结构:layers. Dense(1, kernel_initializer = init. RandomNormal(stddev = 0.01), bias_initializer = 'zeros'),其中初始化权重为标准差为 1 的正态分布,初始化偏置参数为 0,该简单网络不采用激活函数。

（3）损失函数

本实验的损失函数定义为均方误差函数，使用 TensorFlow 中 losses 模块里的 MeanSquaredError( ) 函数。

（4）优化方法

深度学习大多采用随机梯度下降（Stochastic Gradient Descent，SGD）、RMSProp、Adam 等方法对网络进行优化。

本实验使用 tf. keras. optimizers 模块中的 SGD 函数进行求解，其中 learning_rate 为学习率，设置为 0.03。SGD 算法每次迭代时随机使用一个样本来对参数进行更新，加快训练速度。具体来说为选取某一条训练数据，然后计算这条数据的 Loss，根据 Loss 求梯度，再用梯度来更新当前的参数。

（5）实现代码

```
import tensorflow as tf

w_real ,b_real = 2.5 ,4.2                              #真实的 weight,bias
features = tf.random.normal((250,1),stddev =1)         #产生长为 250 的一维数组为模拟
                                                       #数据,符合正态分布,标准差为1
labels = features* w_real + b_real + tf.random.normal((250,1),stddev =0.01)
#添加噪声点

#设置网络结构:1 层全连接,初始化模型参数
model = tf.keras.Sequential()
model.add (tf. keras. layers. Dense (1, kernel_initializer = tf. initializers.
RandomNormal(stddev =0.01),bias_initializer = 'zeros'))
loss = tf.losses.MeanSquaredError()                    # loss 函数:MSE
trainer = tf.keras.optimizers.SGD(learning_rate =0.03) #优化策略:随机梯度
                                                       #下降

batch_size =10    #设置小批量的样本数:10
dataset = tf.data.Dataset.from_tensor_slices((features,labels))
dataset = dataset.shuffle(len(features)).batch(batch_size)

for epoch in range(5):
    for(batch, (X,y))in enumerate(dataset):            #取小批量进行计算
        with tf.GradientTape()as tape:
            l = loss(model(X,training =True),y)         #计算 loss
        grads = tape.gradient(l,model.trainable_variables)#计算梯度并更新参数
        trainer.apply_gradients(zip(grads,model.trainable_variables))

    l = loss(model(features),labels)                    #本次迭代后的总 loss
    print('epoch%d,loss:% f'%(epoch,l.numpy().mean()))

W =model.get_weights()[0]                               #输出模型参数 W
b =model.get_weights()[1]                               #输出模型参数 b
print('拟合后的曲线为:y =% f x +% f'%(W,b))
```

输出:

```
epoch 0,loss:0.000113
```

```
epoch 1,loss:0.000111
epoch 2,loss:0.000111
epoch 3,loss:0.000111
epoch 4,loss:0.000111
拟合后的曲线为:y=2.499979 x+4.200085
```

(6)可视化

使用 matplotlib 模块将运行结果与原始数据可视化,代码如下,运行结果如图5.12.2 所示。

```
import matplotlib.pyplot as plt

plt.plot(features,labels,'ro',label = 'Original data')
plt.plot(features,np.array(features*W+b),label = 'Fitted line')
plt.legend()
plt.show()
```

输出:

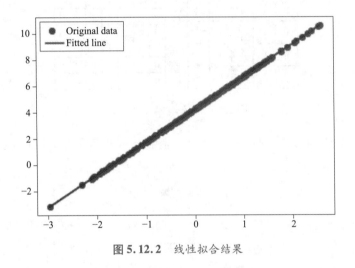

图5.12.2 线性拟合结果

●●●●● 5.13 TensorFlow 模型之卷积神经网络 ●●●●●

1. 卷积神经网络介绍

卷积神经网络(Convolutional Neural Networks,CNN)是一类包含卷积计算且具有深度结构的神经网络,是深度学习的代表算法之一。CNN 由输入层和输出层以及多个隐藏层组成,隐藏层可分为卷积层、激活层、池化层和全连接层,如图5.13.1 所示。

图5.13.1 卷积神经网络示意图

(1)输入层

CNN 的输入一般是三维向量,比如三通道 RGB 图像,格式为 $M\times N\times 3$,其中的"3"可以理解为三幅 $M\times N$ 的二维图像(灰度值图像),这三幅图像分别代表 R、G、B 分量,每个分量的像素点取值范围是[0,255]。

(2)卷积层

卷积层是 CNN 的核心,层的参数由一组可学习的滤波器(filter)或卷积核(kernels)组成,它们具有小的感受野,延伸到输入数据的整个深度。在正向传播间时,每个卷积核对输入进行卷积,计算卷积核和输入之间的点积。简单来说,卷积层是用来对输入层进行卷积,提取更高层次的特征。

①步幅。步幅是卷积核每次卷积操作移动的距离,决定卷积核移动多少次到达图像边缘。如果卷积步幅大于 1,则卷积核有可能无法恰好滑到边缘,针对这种情况,可在矩阵最外层填充补零,如图 5.13.2 所示。

1	1	1	0	0
0	1	1	1	0
0	0	1	1	1
0	0	1	1	0
0	1	1	0	0

0	0	0	0	0	0	0
0	1	1	1	0	0	0
0	0	1	1	1	0	0
0	0	0	1	1	1	0
0	0	0	1	1	0	0
0	0	1	1	0	0	0
0	0	0	0	0	0	0

图 5.13.2 矩阵填充示意图

②卷积过程。设输入矩阵大小为 $w\times w$,卷积核大小为 $k\times k$,步幅为 s,填充值为 p,则输出矩阵尺寸 $w'\times w'$ 计算公式为

$$w'=\frac{w+2p-k}{s}+1$$

通常来说进行补零填充后,原矩阵位于新矩阵中心,进行卷积前后输入输出尺寸相同。接下来以一个不补零矩阵进行卷积,即

$$\begin{pmatrix} o_{11} & o_{12} \\ o_{21} & o_{22} \end{pmatrix}=\text{Convolution}\left(\begin{pmatrix} X_{11} & X_{12} & X_{13} \\ X_{21} & X_{22} & X_{23} \\ X_{31} & X_{32} & X_{33} \end{pmatrix},\begin{pmatrix} F_{11} & F_{12} \\ F_{21} & F_{22} \end{pmatrix}\right)$$

输入矩阵为 3×3,卷积核为 2×2,步幅为 1,填充为 0,以 o_{11} 为例,计算过程如图 5.13.3所示。

x_{11}	x_{12}	x_{13}
x_{21}	x_{22}	x_{23}
x_{32}	x_{32}	x_{33}

⊛

F_{11}	F_{12}
F_{21}	F_{22}

=

o_{11}	

图 5.13.3 卷积运算示意图

则：

$$o_{11} = \begin{pmatrix} X_{11} & X_{12} \\ X_{21} & X_{22} \end{pmatrix} \circledast \begin{pmatrix} F_{11} & F_{12} \\ F_{21} & F_{22} \end{pmatrix} = F_{11}X_{11} + F_{12}X_{12} + F_{21}X_{21} + F_{22}X_{22}$$

$$o_{12} = \begin{pmatrix} X_{12} & X_{13} \\ X_{22} & X_{23} \end{pmatrix} \circledast \begin{pmatrix} F_{11} & F_{12} \\ F_{21} & F_{22} \end{pmatrix} = F_{11}X_{12} + F_{12}X_{13} + F_{21}X_{22} + F_{22}X_{23}$$

$$o_{21} = \begin{pmatrix} X_{21} & X_{22} \\ X_{31} & X_{32} \end{pmatrix} \circledast \begin{pmatrix} F_{11} & F_{12} \\ F_{21} & F_{22} \end{pmatrix} = F_{11}X_{21} + F_{12}X_{22} + F_{21}X_{31} + F_{22}X_{32}$$

$$o_{12} = \begin{pmatrix} X_{22} & X_{23} \\ X_{32} & X_{33} \end{pmatrix} \circledast \begin{pmatrix} F_{11} & F_{12} \\ F_{21} & F_{22} \end{pmatrix} = F_{11}X_{22} + F_{12}X_{23} + F_{21}X_{32} + F_{22}X_{33}$$

输出矩阵尺寸：$w' = \dfrac{3 + 2 \times 0 - 2}{1} + 1 = 2$

（3）激活层

激活函数将非线性特征引入神经网络中，如果不用激活函数，每一层输出都是上层输入的线性函数，无论神经网络有多少层，输出都是输入的线性组合，这种情况就是最原始的感知机。常用的激活函数有 Sigmoid 函数、ReLU 函数、tahn 函数等。

以线性整流函数（Rectified Linear Unit，ReLU）为例，ReLU 函数是常用的非线性激活函数，它的数学形式如下：

$$f(x) = \max(0, x)$$

它的几何图像如图 5.13.4 所示。

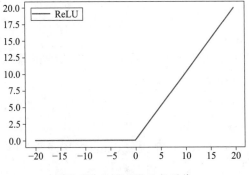

图 5.13.4　ReLU 函数图像

ReLU 函数可以避免梯度爆炸和梯度消失问题，实现更有效率的梯度下降及反向传播算法。

（4）池化层

池化层又称下采样，它的作用是减小数据处理量同时保留有用信息。因为卷积已经提取出特征，相邻区域的特征是类似，近乎不变，池化只是选出最能表征特征的像素，缩减了数据量，同时保留了特征。

和卷积一样，池化也有一个滑动的核，可以称之为滑动窗口，图 5.13.5 中滑动窗

口的大小为 2×2，步幅为 2，每滑动到一个区域，则取最大值作为输出，这样的操作称为最大池化（Max Pooling）。还可以采用输出均值的方式，称为均值池化（Mean Pooling）。

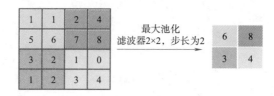

图 5.13.5　最大池化示意图

（5）全连接层

全连接层是一个常规的神经网络，它的作用是对经过多次卷积层和多次池化层所得出的高级特征进行全连接，算出最后的预测值。假设最后一层卷积层的输出特征大小为 $7 \times 7 \times 512$，全连接层含有 10 个神经元，则可用卷积核为 $7 \times 7 \times 512 \times 10$ 的全局卷积来实现这一全连接运算过程。

2. 卷积神经网络流程

接下来介绍一个单层卷积神经网络，如图 5.13.6 所示。

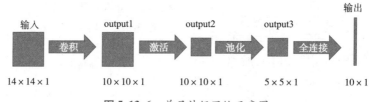

图 5.13.6　单层神经网络示意图

以图 5.13.6 为例，搭建一个卷积神经网络，对应参数和输出大小如下：

①输入一个二维矩阵，大小为 $14 \times 14 \times 1$。

②输入矩阵与卷积核（$k = 5, s = 1, p = 0$）进行卷积，得到输出特征 output1，大小为 $10 \times 10 \times 1$。

③输出 output1 通过激活函数得到输出 output2，大小为 $10 \times 10 \times 1$。

④对输出 output2 进行最大池化得到输出 output3，大小为 $5 \times 5 \times 1$。

⑤假设全连接层含有 10 个神经元，则用卷积核为 $5 \times 5 \times 1 \times 10$ 的全局卷积来对输出 output3 进行全连接，输出大小为 10×1。

3. 卷积神经网络特点

CNN 相比于传统的神经网络的不同之处主要有三个，分别是局部感知、权重共享和多卷积核。

（1）局部感知

局部感知就是感受野，实际上就是卷积核与图像进行卷积的时候，每次卷积核所覆盖的像素只是一小部分，是局部特征，所以称之为局部感知。CNN 是一个从局部到整体的过程(局部到整体的实现是在全连接层),而传统的神经网络是整体的过程。

(2)权重共享

传统的神经网络的参数量是非常巨大的,比如1 000×1 000像素的图片,映射到和自己相同的大小,需要(1 000×1 000)的平方,也就是10的12次方,参数量太大了,而CNN除全连接层外,卷积层的参数完全取决于卷积核的设置大小,比如10×10的卷积核,这样只有100个参数,当然卷积核的个数不止一个,也就是下面要介绍的多卷积核。

(3)多卷积核

与传统的神经网络相比,多卷积核网络参数量小,计算量小,整个图片共享一组卷积核的参数。一种卷积核代表的是一种特征,为获得更多不同的特征集合,卷积层会有多个卷积核,生成不同的特征,这也是为什么卷积后的图片,每一个图片代表不同的特征。

4.卷积神经网络实例

接下来使用TensorFlow构建一个卷积神经网络用于手写字识别训练,卷积神经网络的结构如图5.13.7所示。

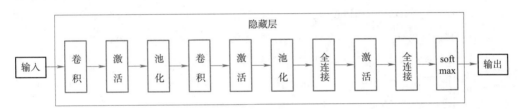

图5.13.7 卷积神经网络结构

(1)导入数据集

首先从Keras中导入MNIST手写数据集,代码如下:

```
import tensorflow as tf
from tensorflow import keras
from tensorflow.keras import layers,optimizers,datasets
from tensorflow.keras import  datasets

(x_train,y_train),(x_test,y_test)=datasets.mnist.load_data()
print('训练集样本:',x_train.shape,y_train.shape)
print('测试集样本:',x_test.shape,y_test.shape)
```

输出:

```
训练集样本:(60000,28,28)(60000,)
测试集样本:(10000,28,28)(10000,)
```

(2)数据预处理

将图片数据扩展一个维度,shape由(28,28)reshape为(28,28,1),用于卷积操作,并归一化,代码如下:

```
#数据预处理
x_train=x_train.reshape(x_train.shape[0],28,28,1).astype('float32')
```

211

```
x_test = x_test.reshape(x_test.shape[0],28,28,1).astype('float32')
x_train = tf.keras.utils.normalize(x_train,axis =1)#归一化
x_test = tf.keras.utils.normalize(x_test,axis =1)   #归一化
print('预处理后的训练集样本:',x_train.shape)
print('预处理后的测试集样本:',x_test.shape)
```

输出:

```
预处理后的训练集样本:(60000,28,28,1)
预处理后的测试集样本:(10000,28,28,1)
```

(3)构建卷积神经网络模型

根据图 5.13.7 搭建两层卷积网络:

①卷积层由 layers. Conv2D( )函数搭建。第一层卷积有 16 个卷积核,每个卷积核尺寸为 5×5,输入图片尺寸为(28,28,1),卷积前对矩阵进行填充,则输出图片与输入图片尺寸相同,最后选用 ReLU 函数作为激活函数。

第二层卷积有 36 个卷积核,每个卷积核尺寸为 5×5,卷积前对矩阵进行补充,则输出图片与输入图片尺寸相同,最后选用 ReLU 函数作为激活函数。

②池化层由 layers. MaxPooling2D( )函数搭建。两次卷积后都加上一个最大池化层,输出图片大小为输入图片的一半。在池化后采用 layers. Dropout( )函数防止过拟合,对于神经网络单元,按照一定的概率将其暂时从网络中丢弃。

③全连接层由 layers. Dense( )函数搭建。第一层全连接卷积核为 1 764 ×128,选择 ReLU 函数作为激活函数。

第二层全连接卷积核大小为 128 ×10,选择 softmax 函数作为激活函数,输出 0 ~ 1 之间 10 个概率值。

④在输出中打印每层网络类型、输出数据尺寸及包含的参数个数。

操作代码如下所示:

```
model = keras.models.Sequential ([
    layers.Conv2D(filters = 16, kernel_size = (5,5), input_shape = (28,28,1),
padding = 'same',activation ='relu'),
    layers.MaxPooling2D(pool_size = (2,2)),
    layers.Conv2D(filters =36,kernel_size = (5,5),padding = 'same',activation
= 'relu'),
    layers.MaxPooling2D(pool_size = (2,2)),
    layers.Dropout(0.25),
    layers.Flatten(),
    layers.Dense(128,activation = 'relu'),
    layers.Dropout(0.5),
    layers.Dense(10,activation = 'softmax')
])
#打印模型
print(model.summary())
```

输出:

```
Model:"sequential"

Layer(type)                      Output Shape            Param #
=================================================================
conv2d(Conv2D)                   (None,28,28,16)         416

max_pooling2d(MaxPooling2D)      (None,14,14,16)         0

conv2d_1(Conv2D)                 (None,14,14,36)         14436

max_pooling2d_1(MaxPooling2       (None,7,7,36)          0

dropout(Dropout)                 (None,7,7,36)           0

flatten(Flatten)                 (None,1764)             0

dense(Dense)                     (None,128)              225920

dropout_1(Dropout)               (None,128)              0

dense_1(Dense)                   (None,10)               1290
=================================================================
Total params:242,062
Trainable params:242,062
Non-trainable params:0

None
```

(4)模型编译与训练

编译时采用多类损失函数 sparse_categorical_crossentropy；优化器选择 Adam，利用梯度的一阶矩估计和二阶矩估计动态调整每个参数的学习率；使用准确率作为评估依据。

训练时将一部分作为验证集使用，设为 0.2，代表 80% 的数据作为训练集，20% 作为验证集；迭代训练 10 个 epoch 和 128 的 batch_size。操作代码如下所示：

```
#编译配置
model.compile(loss = 'sparse_categorical_crossentropy',optimizer = 'adam',
metrics =['accuracy'])
#开始训练
model.fit(x = x_train,y = y_train,validation_split = 0.2,epochs = 10,batch_
size =128)
```

(5)模型验证

使用 model.evaluate( )计算出模型在验证集上的损失值和精确度。操作代码如下所示：

```
val_loss,val_acc = model.evaluate(x_test,y_test)  # model.evaluate 输出计算的
损失和精确度
```

```
print('Test Loss:{:.6f}'.format(val_loss))
print('Test Acc:{:.6f}'.format(val_acc))
```

输出:

```
val Loss:0.025909
val Acc:0.990900
```

●●●●● 5.14 卷积神经网络应用 ●●●●●

前面详细介绍了 TensorFlow 搭建卷积神经网络的方法,接下来简述两种常用的卷积神经网络结构和卷积神经网络的应用实例。

1. 两种常见的卷积神经网络模型

(1) LeNet-5

20 世纪 90 年代,Yann LeCun 等提出用于手写数字和机器打印字符图片识别的神经网络,被命名为 LeNet-5。LeNet-5 的隐藏层由两个卷积层、两个池化层和一个全连接层组成,参数量较少,计算代价较低,尤其在现代 GPU 的加持下,数分钟即可训练好 LeNet-5 网络。

①LeNet-5 结构。针对 MNIST 手写数据集的输入图片大小 $28 \times 28 \times 1$ 搭建一个 LeNet-5 网络,如图 5.14.1 所示。

②TensorFlow 搭建 LeNet-5 模型。使用 TensorFlow 搭建图 5.14.1 中的 LeNet-5 模型,代码如下:

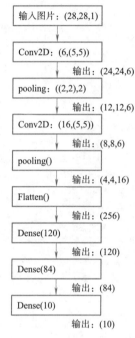

图 5.14.1 LeNet-5 网络结构

```
import tensorflow as tf

net = tf.keras.models.Sequential([
    tf.keras.layers.Conv2D(filters = 6, kernel_size = 5, activation = 'sigmoid',
input_shape = (28,28,1)),
    tf.keras.layers.MaxPool2D(pool_size = 2, strides = 2),
    tf.keras.layers.Conv2D(filters = 16, kernel_size = 5, activation = 'sigmoid'),
    tf.keras.layers.MaxPool2D(pool_size = 2, strides = 2),
    tf.keras.layers.Flatten(),
    tf.keras.layers.Dense(120, activation = 'sigmoid'),
    tf.keras.layers.Dense(84, activation = 'sigmoid'),
    tf.keras.layers.Dense(10, activation = 'sigmoid')
])

net.summary()
```

输出:

```
Model:"sequential"

Layer(type)                      Output Shape              Param #
=================================================================
conv2d(Conv2D)                   (None,24,24,6)            156


max_pooling2d(MaxPooling2D)      (None,12,12,6)            0


conv2d_1(Conv2D)                 (None,8,8,16)             2416


max_pooling2d_1(MaxPooling2       (None,4,4,16)            0


flatten(Flatten)                 (None,256)                0


dense(Dense)                     (None,120)                30840


dense_1(Dense)                   (None,84)                 10164


dense_2(Dense)                   (None,10)                 850
=================================================================
Total params:44,426
Trainable params:44,426
Non-trainable params:0
```

（2）AlexNet

2012 年，多伦多大学的 Alex Krizhevsky、Hinton 等提出了八层的深度神经网络模型 AlexNet，并因此而获得了 ILSVRC12 挑战赛 ImageNet 数据集分类任务的冠军。

①AlexNet 的优点。AlexNet 的创新之处有以下四个方面：

●层数达到了较深的八层，这在当时已经是个突破了。

●采用了 ReLU 激活函数。成功地解决了以往使用 Sigmoid 函数而产生的梯度消失问题，并且使得网络训练的速度得到了一定的提升。

●引入了 Dropout，提高了模型的泛化能力，防止了过拟合现象的发生。在 AlexNet 中主要是最后几个全连接层使用了 Dropout。

●多 GPU 训练。受限于当时的计算机水平，使用多 GPU，可以满足大规模数据集和模型的训练。

②AlexNet 的结构。整体结构上，AlexNet 包含八层：前五层是卷积层，其他三层是全连接层。全连接层的输出是 1 000 维的，最后通过 softmax 得到各个类别的概率，实现了 1 000 分类，具体结构如图 5.14.2 所示。

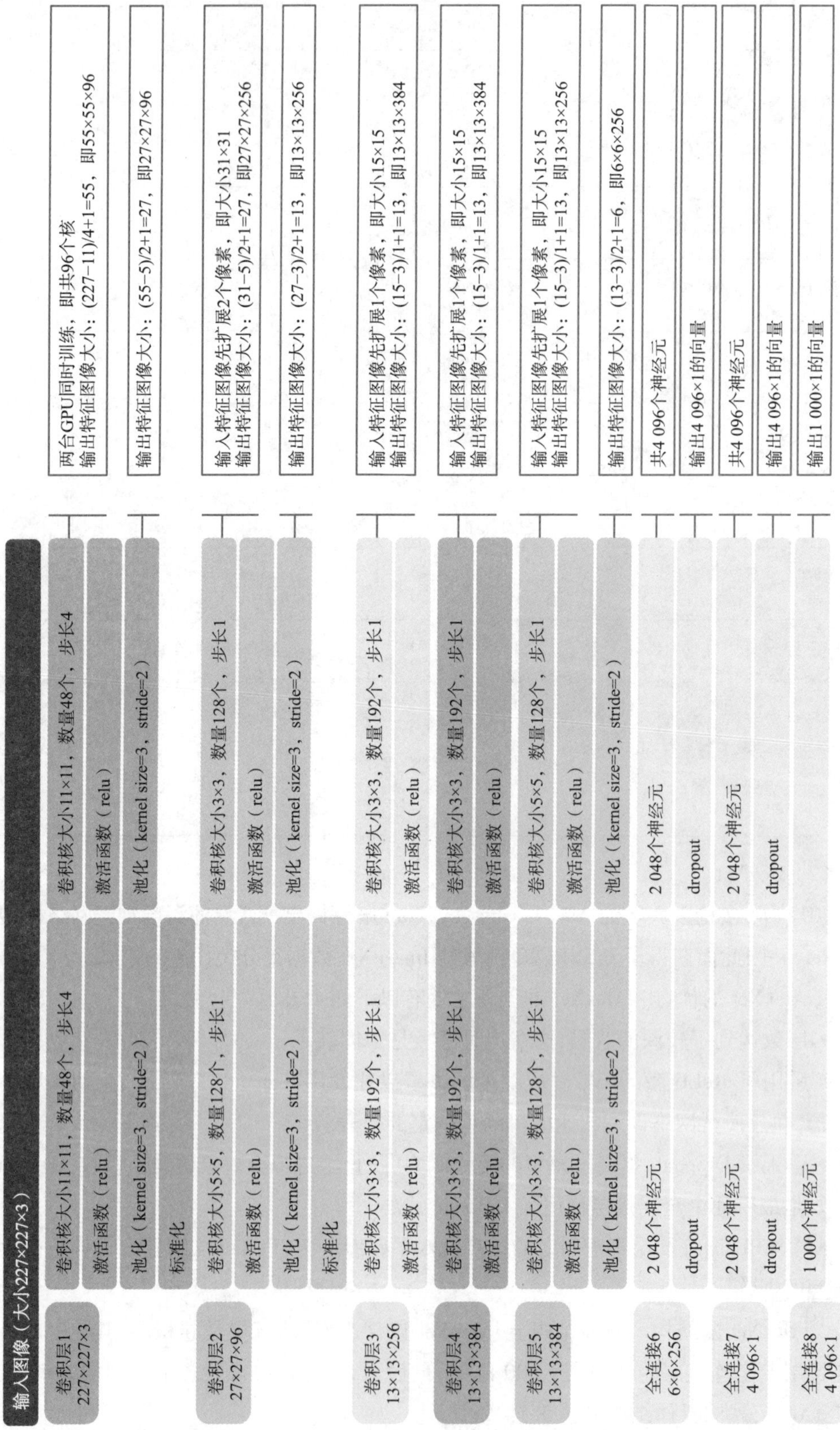
输入图像（大小227×227×3）
卷积层1 227×227×3
卷积核大小11×11，数量48个，步长4
激活函数（relu）
池化（kernel size=3，stride=2）
标准化
卷积核大小11×11，数量48个，步长4
激活函数（relu）
池化（kernel size=3，stride=2）
两台GPU同时训练，即共96个核
输出特征图像大小：(227−11)/4+1=55，即55×55×96
输出特征图像大小：(55−5)/2+1=27，即27×27×96
卷积层2 27×27×96
卷积核大小5×5，数量128个，步长1
激活函数（relu）
池化（kernel size=3，stride=2）
标准化
卷积核大小3×3，数量128个，步长1
激活函数（relu）
池化（kernel size=3，stride=2）
输入特征图像先扩展2个像素，即大小31×31
输出特征图像大小：(31−5)/2+1=27，即27×27×256
输出特征图像大小：(27−3)/2+1=13，即13×13×256
卷积层3 13×13×256
卷积核大小3×3，数量192个，步长1
激活函数（relu）
卷积核大小3×3，数量192个，步长1
激活函数（relu）
输入特征图像先扩展1个像素，即大小15×15
输出特征图像大小：(15−3)/1+1=13，即13×13×384
卷积层4 13×13×384
卷积核大小3×3，数量192个，步长1
激活函数（relu）
卷积核大小3×3，数量192个，步长1
激活函数（relu）
输入特征图像先扩展1个像素，即大小15×15
输出特征图像大小：(15−3)/1+1=13，即13×13×384
卷积层5 13×13×384
卷积核大小3×3，数量128个，步长1
激活函数（relu）
池化（kernel size=3，stride=2）
卷积核大小5×5，数量128个，步长1
激活函数（relu）
池化（kernel size=3，stride=2）
输入特征图像先扩展1个像素，即大小15×15
输出特征图像大小：(15−3)/1+1=13，即13×13×256
输出特征图像大小：(13−3)/2+1=6，即6×6×256
全连接6 6×6×256
2 048个神经元
dropout
2 048个神经元
dropout
共4 096个神经元
输出4 096×1的向量
全连接7 4 096×1
2 048个神经元
dropout
2 048个神经元
dropout
共4 096个神经元
输出4 096×1的向量
全连接8 4 096×1
1 000个神经元
输出1 000×1的向量

图5.14.2 AlexNet网络结构

③TensorFlow 搭建 AlexNet 模型。对于不同的数据集，AlexNet 模型每层参数会进行调整。AlexNet 原始输入图像尺寸为 $227 \times 227 \times 3$ 的 1 000 分类，而 Fasion-MNIST 图像尺寸为 $28 \times 28 \times 1$ 的 10 分类，输入尺寸太小不足以完成网络的下采样过程，故需要对网络进行简单的修改，代码如下：

```python
from tensorflow import keras
from tensorflow.keras import layers

model = keras.Sequential(name = 'AlexNet')
model.add(layers.Conv2D(96,(11,11),strides = (2,2),input_shape = (28,28,1),
        padding = 'same',activation = 'relu',kernel_initializer = 'uniform'))
model.add(layers.MaxPooling2D(pool_size = (3,3),strides = (2,2)))
model.add(layers.Conv2D(256,(5,5),strides = (1,1),padding = 'same',activation =
'relu',kernel_initializer = 'uniform'))
model.add(layers.MaxPooling2D(pool_size = (3,3),strides = (2,2)))
model.add(layers.Conv2D(384,(3,3),strides = (1,1),padding = 'same',activation =
'relu',kernel_initializer = 'uniform'))
model.add(layers.Conv2D(384,(3,3),strides = (1,1),padding = 'same',activation =
'relu',kernel_initializer = 'uniform'))
model.add(layers.Conv2D(256,(3,3),strides = (1,1),padding = 'same',activation =
'relu',kernel_initializer = 'uniform'))
model.add(layers.MaxPooling2D(pool_size = (2,2),strides = (2,2)))
model.add(layers.Flatten())
model.add(layers.Dense(2048,activation = 'relu'))
model.add(layers.Dropout(0.5))
model.add(layers.Dense(2048,activation = 'relu'))
model.add(layers.Dropout(0.5))
model.add(layers.Dense(10,activation = 'softmax'))

model.summary()
```

输出：

```
Model:"AlexNet"

Layer(type)                    Output Shape            Param #
=================================================================
conv2d(Conv2D)                 (None,14,14,96)         11712

max_pooling2d(MaxPooling2D)    (None,6,6,96)           0

conv2d_1(Conv2D)               (None,6,6,256)          614656

max_pooling2d_1(MaxPooling2     (None,2,2,256)          0

conv2d_2(Conv2D)               (None,2,2,384)          885120

conv2d_3(Conv2D)               (None,2,2,384)          1327488
```

conv2d_4 (Conv2D)	(None,2,2,256)	884992
max_pooling2d_2 (MaxPooling2	(None,1,1,256)	0
flatten (Flatten)	(None,256)	0
dense (Dense)	(None,2048)	526336
dropout (Dropout)	(None,2048)	0
dense_1 (Dense)	(None,2048)	4196352
dropout_1 (Dropout)	(None,2048)	0
dense_2 (Dense)	(None,10)	20490

```
=================================================================
Total params:8,467,146
Trainable params:8,467,146
Non-trainable params:0
```

2.卷积神经网络实现图像识别

（1）图像识别

卷积神经网络长期以来是图像识别领域的核心算法之一,并在数据充足时有稳定的表现。对于一般的大规模图像分类问题,卷积神经网络可用于构建阶层分类器,也可以在精细分类识别中用于提取图像的判别特征以供其他分类器学习。对于后者,特征提取可以人为地将图像的不同部分分别输入卷积神经网络,也可以由卷积神经网络通过无监督学习自行提取。

（2）实例

接下来将使用 TensorFlow 中的 keras 接口搭建一个卷积神经网络,通过自行提取特征来实现 cifar-10 数据集的分类和预测过程。

①导入使用的库。导入库的操作代码如下所示:

```
import tensorflow as tf
from tensorflow import keras
from tensorflow.keras import datasets,layers,optimizers,Sequential,metrics
import matplotlib.pyplot as plt
```

②导入数据集。在 5.10 节已经介绍过 CIFAR-10 数据集的内容与导入方法,接下来使用 datasets 模块进行导入,代码如下:

```
(x,y),(test_x,test_y) = datasets.cifar10.load_data()
x,test_x = x/255,test_x/255    #归一化
print(x.shape,test_x.shape)
```

输出:

```
(50000,32,32,3) (10000,32,32,3)
```

③构建模型。在5.13节详细介绍了卷积层的搭建过程,本实例搭建了一个八层卷积神经网络模型,其中有三层卷积,如图5.14.3所示。

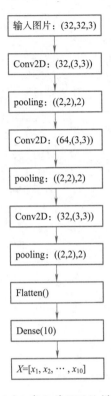

图5.14.3 卷积神经网络模型结构

利用TensorFlow的Sequential容器构建图5.14.3所示的卷积神经网络模型,并打印参数,代码如下:

```
model = Sequential ([
    tf.keras.Input (shape = (32,32,3)),
    layers.Conv2D (filters = 32,kernel_size = 3,padding = 'same',activation = 'relu'),
    layers.MaxPooling2D (pool_size = (2,2),strides = (2,2)),
    layers.Conv2D (filters = 64,kernel_size = 3,padding = 'same',activation = 'relu'),
    layers.MaxPooling2D (pool_size = (2,2),strides = (2,2)),
    layers.Conv2D (filters = 32,kernel_size = 3,padding = 'same',activation = 'relu'),
    layers.MaxPooling2D (pool_size = (2,2),strides = (2,2)),
    layers.Flatten (),
    layers.Dense (10,activation = 'softmax')
])

model.summary ()
```

输出:

```
Model:"sequential"
```

Layer(type)	Output Shape	Param #

```
============================================================
conv2d(Conv2D)                    (None,32,32,32)        896

max_pooling2d(MaxPooling2D)       (None,16,16,32)        0

conv2d_1(Conv2D)                  (None,16,16,64)        18496

max_pooling2d_1(MaxPooling2       (None,8,8,64)          0

conv2d_2(Conv2D)                  (None,8,8,32)          18464

max_pooling2d_2(MaxPooling2       (None,4,4,32)          0

flatten(Flatten)                  (None,512)             0

dense(Dense)                      (None,10)              5130
============================================================
Total params:42,986
Trainable params:42,986
Non-trainable params:0
```

④编译并训练模型。编译时采用多类损失函数 sparse_categorical_crossentropy；优化器选择 Adam,学习率为 0.001;使用准确率作为评估依据。

训练时将一部分作为验证集使用,设为 0.2,代表 80% 的数据作为训练集,20% 作为验证集;迭代训练 10 个 epoch。操作代码如下所示:

```
model.compile(
    optimizer=tf.keras.optimizers.Adam(learning_rate=0.001),
    loss=tf.keras.losses.sparse_categorical_crossentropy,
    metrics=['acc'])

model.fit(x,y,validation_split=0.2,epochs=10)
```

⑤模型验证。使用 model.evaluate( ) 计算出模型在测试集上的损失值和精确度。操作代码如下所示:

```
val_loss,val_acc=model.evaluate(x_test,y_test)  # model.evaluate 输出计算的
损失和精确度
print('Test Loss:{:.6f}'.format(val_loss))
print('Test Acc:{:.6f}'.format(val_acc))
```

输出:

```
Test Loss:0.873772
Test Acc:0.700100
```

⑥使用训练好的模型预测图片。使用训练好的模型 model.predict( ) 预测测试集中前 15 张图片的标签,并打印出真实标签进行对比。操作代码如下所示:

```
prediction=model.predict(test_x)
```

```
class_names = ['飞机','汽车','鸟','猫','鹿','狗','青蛙','马','船','卡车']
for i in range(15):
    pre = class_names[np.argmax(prediction[i])]
    tar = class_names[test_y[i][0]]
    print("预测:% s   实际:% s"% (pre,tar))
```

输出：

```
预测:猫    实际:猫
预测:船    实际:船
预测:船    实际:船
预测:飞机   实际:飞机
预测:青蛙   实际:青蛙
预测:青蛙   实际:青蛙
预测:汽车   实际:汽车
预测:鸟    实际:青蛙
预测:猫    实际:猫
预测:汽车   实际:汽车
预测:飞机   实际:飞机
预测:卡车   实际:卡车
预测:狗    实际:狗
预测:马    实际:马
预测:卡车   实际:卡车
```

⑦可视化结果。通过 matplotlib. pyplot 模块对上一步预测的 15 张图片进行可视化,图片中显示原图与 10 个分类的预测概率,代码如下,运行结果如图 5.14.4 所示。

```
plt.rcParams['font.sans-serif'] = ['Microsoft YaHei']    #显示中文字体
plt.rcParams['axes.unicode_minus'] = False

def plot_image(i,predictions_array,true_labels,images):
    predictions_array,true_label,img = predictions_array[i],true_labels[i],
images[i]
    plt.grid(False)
    plt.xticks([])
    plt.yticks([])
    plt.grid(False)
    plt.imshow(images[i],cmap = plt.cm.binary)
    #预测的图片是否正确,字体黑色底表示预测正确,红色底表示预测失败
    predicted_label = np.argmax(prediction[i])
    true_label = test_y[i][0]
    if predicted_label == true_label:
        color = 'black'
    else:
        color = 'red'

    plt.xlabel("预测{:2.0f}% 是{}(实际{})".format(100* np.max(
                        predictions_array),
                        class_names[predicted_label],
                        class_names[true_label]),
                        color = color)
```

```
def plot_value_array(i,predictions_array,true_label):
    predictions_array,true_label = predictions_array[i],true_label[i][0]
    plt.grid(False)
    plt.xticks(range(10))
    plt.yticks([])
    thisplot = plt.bar(range(10),predictions_array,color = "#777777")
    plt.ylim([0,1])
    predicted_label = np.argmax(predictions_array)

    thisplot[predicted_label].set_color('red')
    thisplot[true_label].set_color('blue')

num_rows = 5
num_cols = 3
num_images = num_rows* num_cols
plt.figure(figsize = (2* 2* num_cols,2* num_rows))
for i in range(num_images):
    plt.subplot(num_rows,2* num_cols,2* i +1)
    plot_image(i,prediction,test_y,test_x)
    plt.subplot(num_rows,2* num_cols,2* i +2)
    plot_value_array(i,prediction,test_y)
plt.savefig("example.png")
plt.show()
```

输出:

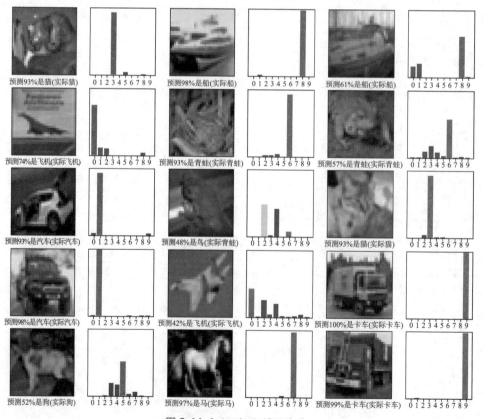

图 5.14.4　可视化预测结果

由输出可知,前15张图片预测结构只有一个预测错误,并且每个图片都给出了10个种类的预测概率值。

3.卷积神经网络实现自然语言处理

(1)自然语言处理

卷积神经网络在自然语言处理(Natural Language Processing,NLP)中很适合用于文本的分类任务,如情感分析、垃圾邮件检测、主题分类。代替图像像素,大多数NLP的输入是表示为矩阵的句子或文档。矩阵的每一行对应一个标记,是一个单词或者一个字符。也就是说,每行是表示单词的向量。通常,这些向量可用word2vec或GloVe进行低维表示,从而进行Word嵌入,但它们也可以是将单词索引为词汇表的one-hot向量。对与100维嵌入的10个单词的句子,使用10×100矩阵作为输入,相当于图像处理中的image。

在图像处理中,卷积核在图像的局部色块上滑动,但在NLP中,通常在矩阵的整行上滑动卷积核。因此,NLP中卷积核的"宽度"通常与输入矩阵的宽度相同,高度或区域大小可能会有所不同,但通常设定一次滑动窗口为2~5个字。处理NLP的卷积神经网络如图5.14.5所示。

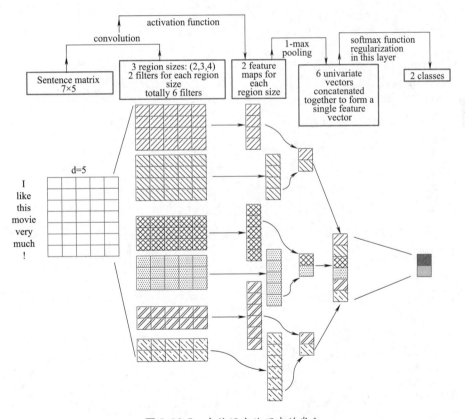

图5.14.5　自然语言处理中的卷积

图5.14.5描述了三个大小分别为2×5、3×5、4×5的滤波器,每个滤波器的数量

为2,输入数据为一个 7×5 的矩阵。每个过滤器对输入句子矩阵执行纵向步长为1的卷积并生成特征 map。然后在输出特征 map 上进行最大池化,即记录来自每个特征 map 的最大值。因此,进行卷积后的六个图生成单变量特征向量,并且这六个特征进行连接作为倒数第二层的特征向量。最终的 softmax 层接收该特征向量作为输入并使用它来对句子进行分类,图中假设为二分类,因此可以描述两种可能的输出状态。

(2)实例

接下来将使用 TensorFlow 中的 keras 接口搭建一个卷积神经网络。

①导入使用的库。导入库的操作代码如下所示:

```
import tensorflow as tf
from tensorflow import keras
import tensorflow.keras.layers as layers
import numpy as np
import matplotlib.pyplot as plt
```

②导入数据集。使用 datasets 模块导入 IMDB 数据集,代码如下:

```
imdb = keras.datasets.imdb
(train_x,train_y),(test_x,test_y) = keras.datasets.imdb.load_data(num_words = 10000)
print('训练集样本:',train_x.shape,train_y.shape)
print('测试集样本:',test_x.shape,test_y.shape)
```

输出:

```
训练集样本:(25000,)(25000,)
测试集样本:(25000,)(25000,)
```

③创建索引和单词的匹配字典。创建索引和单词的匹配字典的代码如下所示:

```
word_index = imdb.get_word_index(path = 'reuters_word_index.json')
word2id = {k:(v + 3)for k,v in word_index.items()}
word2id['<PAD>'] = 0
word2id['<START>'] = 1
word2id['<UNK>'] = 2
word2id['<UNUSED>'] = 3
```

④数据预处理。使用上一步中创建的字典将输入数据填充为统一长度,操作代码如下所示:

```
print('填充前第1个句子的长度:',len(train_x[0]))
#句子末尾padding
train_x = keras.preprocessing.sequence.pad_sequences(
    train_x,value = word2id['<PAD>'],
    padding = 'post',maxlen = 256
)
test_x = keras.preprocessing.sequence.pad_sequences(
    test_x,value = word2id['<PAD>'],
    padding = 'post',maxlen = 256
)
print('填充后第1个句子的长度:',len(train_x[0]))
```

输出：

```
填充前第 1 个句子的长度:218
填充后第 1 个句子的长度:256
```

⑤构建模型。构建一个五层的卷积神经网络:首先构建 Embedding 层将词嵌入为词向量,其次使用 256 个大小为 2 的卷积核进行卷积,然后加一个全局最大池化层,接着加一个 dropout 层,最后加一个 softmax 分类层。代码如下:

```
vocab_size = 10000          #词库大小
vocab_dim = 100             #词的 emedding 维度
num_classes = 2             #分类类别

model = keras.Sequential()
model.add(layers.Embedding(vocab_size,vocab_dim))
model.add(layers.Conv1D(filters = 256,kernel_size = 2,kernel_initializer =
'he_normal',strides = 1,padding = 'VALID',activation = 'relu',name = 'conv'))
model.add(layers.GlobalAveragePooling1D())
model.add(layers.Dropout(rate = 0.5,name = 'dropout'))
model.add(layers.Dense(num_classes,activation = 'softmax'))
model.summary()
```

输出：

```
Model:"sequential"
```

Layer(type)	Output Shape	Param #
embedding(Embedding)	(None,None,100)	1000000
conv(Conv1D)	(None,None,256)	51456
global_average_pooling1d(GlD)	(None,256)	0
dropout(Dropout)	(None,256)	0
dense(Dense)	(None,2)	514

```
Total params:1,051,970
Trainable params:1,051,970
Non-trainable params:0
```

⑥编译并训练模型。编译时采用多类损失函数 sparse_categorical_crossentropy;优化器选择 Adam,利用梯度的一阶矩估计和二阶矩估计动态调整每个参数的学习率;使用准确率作为评估依据。

训练时将训练集中 40% 的数据作为作为验证集使用;迭代训练 20 个 epoch 和 512 的 batch_size,操作代码如下所示:

```
model.compile(optimizer = 'adam',
    loss = 'sparse_categorical_crossentropy',
```

```
        metrics =['accuracy'])
    history =model.fit(train_x,train_y,validation_split =0.4,epochs =20,batch_
size =512,verbose =0)# verbose =0 是不显示训练过程
```

⑦模型验证。使用 model. evaluate( )计算出模型在测试集上的损失值和精确度,操作代码如下所示:

```
    val_loss,val_acc =model.evaluate(test_x,test_y)     # model.evaluate 输出计算
的损失和精确度
    print('Test Loss:{:.6f}'.format(val_loss))
    print('Test Acc:{:.6f}'.format(val_acc))
```

输出:

```
Test Loss:0.460879
Test Acc:0.858800
```

⑧可视化。使用 matplotlib. pyplot 模块可视化训练集和验证集损失,代码如下,运行结果如图 5.14.6所示。

```
history_dict = history.history
history_dict.keys()
acc =history_dict['accuracy']
val_acc =history_dict['val_accuracy']
loss =history_dict['loss']
val_loss =history_dict['val_loss']
epochs =range(1,len(acc) +1)

plt.plot(epochs,loss,'bo',label = 'train loss')
plt.plot(epochs,val_loss,'b',label = 'val loss')
plt.title('Train and val loss')
plt.xlabel('Epochs')
plt.ylabel('loss')
plt.legend()
plt.show()
```

输出:

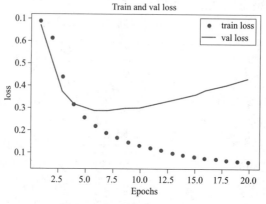

图 5.14.6 模型损失可视化

由输出可知,随着 Epoch 的增加,训练集损失在逐步减少,验证集损失在epoch = 6 时达到最小值。

●●●●● 5.15 循环神经网络应用 ●●●●●

1.循环神经网络的介绍

当输入数据具有清晰的空间结构(如图像中的像素)时,卷积神经网络是合乎逻辑的选择;但是当数据按顺序排序时(如时间序列数据或自然语言),虽然一维序列可以提供给 CNN,但是提取出来的特征是浅层的,因为只有少数几个相邻特征之间的紧密局部化关系才会被考虑到特征表示中。

循环神经网络(Recurrent Neural Network,RNN)是一类以序列数据为输入,在序列的演进方向进行递归且所有节点按链式连接的神经网络,非常擅长处理序列信号。它的变种长短期记忆网络(Long Short-Term Memory networks,LSTM)较好地克服了 RNN 缺乏长期记忆、不擅长处理长序列的问题,在自然语言处理中得到了广泛的应用。

2.常见循环神经网络模型

(1)SimpleRNN

RNN 的隐藏层之间的节点是有连接的,隐藏层的输入不仅包括输入层的输出,还包括上一时刻隐藏层的输出。由此可知,RNN 会记忆之前的信息,并利用之前的信息影响后面节点的输出。

①简单 RNN 结构。简单 RNN 通过顺序更新一个隐藏的状态,不仅基于当前在时间 t 的激活输入x_t,还有前面的隐藏状态s_{t-1},进而更新从s_t、s_{t+1}等,U、V、W 为三个不同的权重矩阵,如图 5.15.1 所示。

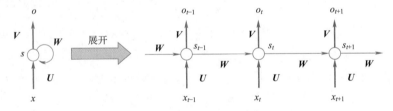

图 5.15.1 简单 RNN 结构

隐藏层$s_t = f(U x_t + W s_{t-1})$,输出层$o_t = g(V s_t)$。其中,$f$ 和 g 为激活函数,一般 f 为 sigmoid 函数或者线性整流函数函数,g 为归一化函数,输出为概率值。以这种方式,在处理整个序列之后的最终隐藏状态包含来自它之前所有元素的信息。

②TensorFlow 搭建 RNN 模型。接下来使用 TensorFlow 中的 keras.layers.SimpleRNN() 函数搭建一个 RNN 模型,代码如下:

```
from tensorflow import keras

vocab_size = 10000   #词表的长度
embedding_dim = 16   # embedding 的长度
```

```
max_length = 500    #输入的长度

model = keras.models.Sequential([
    keras.layers.Embedding(vocab_size,
                           embedding_dim,
                           input_length = max_length),
    keras.layers.SimpleRNN(units = 64, return_sequences = False),
    keras.layers.Dense(64, activation = 'relu'),
    keras.layers.Dense(1, activation = 'sigmoid'),
])

model.summary()
```

输出：

```
Model:"sequential"


Layer(type)                   Output Shape              Param #
================================================================
embedding(Embedding)          (None,500,16)             160000


simple_rnn(SimpleRNN)         (None,64)                 5184


dense(Dense)                  (None,64)                 4160


dense_1(Dense)                (None,1)                  65
================================================================
Total params:169,409
Trainable params:169,409
Non-trainable params:0
```

上述代码中，vocab_size = 10000 表示词表中共有 10000 个句子，max_length = 500 表示将每个句子截断或补足为等长 500 个词的句子，embedding_dim = 16 表示将每个单词编码为长度是 16 的向量，则 embedding 层输出数据的 shape 为（None,500,16），表示每个句子共 500 个单词，每个单词编码为长度是 16 的向量。

SimpleRNN 层中，units 表示输出空间的维度为 32，return_sequences = False 表示返回序列中的最后一个输出。两层全连接分别采用 relu 和 sigmoid 函数作为激活函数。

（2）长短期记忆网络

LSTM 是最早被提出的循环神经网络门控算法。LSTM 选择 sigmoid 函数作为激活函数，在全连接神经网络层会输出一个 0 ~ 1 之间的数值，描述当前输入有多少信息量可以通过这个结构。这个结构的功能类似一扇门，当门打开时即 sigmoid 神经网络层输出为 1，全部信息都可以通过；当门关上时，即 sigmoid 神经网络层输出为 0，任何信息无法通过。通过"门"结构，LSTM 使得信息能有选择性地影响神经网络中每个时刻的状态。

①LSTM 结构。LSTM 与 RNN 有着相似的结构，但是重复的模块拥有一个不同的

结构。不同于单一神经网络层,LSTM 有四个单元,以一种非常特殊的方式进行交互,如图 5.15.2 所示。

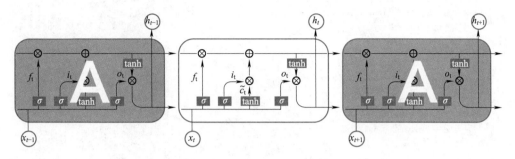

图 5.15.2 LSTM 结构

在图 5.15.2 中,每一条黑线传输着一整个向量,从一个节点的输出到其他节点的输入;合在一起的线表示向量的连接,分开的线表示内容被复制,然后分发到不同的位置;σ 单元表示 sigmoid 激活函数。单个 LSTM 单元如图 5.15.3 所示。

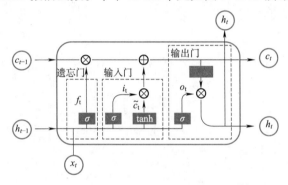

图 5.15.3 单个 LSTM 单元

一个 LSTM 单元包含三个门控:输入门、遗忘门和输出门。相对于简单 RNN 对系统状态建立的递归计算,三个门控对 LSTM 单元的内部状态建立了自循环。具体描述为:输入门决定当前时间步的输入和前一个时间步的系统状态对内部状态的更新;遗忘门决定前一个时间步内部状态对当前时间步内部状态的更新;输出门决定内部状态对系统状态的更新。

在遗忘门中,$f_t = \sigma(W_f \cdot [h_{t-1}, x_t] + b_f)$,该值会决定从上一个细胞 C_{t-1} 中丢弃什么信息。

在输入门中,$i_t = \sigma(W_i \cdot [h_{t-1}, x_t] + b_i)$,$\widetilde{C}_t = \tanh(W_C \cdot [h_{t-1}, x_t] + b_C)$,这两部分会对细胞的状态进行更新。将前一个细胞 C_{t-1} 与 f_t 相乘,丢弃掉需要丢弃的信息,接着加上 $i_t * \widetilde{C}_t$,得到当前细胞状态 $C_t = f_t * C_{t-1} + i_t * \widetilde{C}_t$。

在输出门中,$o_t = \sigma(W_o \cdot [h_{t-1}, x_t] + b_o)$,该值确定细胞状态的哪个部分将被输出;然后把细胞当前状态 C_t 通过 tanh 进行处理,得到一个 $-1 \sim 1$ 之间的值,并将它和 sigmoid 门的输出 o_t 相乘,最终仅仅会输出确定输出的那部分:$h_t = o_t * \tanh(C_t)$。

②TensorFlow 搭建 LSTM 模型。构建 LSTM 的步骤与构建 RNN 几乎一致,只需要将 keras. layers. SimpleRNN( )层更改为 keras. layers. LSTM( ),代码如下:

```
from tensorflow import keras

vocab_size =10000
embedding_dim =16
max_length =500

model = keras.models.Sequential([
    keras.layers.Embedding(vocab_size,              #词表的长度
                           embedding_dim,           # embedding 的长度
                           input_length =max_length),   #输入的长度
    keras.layers.LSTM(units =64, return_sequences =False),
    keras.layers.Dense(64, activation = 'relu'),
    keras.layers.Dense(1, activation = 'sigmoid'),
])

model.summary()
```

输出:

```
Model:"sequential"

Layer(type)                     Output Shape              Param #
=================================================================
embedding(Embedding)            (None,500,16)             160000

lstm(LSTM)                      (None,64)                 20736

dense(Dense)                    (None,64)                 4160

dense_1(Dense)                  (None,1)                  65
=================================================================
Total params:184,961
Trainable params:184,961
Non-trainable params:0
```

3. LSTM 处理自然语言问题

(1)自然语言处理

5.14 节介绍了一个使用卷积网络实现自然预处理的实例,接下来对在相同数据集下使用 LSTM 进行情感分析训练。

(2)实例

接下来使用 TensorFlow 中的 keras 接口搭建一个 LSTM 网络。

①导入使用的库,GPU 显存按需申请,操作代码如下所示:

```
import tensorflow as tf
from tensorflow import keras
```

```
from tensorflow.keras import layers
import matplotlib.pyplot as plt

physical_devices = tf.config.experimental.list_physical_devices('GPU')
assert len(physical_devices) > 0
tf.config.experimental.set_memory_growth(physical_devices[0], True)
```

②加载 IMDB 数据集。从 keras 中加载 IMDB 数据集,并构建批次训练集。因为批次数据通常要求所有的序列是相同长度,所以这里使用 keras. preprocessing. sequence. pad_sequence( )函数将文本自动补齐为指定长度 maxlen,代码如下:

```
num_words = 30000
maxlen = 200

(x_train, y_train), (x_test, y_test) = keras.datasets.imdb.load_data(num_words =
num_words)
print(x_train.shape, '', y_train.shape)
print(x_test.shape, '', y_test.shape)

x_train = keras.preprocessing.sequence.pad_sequences(x_train, maxlen, padding =
'post')
x_test = keras.preprocessing.sequence.pad_sequences(x_test, maxlen, padding =
'post')
print('------补齐后的数据-------')
print(x_train.shape, '', y_train.shape)
print(x_test.shape, '', y_test.shape)
```

输出:

```
(25000,)  (25000,)
(25000,)  (25000,)
-------补齐后的数据-------
(25000,200)  (25000,)
(25000,200)  (25000,)
```

③构建 LSTM 模型

接下来构建一个三层 LSTM 网络。

第一层为 embedding 层,定义了一个大小为(30000,32)的矩阵,将每一个词都变为长度为 32 的向量。第一层输出数据是 shape 为(None,200,32)的三维张量,表示每个句子共 200 个单词,每个单词为长度是 32 的向量。

第二层为一个 LSTM 层,输出空间的维度为 32,return_sequences = True 返回全部序列。

第三层为一个 LSTM 层,输出空间的维度为 1,激活函数为 sigmoid 函数,return_sequences 为 False 返回序列中的最后一个输出。

编译时采用二元交叉熵 BinaryCrossentropy 作为损失函数;优化器选择 Adam,利用梯度的一阶矩估计和二阶矩估计动态调整每个参数的学习率;使用准确率作为评估依据。操作代码如下所示:

```
def lstm_model():
    model = keras.Sequential([
        layers.Embedding(input_dim=30000,output_dim=32,input_length=maxlen),
        layers.LSTM(32,return_sequences=True),
        layers.LSTM(1,activation='sigmoid',return_sequences=False)
    ])
    model.compile(optimizer=keras.optimizers.Adam(),
                  loss=keras.losses.BinaryCrossentropy(),
                  metrics=['accuracy'])
    return model
model = lstm_model()
model.summary()
```

输出：

```
Model:"sequential"


Layer(type)                    Output Shape              Param #
=================================================================
embedding(Embedding)           (None,200,32)             960000

lstm(LSTM)                      (None,200,32)             8320

lstm_1(LSTM)                    (None,1)                  136
=================================================================
Total params:968,456
Trainable params:968,456
Non-trainable params:0
```

④模型训练。训练时将训练集中 10% 的数据作为验证集使用；迭代训练 5 个 epoch 和 64 的 batch_size。代码如下：

```
history = model.fit(x_train,y_train,batch_size=64,epochs=5,validation_
split=0.1,verbose=0)
```

⑤训练准确率可视化。使用 matplotlib.pyplot 模块将训练结果 history 进行可视化，这里读取 history 中训练集和验证集的准确率进行可视化，代码如下，运结结果如图 5.15.4 所示。

```
plt.plot(history.history['accuracy'])
plt.plot(history.history['val_accuracy'])
plt.legend(['training-acc','valivation-acc'],loc='upper left')
plt.xlabel('Epochs')
plt.ylabel('accuracy')
plt.show()
```

输出：

由输出可知，随着 epoch 的增加训练集的准确率有增有减；在 epoch=3 时，验证集的准确率最高。

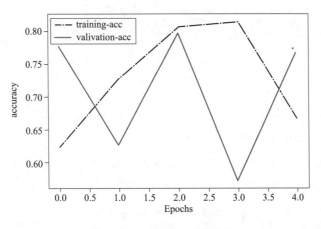

图 5.15.4　可视化训练结果

⑥模型验证。使用 model. evaluate( )计算测试集在模型上的损失和精确度,代码如下:

```
test_loss,test_acc = model.evaluate(x_test,y_test)
print('test Loss:{:.6f}'.format(test_loss))
print('test Acc:{:.6f}'.format(test_acc))
```

输出:

```
test Loss:0.470881
test Acc:0.811400
```

●●●●●● 5.16　强化学习应用 ●●●●●

1. 强化学习介绍

强化学习是通过与环境进行交互来学习解决问题的策略的一类算法。与监督、无监督学习不同,强化学习问题并没有明确的"正确的"动作监督信号,算法需要与环境进行交互,获取环境反馈的滞后的奖励信号,因此并不能通过计算动作与"正确动作"之间的误差来优化网络。接下来介绍两种常见的强化学习算法和一个 DQN 算法实例。

2. 两种常见的强化学习算法

(1)Q-Learning

Q-Learning 是强化学习中 value-based 算法,Q 即为 $Q(s,a)$,是指在某一时刻的 s(State)状态下,采取动作 a(Action)所能够获得收益的期望,环境会根据智能体(agent)的动作反馈相应的回报 r(Reward),所以算法的主要思想就是将 State 与 Action 构成一张 Q-Table 来存储 Q 值,然后根据 Q 值来选取能够获得最大收益的动作。一个简单的 Q 表如表 5.16.1 所示。

表 5.16.1 一张 Q 表

Q-Table	A1	A2
S1	$Q(\text{S1},\text{A1})$	$Q(\text{S1},\text{A2})$
S2	$Q(\text{S2},\text{A1})$	$Q(\text{S2},\text{A2})$
S3	$Q(\text{S3},\text{A1})$	$Q(\text{S3},\text{A2})$

Q 矩阵中每个转移状态奖励值计算方法为:

$$Q(\text{状态},\text{动作}) = R(\text{状态},\text{动作}) + \text{Gamma} * \max[Q(\text{下一状态},\text{所有动作})]$$

①基本概念。Q-Learning 算法中有五个基本概念,如表 5.16.2 所示。

表 5.16.2 Q-Learning 的基本概念

概　　念	意　　义
折扣因子(Gamma)	Gamma 参数的范围是 0 ~ 1,如果 Gamma 接近零,Agent 将倾向于仅考虑立即获得的回报;如果 Gamma 接近于 1,则 Agent 将考虑权重更大的将来奖励,并愿意延迟奖励
策略概率(epsilon)	epsilon = 0.8 代表的意思就是 Agent 有 80% 的概率来选择之前的经验中最优策略,剩下的 20% 的概率来进行新的探索
状态(Station)	机器对环境的感知,所有可能的状态称为状态空间,$S = [0,1,2,3,4,\cdots]$
动作(Action)	机器所采取的动作,所有能采取的动作构成动作空间,$A = [0,1,2,3,4,\cdots]$
奖励机制(Reward)	在状态转移的同时,环境反馈给机器一个奖赏

状态、动作和奖励可以构成一个转移矩阵 $\boldsymbol{R}$。$\boldsymbol{R}[x,y]$ 表示状态 x 采取动作 y 所得到的奖励值为 $\boldsymbol{R}[x,y]$,如果状态 x 无法采取动作 y,则 $\boldsymbol{R}[x,y] = -1$。

假设在一个建筑物中有 5 个房间,这些房间通过门相连,如图 5.16.1 左图所示。将每个房间编号为 0 ~ 4,建筑物的外部可以视为一个大房间 5。图中每个房间作为节点,每个门作为链接,每个房间(包括外部房间)称为"状态",从一个房间到另一个房间的移动称为"动作"。当一个人从任意房间向任意房间转移时,可以形成图 5.16.1 右图所示的转移矩阵 $\boldsymbol{R}$,第一列为 station,第一行为 action,不可以转移的房间奖励设置为 -1,可以转移的房间奖励为 0,转移到出口 5 的房间奖励为 100。

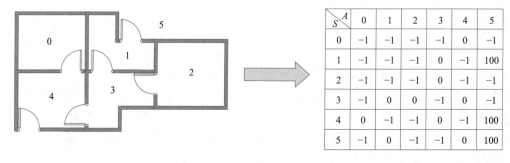

图 5.16.1 转移矩阵获得示意图

Q 矩阵表示在当前状态、动作的情况下整体的奖励值,R 矩阵不会发生变化,而 Q 矩阵每次迭代后都会更新。

②算法流程。Q-Learning 算法流程如表 5.16.3 所示。

表 5.16.3　Q-Learning 算法流程

Q-Learning 算法
1. 设置 gamma 参数,并在矩阵 R 中获得环境奖励
2. 将矩阵 Q 初始化为零
3. 对于每一步: 　　设置当前状态 = 初始状态 　　repeat 　　● 从当前状态中,找到具有最高 Q 值的动作,Q 值计算公式如下, 　　　　$$Q(s_t, a_t) = r(s_t, a_t) + \text{Gamma} * \max[Q(s_{t+1}, a \in A)]$$ 　　● SS 设置当前状态 = 下一个状态 　　until 当前状态 = 目标状态
4. 输出收敛的 Q 矩阵

对于图 5.16.1,最后的 Q 矩阵为

$$
\begin{bmatrix}
0. & 0. & 0. & 0. & 51.2 & 0. \\
0. & 0. & 0. & 64. & 0. & 100. \\
0. & 0. & 0. & 64. & 0. & 0. \\
0. & 80. & 51.2 & 0. & 80. & 0. \\
0. & 0. & 0. & 64. & 0. & 100. \\
0. & 0. & 0. & 0. & 0. & 0.
\end{bmatrix}
$$

由 Q 矩阵可知,当目前状态为 3 时,下一目标为房间 1 和房间 4 的奖励值高于下一目标为房间 2 的,因为通过房间 1 和房间 4 更可能走到外面(即房间 5)。

(2)深度 Q 网络

深度 Q 网络(Deep Q-Learning Network,DQN)借助 TensorFlow 中的 keras 库,搭建深度神经网络,替代 Q-Table 实现 Q 值的计算,并通过不断更新神经网络从而学习到最优的行动路径。如果将神经网络比作一个函数,神经网络代替 Q-Table 其实就是在做函数拟合,也可以称为值函数近似。

①ε-greedy 策略。greedy 策略是一种贪婪策略,它每次都选择使得值函数最大的动作 a,这样对于采样中没有出现过的(state,action)对,由于没有评估,没有 Q 值,之后也不会再被采到。所以在采样动作时 DQN 采用 ε-greedy 策略,即在所有的状态下,用 $1 - \varepsilon$ 的概率来执行当前的最优动作 a_0,ε 的概率来执行其他动作 a_1 或 a_2 等。这样可以获得所有动作的估计值,然后通过慢慢减少 ε 值,最终使算法收敛,并得到最优策略。

②损失函数。DQN 利用梯度下降算法循环更新 Q 网络,损失函数定义为真实值 $(r_t + \gamma \max_{a_t} Q_\theta(s_{t+1}, a))$ 与预测值 $Q_\theta(s_t, a)$ 之间差的平方,即

$$L = \left[r_t + \gamma \max_a Q_\theta(s_{t+1}, a) - Q_\theta(s_t, a_t) \right]^2$$

由于训练目标值和预测值都来自同一网络,所以 DQN 使用了经验回放池技术来减轻数据之间的强相关性,即用一个 Memory 来存储经历过的数据(s_t, a_t, r_t, s_{t+1}),每次更新参数的时候从 Memory 中抽取一部分的数据来用于更新,以此来打破数据间的关联。并通过冻结目标网络技术来固定目标估值网络,稳定训练过程。

③算法流程。DQN 算法流程如表 5.16.4 所示。

表 5.16.4　DQN 算法流程

DQN 算法
1. 随机初始化参数 θ
2. repeat 　　复位并获得游戏初始状态 　　repeat 　　● 采样动作 $a = \pi^\varepsilon(s) = \begin{cases} \underset{a}{\mathrm{argmax}}\ Q^\pi(s, a), & 1 - \varepsilon\ \text{的概率} \\ \text{随机选取动作}, & \varepsilon\ \text{的概率} \end{cases}$ 　　● 与环境交互,获得奖励 r 和下一状态 s_{t+1} 　　● 优化 Q 网络: $$\nabla_\theta\left(r(s_t, a_t) + \gamma \max_{a_{t+1}} Q^*(s_{t+1}, a_{t+1}) - Q^*(s_t, a_t)\right)$$ 　　● 刷新状态 $s \leftarrow s'$ 　　until 回合结束 　　until 训练回合数达到要求
3. 输出 策略网络 $\pi_\theta(a_t \mid s_t)$

④流程图。DQN 对应的流程图如图 5.16.2 所示。

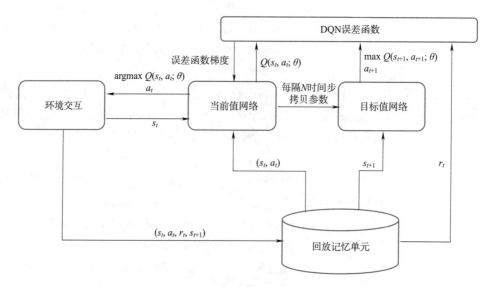

图 5.16.2　DQN 流程图

3. DQN 训练平衡车游戏

（1）平衡车游戏

强化学习算法可以通过大量的虚拟游戏环境来测试，Gym 模块则是一个用于开发和实现强化学习算法的工具包，通过 Python 语言只需要少量代码即可完成一个游戏的创建与交互。Gym 环境包括了众多简单的经典控制小游戏，如平衡车、过山车等。本实例调用 Gym 中的平衡车游戏进行训练。

平衡车游戏系统包含了三个物体：滑轨、小车和杆。如图 5.16.3 所示，小车可以自由在滑轨上移动，杆的一侧通过轴承固定在小车上。在初始状态，小车位于滑轨中央，杆竖直立在小车上，智能体通过控制小车的左右移动来控制杆的平衡，当杆与竖直方向的角度大于某个角度或者小车偏离滑轨中心位置一定距离后即视为游戏结束。游戏时间越长，游戏给予的回报也就越多，智能体的操控水平也越高。

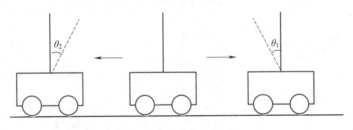

图 5.16.3 平衡车游戏

（2）实例

接下来使用 TensorFlow 搭建一个 DQN 模型进行平衡车的训练。

①导入使用的库。操作代码如下所示：

```
import collections
import random
import gym,os
import  numpy as np
import  tensorflow as tf
from    tensorflow import keras
from    tensorflow.keras import layers,optimizers,losses
```

②创建游戏环境，设置超参数。操作代码如下所示：

```
env = gym.make('CartPole - v1')      #创建游戏环境
env.seed(1234)
tf.random.set_seed(1234)
np.random.seed(1234)
os.environ[ 'TF_CPP_MIN_LOG_LEVEL'] = '0'
assert tf.__version__.startswith('2.')

learning_rate = 0.0002              #超参数
gamma = 0.99
buffer_limit = 50000
batch_size = 32
```

③定义经验放回池类。操作代码如下所示：

```
class ReplayBuffer():
    #经验回放池
    def __init__(self):
        self.buffer = collections.deque(maxlen = buffer_limit)    #双向队列

    def put(self, transition):
        self.buffer.append(transition)

    def sample(self, n):
        mini_batch = random.sample(self.buffer, n)    #从回放池采样 n 个 5 元组
        s_lst, a_lst, r_lst, s_prime_lst, done_mask_lst = [], [], [], [], []
        for transition in mini_batch:                 #按类别进行整理
            s, a, r, s_prime, done_mask = transition
            s_lst.append(s)
            a_lst.append([a])
            r_lst.append([r])
            s_prime_lst.append(s_prime)
            done_mask_lst.append([done_mask])
        # 转换成 Tensor
        return tf.constant(s_lst, dtype = tf.float32), \
                       tf.constant(a_lst, dtype = tf.int32), \
                       tf.constant(r_lst, dtype = tf.float32), \
                       tf.constant(s_prime_lst, dtype = tf.float32), \
                       tf.constant(done_mask_lst, dtype = tf.float32)

    def size(self):
        return len(self.buffer)
```

④定义 Q 网络。DQN 中有两个神经网络：一个是参数相对固定的网络，称为 target-net，进行正向传播得到 q-target 数值；另一个为 eval-net 网络进行反向传播训练，用来获取 q-eval 数值。在训练神经网络参数时用到的损失函数即为 loss = q_target-q_eval。

平衡车游戏的状态是长度为 4 的向量，因此 Q 网络的输入设计为 4 个节点，经三层全连接层，得到输出节点数为 2 的 Q 函数估值的分布 $Q_\theta(s_t, a)$。操作代码如下所示：

```
class Qnet(keras.Model):
    def __init__(self):    #创建 Q 网络，输入为状态向量，输出为动作的 Q 值
        super(Qnet, self).__init__()
        self.fc1 = layers.Dense(256, kernel_initializer = 'he_normal')
        self.fc2 = layers.Dense(256, kernel_initializer = 'he_normal')
        self.fc3 = layers.Dense(2, kernel_initializer = 'he_normal')

    def call(self, x, training = None):
        x = tf.nn.relu(self.fc1(x))
        x = tf.nn.relu(self.fc2(x))
```

```
        x = self.fc3(x)
        return x

    def sample_action(self,s,epsilon):
        s = tf.constant(s,dtype = tf.float32)
        s = tf.expand_dims(s,axis = 0)
        out = self(s)[0]
        coin = random.random()
        if coin < epsilon:              #ε-greedy 策略
            return random.randint(0,1)
        else:
            return int(tf.argmax(out))
```

⑤定义训练函数。定义训练函数,在优化 Q 网络时,每次从经验回放池中随机采样,操作代码如下所示:

```
def train(q,q_target,memory,optimizer):
    huber = losses.Huber()
    for i in range(10):        #训练 10 次
        s,a,r,s_prime,done_mask = memory.sample(batch_size)     #从缓冲池采样
        with tf.GradientTape() as tape:
            q_out = q(s)    #得到 Q(s,a)的分布
            indices = tf.expand_dims(tf.range(a.shape[0]),axis = 1)
            indices = tf.concat([indices,a],axis = 1)
            q_a = tf.gather_nd(q_out,indices)     #动作的概率值
            q_a = tf.expand_dims(q_a,axis = 1)
            max_q_prime = tf.reduce_max(q_target(s_prime),axis = 1,keepdims =
True)     #得到 Q(s',a)的最大值
            target = r + gamma*max_q_prime*done_mask  #构造 Q(s,a_t)的目标值
            loss = huber(q_a,target)      #计算 Q(s,a_t)与目标值的误差
        grads = tape.gradient(loss,q.trainable_variables)     #更新网络
        optimizer.apply_gradients(zip(grads,q.trainable_variables))
```

⑥定义 main( )函数并执行。网络训练 1 000 次,在每次开始时复位游戏,得到初始状态 s,并从当前 Q 网络中进行动作采样,与环境交互得到五元组,并存入经验回放池。根据误差优化 q-eval 值,直到本次游戏结束。操作代码如下所示:

```
def main():
    env = gym.make('CartPole-v1')  #创建环境
    q = Qnet()                     #创建 Q 网络
    q_target = Qnet()              #创建影子网络
    q.build(input_shape = (2,4))
    q_target.build(input_shape = (2,4))
    for src,dest in zip(q.variables,q_target.variables):
        dest.assign(src)           #影子网络权值来自 Q
    memory = ReplayBuffer()        #创建回放池

    print_interval = 20
    score = 0.0
```

```
        optimizer = optimizers.Adam(lr = learning_rate)

    for n_epi in range(1000):          #训练次数
        epsilon = max(0.01, 0.08-0.01*(n_epi/200))   # epsilo 概率从 8% 到 3% 衰
减,越到后面使用 Q 值最大的动作
        s = env.reset()                #复位环境
        for t in range(600):           #一个回合最大时间戳
            a = q.sample_action(s, epsilon)    #根据当前 Q 网络提取策略,并改进策略
            s_prime, r, done, info = env.step(a)    #使用改进的策略与环境交互
            done_mask = 0.0 if done else 1.0    #结束标志掩码
            memory.put((s, a, r/100.0, s_prime, done_mask))    #保存五元组
            s = s_prime                #刷新状态
            score += r                 #记录总回报
            if done:                   #回合结束
                break

        if memory.size() > 2000:       #缓冲池只有大于 2000 才可以训练
            train(q, q_target, memory, optimizer)

        if n_epi% print_interval == 0 and n_epi != 0:
            for src, dest in zip(q.variables, q_target.variables):
                dest.assign(src)  #影子网络权值来自 Q
            print("# of episode:{}, avg score:{:.1f}, buffer size:{}," \
                  "epsilon:{:.1f}% " \
                    .format(n_epi, score/print_interval, memory.size(), epsilon
* 100))
            score = 0.0
    env.close()

if __name__ == '__main__':
    main()
```

输出:

```
#of episode:20, avg score:10.8, buffer size:217, epsilon:7.9%
#of episode:40, avg score:9.9, buffer size:416, epsilon:7.8%
#of episode:60, avg score:9.8, buffer size:613, epsilon:7.7%
......
#of episode:560, avg score:259.0, buffer size:20324, epsilon:5.2%
#of episode:580, avg score:270.1, buffer size:25726, epsilon:5.1%
#of episode:600, avg score:246.3, buffer size:30652, epsilon:5.0%
......
#of episode:940, avg score:92.7, buffer size:50000, epsilon:3.3%
#of episode:960, avg score:70.6, buffer size:50000, epsilon:3.2%
#of episode:980, avg score:73.7, buffer size:50000, epsilon:3.1%
```

由输出可知,在第 580 次左右小车得到了最高分。

习 题 5

5.1 简述张量的定义,并写出张量的四种形式。

5.2 写出使用 keras 加载以下数据集的方法:Boston 房价预测数据集、CIFAR-100 图片数据集、MNIST 手写数字图片数据集、REUTERS 路透社新闻数据集。

5.3 说明卷积神经网络的训练过程。

5.4 计算卷积 $\begin{bmatrix} 1 & -1 & 0 \\ -1 & -2 & 2 \\ 1 & 2 & -2 \end{bmatrix} \circledast \begin{bmatrix} -1 & 1 & 2 \\ 1 & -1 & 3 \\ 0 & -1 & -2 \end{bmatrix}$。

5.5 如图习题 5.1 所示,右边为转移矩阵 R,Gamma $=0.8$。计算从房间 4 出发得到的 Q 值。

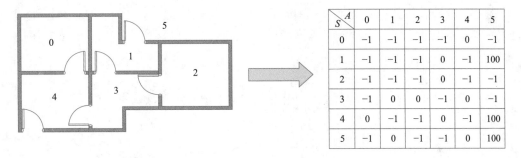

S \ A	0	1	2	3	4	5
0	-1	-1	-1	-1	0	-1
1	-1	-1	-1	0	-1	100
2	-1	-1	-1	0	-1	-1
3	-1	0	0	-1	0	-1
4	0	-1	-1	-1	-1	100
5	-1	0	-1	-1	0	100

图习题 5.1

第6章

机器学习实验分析

前5章详细地介绍了机器学习的理论基础、Python语言的基础操作、机器学习工具Scikit-learn和深度学习工具TensorFlow,本章将基于前5章内容给出10个机器学习相关实验:线性回归、决策树、支持向量机、朴素贝叶斯、关联学习、聚类、人工神经网络、卷积神经网络、循环神经网络、强化学习算法。使用户通过这10个实验掌握机器学习实验的相关程序,加深对机器学习算法的理解,增强建立模型与实践操作的能力。

●●●●●● 6.1 线性回归实验 ●●●●●●

1.实验内容

在各品牌销售产品的过程中,广告是不可避免的推销手段。现有某品牌关于200个产品3个渠道广告投入和销售利润的观测值,如表6.1.1所示。

表6.1.1 广告投入与销售利润

序 号	TV	Radio	Newspaper	Profit
0	230.1	37.8	69.2	221
1	44.5	39.3	45.1	104
2	17.2	45.9	69.3	93
3	151.5	41.3	58.5	185
4	180.8	10.8	58.4	129
5	8.7	48.9	75	72
6	57.5	32.8	23.5	118
7	120.2	19.6	11.6	132
…	…	…	…	…

其中,TV、Radio、Newspaper分别表示对某一产品投入的电视、广播、报纸三种广告费用,Profit为对应产品的销售利润,均以千元为单位。

接下来需要通过不同的广告投入,预测产品销售利润。将三种广告投入方法(TV、Radio、Newspaper)作为变量,销售利润(Profit)作为标签,使用线性回归算法对这200个观测值进行拟合,对于三个变量值可以得到一个 $y = w_1 * x_1 + w_2 * x_2 + w_3 * x_3 + b$ 三元线性方程,即求解 (w_1, w_2, w_3, b) 这四个参数值。

2. 实验流程

(1)实验步骤

①首先调用一些库。调用 Pandas、matplotlib、sklearn 模块。

②导入 Advertising. csv 数据集。

③数据清理。

④使用 LinearRegression 进行线性回归。

⑤测试结果可视化。

(2)实验代码

①调用相关的库。调用 pandas 读取数据集;调用 matplotlib 对结果进行可视化;sklearn 库用于构建线性回归模型,并进行预测、回归、打分等多种操作。代码如下:

```
import pandas as pd
from sklearn.linear_model import LinearRegression
import matplotlib.pyplot as plt
from sklearn.cross_validation import train_test_split
import numpy as np
```

②导入 Advertising. csv 数据集。因为数据集为 csv 格式,所以使用 pandas 中的 read_csv 模块进行读取,代码如下:

```
#通过 read_csv 读取数据集
adv_data = pd.read_csv("Advertising.csv")
#得到所需要的数据集且查看其前几列及数据形状
new_adv_data = adv_data.iloc[:,0:]
print('head:',new_adv_data.head(5),'\nShape:',new_adv_data.shape)
```

输出:

```
head:       TV    radio   newspaper   profit
      0  230.1   37.8      69.2       221
      1   44.5   39.3      45.1       104
      2   17.2   45.9      69.3        93
      3  151.5   41.3      58.5       185
      4  180.8   10.8      58.4       129
Shape:(200,4)
```

③数据处理。

对 Advertising. csv 数据集进行缺失值处理,并对数据进行简单描述。使用 train_test_split( )函数随机划分训练集和测试集,将数据集中80%的数据作为训练集,将数据集中20%的数据作为测试集,代码如下:

```
print('数据描述:\n',new_adv_data.describe())
#缺失值检验
print('缺失值检验:\n',new_adv_data[new_adv_data.isnull()==True].count())

#相关系数矩阵 r(相关系数)=x和y的协方差/(x的标准差*y的标准差)
print('相关系数:\n',new_adv_data.corr())

#利用sklearn里面的包来对数据集进行划分,以此来创建训练集和测试集
X_train,X_test,Y_train,Y_test=train_test_split(new_adv_data.ix[:,:3],new_
adv_data.profit,train_size=.80)

print("原始数据特征:",new_adv_data.ix[:,:3].shape,
       ",训练数据特征:",X_train.shape,
       ",测试数据特征:",X_test.shape)

print("原始数据标签:",new_adv_data.profit.shape,
       ",训练数据标签:",Y_train.shape,
       ",测试数据标签:",Y_test.shape)
```

输出:

```
数据描述:
              TV          radio       newspaper       profit
count  200.000000   200.000000    200.000000    200.000000
mean   147.042500    23.264000     30.554000    140.225000
std     85.854236   214.846809     21.778621     52.174556
min      0.700000     0.000000      0.300000     16.000000
25%     74.375000     9.975000     12.750000    103.750000
50%    149.750000    22.900000     25.750000    129.000000
75%    218.825000    36.525000     45.100000    174.000000
max    296.400000    49.600000    114.000000    270.000000
缺失值检验:
TV         0
radio      0
newspaper  0
profit     0
dtype:int64
相关系数:
              TV        radio     newspaper     profit
TV         1.000000   0.054809   0.056648    0.782224
radio      0.054809   1.000000   0.354104    0.576223
newspaper  0.056648   0.354104   1.000000    0.228299
profit     0.782224   0.576223   0.228299    1.000000
原始数据特征:(200,3),训练数据特征:(160,3),测试数据特征:(40,3)
原始数据标签:(200,),训练数据标签:(160,),测试数据标签:(40,)
```

④使用 LinearRegression 进行多元线性回归。sklearn 中封装了一个 LinearRegression( ) 模块,调用 fit( ) 函数来拟合数据,调用 score( ) 函数获得模型在测试集下的准确率。由

于 train_test_split( )函数进行数据集划分时具有随机性,所以每次运行结果也不相同。代码如下:

```
model = LinearRegression()
model.fit(X_train,Y_train)
score = model.score(X_test,Y_test)
print('SCORE:',score)
print("最佳拟合:截距",model.intercept_,"\n 回归系数",model.coef_)
W = model.coef_
print('profit = % 1.6f* TV +% 1.6f * radio +% 1.6f * NEWS +% 1.6f'% (W[0],
W[1],W[2],model.intercept_))
```

输出:

```
SCORE:0.9133481170157394
最佳拟合:截距 29.111352274848016
         回归系数 [0.45619867  1.92265918 - 0.02824401]
profit = 0.456199* TV + 1.922659 * radio + - 0.028244 * NEWS + 29.1113524
```

⑤测试结果可视化。调用 predict( )函数对测试集进行预测。由于无法画出四元函数图像,为了直观感受模型拟合效果,将测试集通过训练好的线性回归模型得到的预测结果和真实值打印在同一张图上。具体代码如下,运行结果如图 6.1.1所示。

```
np.set_printoptions(precision = 6,suppress = True)#误差保留六位小数
Y_pred = model.predict(X_test)
print('预测误差:\n', (Y_pred-Y_test).values)
print(' = '* 20,'测试结果可视化',' = '* 20)
plt.plot(range(len(Y_pred)),Y_pred,'b',label = "predict",,ls = ' - -')
plt.plot(range(len(Y_pred)),Y_test,'r',label = "test")
plt.legend(loc = "upper right")#显示图中的标签
plt.xlabel("the number of profit")
plt.ylabel('value of profit')
plt.show()
```

输出:

```
预测误差:
[ -19.057971      1.98229    19.473629    1.923055    -6.219642  -10.283542
  -11.424837      9.258101  -16.195303    0.395252    -2.042805  -10.295558
    9.878005     -0.55681    -9.607442   -9.180791   -14.850393   21.231889
  -24.241122      2.224565   -3.480903   21.123622   -11.205383   27.752655
    1.157759    -22.129972   -6.728655   10.903131    -3.835277   -1.73696
   20.511077     -9.000425  -18.199343  -12.462806   28.959223   35.796841
   19.698894    -18.844614  -17.182704   -6.96264]
======================测试结果可视化======================
```

在第④步中模型在测试集上的预测分数 0.91,结合图 6.1.1 可知,该线性回归模型在测试集上也有较好的拟合效果。

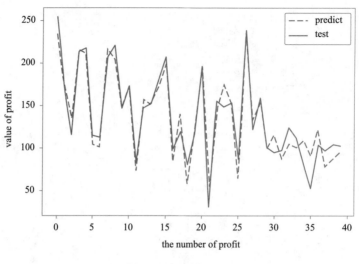

图 6.1.1 拟合效果

6.2 决策树实验

1. 实验内容

对于天气是否适合打网球可以通过以往经验来进行判断。现有 14 天的天气指标与当天是否能打网球的观测值，如表 6.2.1 所示。

表 6.2.1 观测值表

Day	Weather	Temperature	Humidity	Wind	PlayTennis
1	Sunny	Hot	High	Weak	No
2	Sunny	Hot	High	Strong	No
3	Overcast	Hot	High	Weak	Yes
4	Rainy	Mild	High	Weak	Yes
5	Rainy	Cool	Normal	Weak	Yes
6	Rainy	Cool	Normal	Strong	No
7	Overcast	Cool	Normal	Strong	Yes
8	Sunny	Mild	High	Weak	No
9	Sunny	Cool	Normal	Weak	Yes
10	Rainy	Mild	Normal	Weak	Yes
11	Sunny	Mild	Normal	Strong	Yes
12	Overcast	Mild	High	Strong	Yes
13	Overcast	Hot	Normal	Weak	Yes
14	Rainy	Mild	High	Strong	No

246

该数据集共有 14 个样本,每个样本有四个离散化特征,分别为天气(Weather)、温度(Temperature)、湿度(Humidity)、风力(Wind)。最后一列为类别标签,表示是否打网球。现在训练一个决策树分类器,使得输入四个特征后,分类器能判断出今天天气是否适合打网球。

2. 实验流程

(1)实验步骤

①首先调用一些库。调用 pandas、sklearn、pydotplus、IPython 模块。

②导入 tennis. xlsx 数据集。

③数据预处理。

④划分数据集。

⑤调用 DecisionTreeClassifier( )建立决策树模型进行训练。

⑥决策树图形可视化。

(2)实验代码

①调用相关的库。调用 Pandas 库读取数据集;调用 sklearn 库用于构建决策树模型,并进行预测、分类、打分等多种操作;使用 pydotplus 生成训练好的决策树;使用 IPython 对模型结果进行可视化。代码如下:

```
import pandas as pd
from sklearn.feature_extraction import DictVectorizer
from sklearn import preprocessing
from sklearn.model_selection import train_test_split
from sklearn.tree import DecisionTreeClassifier
from sklearn.tree import export_graphviz
from sklearn.externals.six import StringIO
from sklearn.metrics import precision_recall_curve
from sklearn.metrics import classification_report
import pydotplus
from IPython.display import display,Image
```

②导入数据集。使用 pandas 导入数据集,代码如下:

```
data = pd.read_excel('./tennis.xlsx')
data = pd.DataFrame(data)
valuedata = data.values            #表中的数据
header = list(data.columns)[1:6]   #表头
print('title:',header)
featureList =[]                    #用于存放处理后得到的字典
labelList = data['PlayTennis']     #存放表中标签
```

输出:

```
title:['Weather','Temperature','Humidity','Wind','PlayTennis']
```

③数据预处理。使用列表存放处理后得到的字典,并将字典进行特征提取获得对应矩阵;将标签数据由 series 转为 0/1 数组,标签 YES 为 1,NO 为 0,代码如下:

```
for value in valuedata:
    featureDict = {}
    for i in range(4):
        featureDict[header[i]] = value[i+1]
    featureList.append(featureDict)

#特征向量化处理
vec = DictVectorizer()
x = vec.fit_transform(featureList).toarray()
lb = preprocessing.LabelBinarizer()
y = lb.fit_transform(labelList)
print(len(featureList), x.shape)
print(type(featureList), type(x))
print('标签为:', y.T)
```

输出:

```
14 (14,10)
<class 'list'> <class 'numpy.ndarray'>
标签为:[[0 0 1 1 1 0 1 0 1 1 1 1 1 0]]
```

④划分数据集。使用 train_test_split( )函数将数据集划分为训练集和测试集,其中测试集占数据集20%,训练集占数据集80%。使用 scaler. transform( )函数将划分后的数据集进行标准化处理,得到标准化矩阵。代码如下:

```
x_train, x_test, y_train, y_test = train_test_split(x, y, test_size=0.2)
scaler = preprocessing.StandardScaler().fit(x_train)
#标准化
x1_train = scaler.transform(x_train)
x1_test = scaler.transform(x_test)
print('训练集大小:', x1_train.shape)
print('测试集大小:', x1_test.shape)
```

输出:

```
训练集大小:(11,10)
测试集大小:(3,10)
```

⑤建立决策树模型进行训练。Sklearn 中 DecisionTreeClassifier( )模块,默认使用 gini 系数作为特征选择指标,打印出模型在训练集和测试集上的分数和预测结果,并打印出在14个样本上的分类指标(classificatin-report),代码如下:

```
clf = DecisionTreeClassifier()#criterion = 'entropy'
clf.fit(x_train, y_train)
print(clf.score(x_train, y_train))
y_pre = clf.predict(x1_test)
print(clf.score(x1_test, y_test))

#对原始数据进行预测
print('训练集预测结果:', clf.predict(x_train))
print('训练集对应标签:', y_train.T)
```

```
print('测试集预测结果:',clf.predict(x_test))
print('测试集对应标签:',y_test.T)

precision,recall,thresholds=precision_recall_curve(y_train,clf.predict(x_
train))
answer=clf.predict_proba(x)[:,1]
print(classification_report(y,answer,target_names=['NO','YES']))
```

输出:

```
1.0
0.6666666666666666
训练集预测结果:[0 1 1 1 1 1 0 1 1 0 1]
训练集对应标签:[[0 1 1 1 1 1 0 1 1 0 1]]
测试集预测结果:[1 0 1]
测试集对应标签:[[0 0 1]]
              precision    recall    f1-score    support
       NO         1.00       0.80       0.89         5
       YES        0.90       1.00       0.95         9
 avg/total        0.94       0.93       0.93        14
```

由输出可知,对训练过的数据做预测,准确率是100%。但是,最后将测试集进行预测,会出现一个测试样本分类错误。将每个数据预测结果与真实标签打印出来可以直观地看出测试集有一个样本分类错误。

打印出模型的准确率、召回率与f1分数。可以看到标签为YES(即label=1)的准确率为0.9,因为分类器分出来10个YES,其中正确的有9个,则分为YES的准确率为$9 \div 10 = 0.9$;标签为YES的召回率为1,因为数据集中有9个YES,分类器都把它们分对了。

标签为NO(即label=0)的准确率为1,是因为分类器分出来的4个NO都是正确的;而召回率为0.8,是因为数据集中有5个NO,分类只分出来4个,则召回率为$4 \div 5 = 0.8$。

以上结果说明本例的决策树对训练集的规则吸收得很好,但是预测性稍差。

⑥决策树图形可视化。使用export_graphviz()对训练好的决策树模型进行可视化,代码如下,运行结果如图6.2.1所示。

```
dot_data=StringIO()
export_graphviz(clf,out_file=dot_data,
                feature_names=vec.get_feature_names(),
                filled=True,rounded=True,
                special_characters=True)
graph=pydotplus.graph_from_dot_data(dot_data.getvalue())
graph.write_png('tennis.jpg')
display(Image(graph.create_png()))
```

输出:

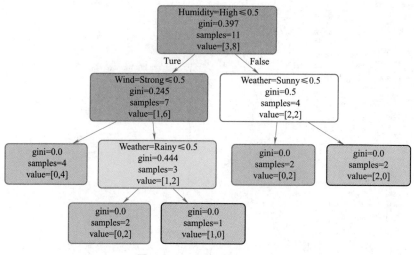

图 6.2.1　决策树运行结果

●●●●●● 6.3　支持向量机实验 ●●●●●●

1. 实验内容

有经验的渔业生产从业者可以通过观察水色变化调控水质,来维持养殖水体生态系统中的浮游植物、微生物、浮游动物等的动态平衡,然而这些判断是通过经验和肉眼观察得出的,存在主观性引起的观察性偏差,使观察结果的可比性、可重复性降低,不易推广使用。而计算机视觉处理后的图片可以以机器学习算法为基础,对水色进行优劣分级,实现对水色的准确快速判别。鱼塘中主要水色分类如表 6.3.1 所示。

表 6.3.1　鱼塘中主要水色分类

水色	浅绿	灰蓝	黄褐	茶褐	绿
类别	1	2	3	4	5

每次从不同鱼塘抽取的水质图片有多张,保存在同一文件夹下,如图 6.3.1 所示。

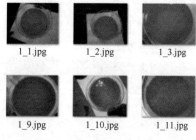

1_1.jpg　　1_2.jpg　　1_3.jpg

1_9.jpg　　1_10.jpg　　1_11.jpg

图 6.3.1　鱼塘水质颜色示意图

对于一张水质图片,其颜色分布完全可以看作一种概率分布,图像就可以由各阶矩描述。颜色矩包含各个颜色的一阶矩、二阶矩和三阶矩,一个 RGB 图像有 R、G、B 三个通道,共 9 个分量。由于收集到的水质图片有噪音,所以选用图片中间 100×100 的区域进行剪裁获得颜色矩。部分水质图片的颜色矩如表 6.3.2 所示。

表 6.3.2 部分水质图片的颜色矩

类别	序号	通道一阶矩			通道二阶矩			通道三阶矩		
		R	G	B	R	G	B	R	G	B
1	10	0.641 66	0.570 657	0.213 728	0.015 439	0.011 178	0.013 708	0.009 727	−0.003 72	−0.003 78
1	17	0.618 460	0.539 302	0.273 901 3	0.008 856 1	0.005 895 3	0.014 474 3	0.003 110 1	0.003 430	0.014 804 3
2	40	0.532 456	0.533 564	0.289 196	0.010 209	0.007 347	0.008 436	0.005 367	0.003 457	0.003 418
2	4	0.511 565	0.554 247	0.391 088	0.008 325	0.005 975	0.009 507	0.001 103	−0.001 74	−0.003 15
3	29	0.564 716	0.500 435	0.093 97	0.008 31	0.007 206	0.009 883	−0.003 01	−0.003 1	−0.004 24
3	8	0.554 418	0.544 463	0.245 813	0.008 16	0.006 88	0.009 639	−0.003 28	−0.003 52	−0.006 32
4	10	0.460 341	0.482 263	0.245 450 0	0.010 135 4	0.006 233 3	0.011 394 1	0.004 247 9	−0.002 441	0.004 048 5
4	19	0.481 706	0.477 087	0.206 007	0.008 12	0.006 27	0.011 846	0.004 23	−0.002 05	−0.006 97
5	6	0.583 931	0.581 051	0.350 722	0.012 861	0.011 9	0.017 613	−0.007 56	−0.009	−0.016 1
5	4	0.441 174	0.515 171	0.195 449 5	0.012 272 2	0.008 599	0.015 742 8	−0.006 934	−0.004 903	0.008 985 4

数据集保存在程序目录下的 moment. csv 文件中。利用给出的已分类数据,训练一个支持向量机模型实现水质图片多分类。

2. 实验流程

(1)实验步骤

①调用一些库。调用 pandas、numpy、sklearn 库。

②导入 moment. csv 数据集。

③数据集预处理。

④调用 SVC( )函数建立 SVM 模型。

⑤计算混淆矩阵。

(2)实验代码

①调用相关库。调用 pandas 读取数据集;调用 numpy 打乱数据集;调用 sklearn 库用于构建支持向量机模型,并进行预测、分类、打分等多种操作。代码如下:

```
import pandas as pd
import numpy as np
from sklearn import svm
from sklearn import metrics
```

②导入数据集。使用 pandas 模块导入数据集,并将 DataFrame 格式数据转为数组格式,代码如下:

```
inputfile = './moment.csv'
data = pd.read_csv(inputfile,encoding = 'gbk')    #读取数据,指定编码为 gbk
data = data.iloc[ :,:].values    #将 DataFrame 转为数组
print('数据集大小:',data.shape)
```

输出:

```
数据集大小:(203,11)
```

③数据集预处理。使用 numpy 库中 np. random. shuffle( )函数对数据集进行随机排序,并划分测试集和训练集。由表 6.3.2 可知数据特征的区间极为接近[0,1],直接输入支持向量机中区分度很小,于是将数据统一乘以一个数值进行特征放大,扩大区分度。代码如下:

```
np.random.shuffle(data)                        #对 numpy 的数组进行重新随机排序

data_train = data[:int(0.8* len(data)),:]      #选取80% 为训练数据
data_test = data[int(0.8* len(data)):,:]       #选取20% 为测试数据
print('训练集大小:',data_train.shape)
print('测试集大小:',data_test.shape)

print('截取颜色矩数据')
x_train = data_train[ :,2:] * 30               #放大特征
x_test = data_test[ :,2:] * 30                 #放大特征
print('处理后训练集大小:',x_train.shape)
```

```
print('处理后测试集大小:', x_test.shape)

print('截取标签')
y_train = data_train[ :,0].astype(int)
y_test = data_test[ :,0].astype(int)
print('处理后训练集标签大小:', y_train.shape)
print('处理后测试集标签大小:', y_test.shape)
```

输出:

```
训练集大小:(162,11)
测试集大小:(41,11)
截取颜色矩数据
处理后训练集大小:(162,9)
处理后测试集大小:(41,9)
截取标签
处理后训练集标签大小:(162,)
处理后测试集标签大小:(41,)
```

④建立支持向量机模型进行训练。使用 SVM 模块中的 SVC( )函数建立支持向量机模型。其中,参数如下:

- 惩罚系数 C 设置为 1.0,对边界内的噪声容忍度小。
- 核函数 kernel 设置为高斯核函数。
- 核函数系数设置为 auto,即高斯核系数为样本特征数的倒数 $1/9$。

具体代码如下:

```
#导入模型相关的函数,建立并且训练模型
model = svm.SVC(C = 1.0, kernel = 'rbf', degree = 3, gamma = 'auto')
model.fit(x_train, y_train)

print('模型在训练集上的准确率:', model.score(x_train, y_train))   # 评价模型训练
的准确率
print('模型在测试集上的准确率:', model.score(x_test, y_test))
```

输出:

```
模型在训练集上的准确率:0.9629629629629629
模型在测试集上的准确率:0.8536585365853658
```

⑤计算混淆矩阵。通过计算出测试集和训练集在模型上的混淆矩阵,可以直观看出模型训练效果,代码如下:

```
cm_train = metrics.confusion_matrix(y_train, model.predict(x_train))     #训练
数据的混淆矩阵
cm_test = metrics.confusion_matrix(y_test, model.predict(x_test))     #测试数
据的混淆矩阵
print('训练集混淆矩阵:\n', cm_train)
print('测试集混淆矩阵:\n', cm_test)

print('测试集真实标签:\n', y_test)
print('测试集预测结果:\n', model.predict(x_test))
```

输出：

```
训练集混淆矩阵：
[[38  1  2  0  0]
 [ 1 37  0  0  0]
 [ 0  0 61  0  0]
 [ 0  0  2 16  0]
 [ 0  0  0  0  4]]
测试集混淆矩阵：
[[10  0  0  0  0]
 [ 1  5  0  0  0]
 [ 1  0 15  1  0]
 [ 0  0  2  4  0]
 [ 0  1  0  0  1]]
测试集真实标签：
[1 3 3 3 2 1 2 3 5 3 1 3 3 1 3 4 4 3 4 1 4 3 4 3 1 2 2 5 2 4 1 3 1 2 1 3 3 3 3 1 3]
测试集预测结果：
[1 3 3 4 2 1 1 3 2 3 1 1 3 1 3 3 4 3 4 1 4 3 4 3 1 2 2 5 2 3 1 3 1 2 1 3 3 3 3 1 3]
```

在混淆矩阵中，列代表真实值，行代表预测结果。

以测试集中真实标签值为 3 的数据为例，有 1 条数据被预测为 1，有 15 条预测为 3，另一条为 4，与混淆矩阵一致。

●●●●●● 6.4 朴素贝叶斯分类器实验 ●●●●●●

1. 实验内容

对于电子邮箱来说，垃圾邮件是一个普遍存在的问题。常见的垃圾邮件内容有："×××省统一普通国税商品销售发票，服务发票，运输发票代开，税点优惠！联系人：××先生 联系电话：×××手机：××× E-mail：××"、"高价回收办公设备（复印机、打印机、电脑等），有意者邮件联系"等。作为电子邮箱的运营商，希望通过检测出这些垃圾邮件并屏蔽，从而提高用户使用体验。对于纯人工检测垃圾邮件，需要耗费大量的人力，效率也十分低下，引入自动分类机制，必将大大提升工作效率。

现有 5 000 条正常邮件和 5 001 条垃圾邮件，分为两个文件（ham_5000. utf8、spam_5001. utf8）保存。整个数据集保存在程序目录中 data 文件夹下。利用给出的两个数据集训练一个朴素贝叶斯分类器，实现垃圾邮件的自动检测。

2. 实验代码

（1）实验步骤

①首先调用一些库。调用 pandas、jieba、sklearn 等库。

②导入数据集。

③数据集预处理。

④数据向量化。

⑤划分测试集与训练集。

⑥使用 MultinomialNB( ) 建立朴素贝叶斯模型。

（2）实验代码

①调用相关库。调用 pandas 将读取的数据格式化为 DataFrame；调用 jieba 对邮件进行分词；调用 numpy 生成全 1 和全 0 向量；调用 codecs 加载停用词文档；sklearn 库用于构建朴素贝叶斯分类器，并进行预测、分类、打分等多种操作。代码如下：

```python
import pandas as pd
import jieba
import codecs
import numpy as np
from sklearn.feature_extraction.text import CountVectorizer
from sklearn.model_selection import train_test_split
from sklearn.naive_bayes import MultinomialNB
from sklearn import metrics
```

②导入数据集。使用 readlines( ) 函数按行读取两种邮件，代码如下：

```python
ham_dataPath = r"./ham_5000.utf8"
spma_dataPath = r"./spam_5001.utf8"
with open(ham_dataPath,encoding = 'utf-8')as f:
    ham_txt_list = f.readlines()
with open(spma_dataPath,encoding = "utf-8")as f:
    spam_txt_list = f.readlines()

print('正常邮件共有% d 封.'% (len(ham_txt_list)))
print('垃圾邮件共有% d 封.'% (len(spam_txt_list)))

print('第四封正常邮件:',ham_txt_list[3])
print('第一封垃圾邮件:',spam_txt_list[0])
```

输出：

正常邮件共有 5 000 封.

垃圾邮件共有 5 001 封.

第四封正常邮件：微软中国研发啥?本地化? 新浪科技讯 8 月 24 日晚 10 点,微软中国对外宣布说,在 2006 财年(2005 年 7 月 - 2006 年 6 月),公司将在中国招聘约 800 名新员工. 其中,一半以上的新聘人员将为研发人员,其他将是销售、市场和服务人员.同时,有近 300 个职位将面向新毕业的大学本科生、硕士研究生、MBA 和博士生. 在 2005 财年,微软在中国的业务取得了骄人成绩,成为微软全球增长速度最快的子公司之一.

第一封垃圾邮件:有情之人,天天是节.一句寒暖,一线相喧;一句叮咛,一笺相传;一份相思,一心相盼;一份爱意,一生相恋.搜寻 201:::http://201.855.com 在此祝大家七夕情人快乐! 搜寻 201 友情提示:::2005 年七夕情人节:8 月 11 日——别忘了给她(他)送祝福哦!

③数据集预处理。为节省存储空间和提高搜索效率,在数据集进行分词后删去停用词,代码如下：

```python
#加载停用词
stopwords = codecs.open(r'./stopwords.txt','r','UTF8').read().split('\n')
#结巴分词,过滤掉停用词
def filtration(input_list):
    output_list =[]
    for txt in input_list:
```

```
        words =[]
        seg_list = jieba.cut(txt)
        for seg in seg_list:
            if(seg.isalpha())and seg! = '\n'and seg not in stopwords:
                words.append(seg)
        sentence = " ".join(words)
        output_list.append(sentence)
    return output_list

ham_processed_texts = filtration(ham_txt_list)
spam_processed_texts = filtration(spam_txt_list)

print('分词后的第四封正常邮件:',ham_processed_texts[3])
print('分词后的第一封垃圾邮件:',spam_processed_texts[0])
```

输出:

分词后的第四封正常邮件: 微软 中国 研发 啥 本地化 新浪 科技 讯 月 日 晚 点 微软 中国 对外 宣布 说 在 财年 年 月 年 月 公司 将 在 中国 招聘 约 名 新 员工 其中 一半 以上 的 新聘 人员 将 为 研发 人员 其他 将 是 销售 市场 和 服务 人员 同时 有 近 个 职位 将 面向 新 毕业 的 大学 本科生 硕士 研究生 MBA 和 博士生 在 财年 微软 在 中国 的 业务 取得 了 骄人 成绩 成为 微软 全球 增长 速度 最快 的 子公司 之一

分词后的第一封垃圾邮件:有情 之 人 天天 是 节 一句 寒暖 一线 相喧 一句 叮咛 一笺 相传 一 份 相思 一心 相盼 一份 爱意 一生 相恋 搜寻 http com 在 此 祝 大家 七夕 情人 快乐 搜寻 友情 提 示 年 七夕 情人节 月 日 别忘了 给 她 他 送 祝福 哦

④数据向量化。定义一个函数将分词后的数据转化为稀疏矩阵,以便后续分析。使用 CountVectorizer 模块中的 fit( )函数从邮件中学习出一个词汇表,并打印出词汇表中部分数据。使用 transform( )函数将指定邮件转化为向量,并将向量化后的正常邮件和垃圾邮件连接为一个数组。代码如下:

```
def transformTextToSparseMatrix(texts):
    vectorizer = CountVectorizer(binary = False)
    vectorizer.fit(texts)                          #生成词汇表
    vocabulary = vectorizer.vocabulary_            #输出词汇表
    print(list(vocabulary.items())[200:225])       #展示其中25个键值对
    vector = vectorizer.transform(texts)            #生成向量
    result = pd.DataFrame(vector.toarray())

    keys =[]
    values =[]
    for key,value in vectorizer.vocabulary_.items():
        keys.append(key)
        values.append(value)
    df = pd.DataFrame(data = {"key":keys,"value":values})
    colnames = df.sort_values("value")["key"].values
    result.columns = colnames
    return result
```

```
data =[]
data.extend(ham_processed_texts)
data.extend(spam_processed_texts)

textMatrix = transformTextToSparseMatrix(data)
```

输出：

```
['后来',10656),('什么',6189),('想不通',16225),('上去',4082),('问问',30024),('
别人',8695),('然后',22068),('所以',16694),('这次',28927),('觉得',27237),('避免',
29414),('正面',20429),('冲突',8122),('最怕',19273),('耽误',25772),('时间',
18920),('这样',28923),('正好',20386),('心结',15668),('感觉',16360),('两人',
4942),('不够',4389),('坦诚',11702),('gg',1115),('别扭',8723)]
```

⑤划分数据集。

设置正常邮件的标签为 1，垃圾邮件的标签为 0。使用 train_test_split() 函数将数据集进行划分，test_size 设置为 0.1 表示测试集占总数据集的 10%，代码如下：

```
#划分训练集和测试集
features = pd.DataFrame(textMatrix.apply(sum,axis =0))
extractedfeatures =[ features.index[i] for i in range (features.shape[0]) if
features.iloc[i,0] >5]
textMatrix = textMatrix[extractedfeatures]
textMatrix = textMatrix[extractedfeatures]
labels =[]
labels.extend(np.ones(5000))
labels.extend(np.zeros(5001))

train,test,trainlabel,testlabel = train_test_split(textMatrix,labels,test_
size =0.1)
print('测试集大小:',train.shape)
print('训练集大小:',test.shape)
```

输出：

```
测试集大小:(9000,7198)
训练集大小:(1001,7198)
```

⑥建立朴素贝叶斯模型进行训练。Sklearn 中常用的朴素贝叶斯分类器有先验为高斯分布的 GaussianNB 分类器、先验为多项式分布的 MultinomialNB 分类器、先验为伯努利分布的 BernoulliNB 分类器三种。本实验采用 MultinomialNB 对离散型数据进行模型训练，代码如下：

```
clf = MultinomialNB()
model = clf.fit(train,trainlabel)
print('模型在训练集上的准确率:',model.score(train,trainlabel))
print('模型在测试集上的准确率:',model.score(test,testlabel))
print('混淆矩阵:\n',metrics.confusion_matrix(testlabel,clf.predict(test)))
print(metrics.classification_report(testlabel,clf.predict(test)))
```

输出：

```
模型在训练集上的准确率:0.9934444444444445
模型在测试集上的准确率:0.9920079920079921
混淆矩阵:
[[497  3]
 [  5 496]]
                 precision    recall    f1-score    support
         0.0       0.99       0.99       0.99        500
         1.0       0.99       0.99       0.99        501
   avg/total       0.99       0.99       0.99        1001
```

输出中打印了模型在训练集和测试集上的准确率,并打印出了测试集的混淆矩阵和分类指标结果。由输出可知,MultinomialNB 分类器在训练集和测试集上都有较高的准确率。

●●●●●● 6.5 关联学习实验 ●●●●●●

1. 实验内容

当前,中医治疗一般都是采用中医辨证的原则,结合临床医师的从医经验和医学指南进行诊断,然而此方法也存在一定的缺陷。关联学习可以借助患者病理信息,挖掘患者的症状与中医证型之间的关联关系,对治疗提供依据。

以恶性肿瘤为例,病理信息可以通过病患以往就医信息获得,并剔除无关属性,最终获得六个中医证型属性,形成原始指标表。部分数据如表 6.5.1 所示。

表 6.5.1 部分恶性肿瘤患者证型表

肝气郁结证型系数	热毒蕴结证型系数	冲任失调证型系数	气血两虚证型系数	脾胃虚弱证型系数	肝肾阴虚证型系数	病程阶段	TNM分期	转移部位	转移年限
0.056	0.460	0.281	0.352	0.119	0.350	S4	H4	R1	J1
0.488	0.099	0.283	0.333	0.116	0.293	S4	H4	R1	J1
0.107	0.008	0.204	0.150	0.032	0.159	S4	H4	R2	J2
0.322	0.208	0.305	0.130	0.184	0.317	S4	H4	R2	J1
0.242	0.280	0.131	0.210	0.191	0.351	S4	H4	R2R5	J1
0.389	0.112	0.456	0.277	0.185	0.396	S4	H4	R3	J1
0.246	0.202	0.277	0.178	0.237	0.483	S4	H4	R1R3	J3
0.257	0.314	0.328	0.140	0.128	0.335	S4	H4	R2	J2
0.205	0.330	0.253	0.295	0.115	0.224	S4	H4	R2	J1

数据集 data. xls 保存在程序目录下。借助恶性肿瘤患者的病理信息,使用关联学习挖掘患者的症状与中医证型之间的关联关系。

2. 实验流程

（1）实验步骤

①首先调用一些库。调用 pandas、sklearn、apyori 库。

②导入数据集。

③数据预处理。

④划分原始数据类别。

⑤进行关联学习。

（2）实验代码

①调用相关库。调用 pandas 对数据进行读取、存储操作；调用 sklearn 对数据进行聚类分析；调用 apriori 进行关联学习。代码如下：

```
import pandas as pd
from sklearn.cluster import KMeans          #导入 k 均值聚类算法
from apyori import apriori                   #导入关联学习算法
```

②导入数据集。使用 pandas 将数据读取为 DataFrame 格式，用于后续处理，代码如下：

```
datafile = './data.xls'                      #待聚类的数据文件
processedfile = './data_processed.xls'       #数据处理后文件
typelabel = {u'肝气郁结证型系数':'A',u'热毒蕴结证型系数':'B',u'冲任失调证型系数':'C',u'气血两虚证型系数':'D',u'脾胃虚弱证型系数':'E',u'肝肾阴虚证型系数':'F'}

#读取数据
data = pd.read_excel(datafile)               #读取数据
keys = list(typelabel.keys())
```

③数据预处理。以大写字母 A、B、C、D、E、F 代表六类数据。将每种属性数据进行聚类离散化，分别得到四类，以 An、Bn、Cn、Dn、En、Fn 记录各个类别的数目。具体代码如下：

```
result = pd.DataFrame()
k = 4 #需要进行的聚类类别数

for i in range(len(keys)):
    #调用 k-means 算法，进行聚类离散化
    print(u'正在进行"% s"的聚类...'% keys[i])
    kmodel = KMeans(n_clusters = k,n_jobs = 4)#n_jobs 是并行数，一般等于 CPU 数较好
    kmodel.fit(data[[keys[i]]].as_matrix())            #训练模型

    r1 = pd.DataFrame(kmodel.cluster_centers_,columns = [typelabel[keys[i]]])
                                                        #聚类中心
    r2 = pd.Series(kmodel.labels_).value_counts()      #分类统计
    r2 = pd.DataFrame(r2,columns = [typelabel[keys[i]] + 'n'])#转为 DataFrame,
记录各个类别的数目
    r = pd.concat([r1,r2],axis = 1).sort_values(typelabel[keys[i]])#匹配聚类中
心和类别数目
```

```
        r.index =[1,2,3,4]
        temp = r[typelabel[keys[i]]]
        temp = pd.Series.rolling(temp,window = 2).mean()#计算相邻两列的均值,以此作
为边界点.
        temp[1] = 0.0 #将原来的聚类中心改为边界点
        result = result.append(r.T)

    result = result.sort_index()#以 Index 排序,即以 A,B,C,D,E,F 顺序排
    result.to_excel(processedfile)
```

输出:

```
正在进行"肝气郁结证型系数"的聚类...
正在进行"热毒蕴结证型系数"的聚类...
正在进行"冲任失调证型系数"的聚类...
正在进行"气血两虚证型系数"的聚类...
正在进行"脾胃虚弱证型系数"的聚类...
正在进行"肝肾阴虚证型系数"的聚类...
```

聚类结果保存在当前目录下的 data_processed.xls 文件中,具体如表 6.5.2 所示。

表 6.5.2　聚类结果

类别	1	2	3	4
A	0.138 327	0.221 695	0.295 406	0.408 679
An	248	351	278	53
B	0.059 675	0.164 278	0.282 729	0.459 331
Bn	163	432	199	136
C	0.158 734	0.245 563	0.332 559	0.514 514
Cn	297	394	204	35
D	0.134 616	0.208 714	0.290 742	0.416 64
Dn	281	370	229	50
E	0.111 396	0.193 805	0.317 913	0.421 917
En	273	318	230	109
F	0.170 412	0.287 971	0.392 843	0.604 4
Fn	364	312	249	5

④划分原始数据类别。对聚类后的数据进行类别划分,并剔除缺失值,代码如下,运行结果如图 6.5.1 所示。

```
#将分类后数据进行处理
data_cut = pd.DataFrame(columns = data.columns[:6])
types = ['A','B','C','D','E','F']
num = ['1','2','3','4']
for i in range(len(data_cut.columns)):
    value = list(data.iloc[:,i])
    bins = list(result[(2* i):(2* i +1)].values[0])
    bins.append(1)
```

```
    names =[str(x) + str(y) for x in types for y in num]
    group_names = names[4* i:4* (i +1)]
    cats = pd.cut(value,bins,labels = group_names,right = False)
    data_cut.iloc[:,i] = cats

apriori_data = data_cut.dropna()
apriori_data.to_csv('apriori_data.txt',index = False)
apriori_data.head()
```

输出：

	肝气郁结证型系数	热毒蕴结证型系数	冲任失调证型系数	气血两虚证型系数	脾胃虚弱证型系数	肝肾阴虚证型系数
1	A4	B1	C2	D3	E1	F2
5	A3	B1	C3	D2	E1	F3
6	A2	B2	C2	D1	E2	F3
7	A3	B1	C3	D2	E3	F3
8	A2	B3	C2	D1	E1	F2

图 6.5.1　划分原始数据类别结果

⑤进行关联学习。从 apyori 模块中调用 apriori( )函数进行关联学习,设置最小支持度为 0.015,最小置信度为 0.2,最小相关度为 3,序列最大长度为 6,并筛掉长度小于 3 的数据。具体代码如下：

```
transactions =[]
for i in range(0,apriori_data.shape[0]):
    transactions.append([str(apriori_data.values[i,j]) for j in range(0,
apriori_data.shape[1])])

rules = apriori(transactions,min_support = 0.015,min_confidence = 0.2,min_
lift =3,max_length =6)
results = list(rules)

confidence =[]
support =[]
association =[]
for i in range(0,len(results)):
    if len(results[:len(results)][i][0]) >=3:
        confidence.append(results[:len(results)][i][2][0][2])
        support.append(results[:len(results)][i][1])
        association.append(list(results[:len(results)][i][0]))

apriori_out = pd.DataFrame([association,confidence,support]).T
apriori_out.columns =['association','confidence','support']
print(apriori_out.sort_values(['confidence','support'],ascending = False).
head(15))
apriori_out.to_csv('out_data.csv',index = False)
```

输出：

	association	confidence	support
28	[A1,C1,F2,E3]	1	0.0170576
3	[E3,A2,D3]	0.846154	0.0234542
88	[A1,F2,C2,D2,E1]	0.833333	0.021322
72	[A1,B1,C1,D2,E3]	0.8	0.0170576
24	[A1,C2,B3,E1]	0.75	0.0255864
0	[A2,C3,B3]	0.740741	0.0426439
59	[D2,C1,B3,E1]	0.727273	0.0341151
34	[F2,A2,C3,B3]	0.727273	0.0170576
27	[A1,C1,F2,D3]	0.714286	0.021322
111	[F2,B3,C2,D2,E1]	0.642857	0.0191898
80	[A1,F1,D1,E3,B2]	0.615385	0.0170576
68	[E1,D2,F2,C3]	0.592593	0.0341151
69	[E3,D2,F1,C3]	0.588235	0.021322
9	[F2,B1,C4]	0.578947	0.0234542
49	[E3,D2,B1,A3]	0.578947	0.0234542

输出中打印了以（置信度，支持度）降序的前 15 个结果，展示了在肿瘤疾病中六种中医证型之间的关联性。

●●●●●● 6.6 聚类实验 ●●●●●●

1. 实验内容

随着个人手机和网络的普及，手机已经基本成为人们的必备工具。根据手机信号在地理空间的覆盖情况结合时间序列的手机定位数据可以完整地还原人群的现实活动轨迹，从而得到人口空间分布与活动的特征信息。商圈是现代市场中的重要企业活动空间，商圈划分的目的之一是研究潜在的顾客分布，以制定适宜的商业对策。表 6.6.1 所示是某运营商提供的不同基站通过特定接口解析得到的部分用户定位数据。

表 6.6.1 部分用户定位数据

基站编号	工作日上班时间人均停留时间（单位:分钟）	凌晨人均停留时间（单位:分钟）	周末人均停留时间（单位:分钟）	日均人流量（单位:个）
36902	78	521	602	2 863
36903	144	600	521	2 245
36904	95	457	468	1 283
36905	69	596	695	1 054
36906	190	527	691	2 051
36907	101	403	470	2 487
36908	146	413	435	2 571

续表

基站编号	工作日上班时间人均停留时间（单位:分钟）	凌晨人均停留时间（单位:分钟）	周末人均停留时间（单位:分钟）	日均人流量（单位:个）
36909	123	572	633	1 897
36910	115	575	667	933
36911	94	476	658	2 352
36912	175	438	477	861
35138	176	477	491	2 346
37337	106	478	688	1 338

整个数据集 business_circle.xls 保存在程序目录下。根据用户的历史定位数据,采用聚类方法对基站进行分群,并划分对应商圈。

2. 实验流程

(1)实验步骤

①首先调用一些库。调用 pandas、sklearn、matplotlib 库。

②读取数据集。

③数据标准化。

④构建谱系聚类。

⑤进行聚类。

⑥聚类结果可视化。

(2)实验代码

①调用相关库。调用 pandas 读取数据集,并存储处理后的数据;调用 scipy 画出谱系聚类图;调用 sklearn 对处理后的数据进行聚类分析;调用 matlibplot 显示中文,并对聚类结果进行可视化。代码如下:

```
import pandas as pd
from scipy.cluster.hierarchy import linkage,dendrogram
from sklearn.cluster import AgglomerativeClustering    #导入 sklearn 的层次聚
类函数
import matplotlib.pyplot as plt
from matplotlib.font_manager import *
```

②读取数据集。调用 pandas 库,以 DataFrame 格式读取 business_circle.xls 数据集,代码如下,运行结果如图 6.6.1 所示。

```
filename = './business_circle.xls'              #原始数据文件
data = pd.read_excel(filename,index_col = u'基站编号')   #读取数据
data.head(10)
```

输出:

③数据标准化

由于各个属性之间的差异较大。为了消除数量级数据带来的影响,在聚类之前,

需要进行标准化处理,具体代码如下,运行结果如图6.6.2所示。

基站编号	工作日上班时间人均停留时间	凌晨人均停留时间	周末人均停留时间	日均人流量
36902	78	521	602	2863
36903	144	600	521	2245
36904	95	457	468	1283
36905	69	596	695	1054
36906	190	527	691	2051
36907	101	403	470	2487
36908	146	413	435	2571
36909	123	572	633	1897
36910	115	575	667	933
36911	94	476	658	2352

图 6.6.1 展示前十行数据

```
data = (data-data.min())/(data.max()-data.min())      #离差标准化
data = data.reset_index()
standardizedfile = './standardized.xls'               #标准化后数据保存路径
data.to_excel(standardizedfile,index = False)         #保存结果
data.head(10)
```

输出:

	基站编号	工作日上班时间人均停留时间	凌晨人均停留时间	周末人均停留时间	日均人流量
0	36902	0.103865	0.856364	0.850539	0.169153
1	36903	0.263285	1.000000	0.725732	0.118210
2	36904	0.144928	0.740000	0.644068	0.038909
3	36905	0.082126	0.992727	0.993837	0.020031
4	36906	0.374396	0.867273	0.987673	0.102217
5	36907	0.159420	0.641818	0.647149	0.138158
6	36908	0.268116	0.660000	0.593220	0.145083
7	36909	0.212560	0.949091	0.898305	0.089523
8	36910	0.193237	0.954545	0.950693	0.010057
9	36911	0.142512	0.774545	0.936826	0.127030

图 6.6.2 展示数据标准化后前十行数据

④构建谱系聚类。使用scipy库中层次聚类算法,对建模数据进行基于基站数据的商圈聚类,画出谱系聚类图,代码如下,运行结果如图6.6.3所示。

```
Z = linkage(data,method = 'ward',metric = 'euclidean')   #谱系聚类图
P = dendrogram(Z,0)                                       #画谱系聚类图
plt.show()
```

输出:

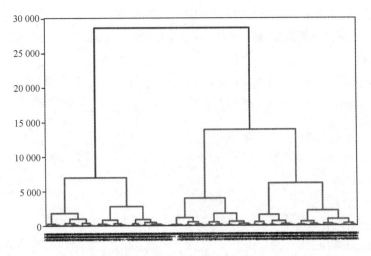

图 6.6.3 构建谱系聚类图

由输出可知,可以把聚类类别数取三类,再使用层次聚类算法进行训练模型。

⑤进行聚类。调用 sklearn 库中的层次聚类函数 AgglomerativeClustering 进行聚类,并根据第④步得出的结论,设置聚类类别为 3,代码如下,聚类结果如图 6.6.4 所示。

```
k = 3 #聚类数
data = pd.read_excel(standarizedfile,index_col = u'基站编号')      #读取数据
model = AgglomerativeClustering(n_clusters = k,linkage = 'ward')   #凝聚层次聚类
model.fit(data)                                                   #训练模型
#详细输出原始数据及其类别
classification = pd.concat([data,pd.Series(model.labels_,index = data.index)],axis = 1)   #详细输出每个样本对应的类别
classification.columns = list(data.columns) + [u'类别']             #重命名表头
classification.to_excel('./classification.xls')
classification.head(10)
```

输出:

基站编号	工作日上班时间人均停留时间	凌晨人均停留时间	周末人均停留时间	日均人流量	类别
36902	0.103865	0.856364	0.850539	0.169153	1
36903	0.263285	1.000000	0.725732	0.118210	1
36904	0.144928	0.740000	0.644068	0.038909	1
36905	0.082126	0.992727	0.993837	0.020031	1
36906	0.374396	0.867273	0.987673	0.102217	1
36907	0.159420	0.641818	0.647149	0.138158	1
36908	0.268116	0.660000	0.593220	0.145083	1
36909	0.212560	0.949091	0.898305	0.089523	1
36910	0.193237	0.954545	0.950693	0.010057	1
36911	0.142512	0.774545	0.936826	0.127030	1

图 6.6.4 前十行数据聚类结果

⑥聚类结果可视化。调用 matlibplot 库对第⑤步聚类结果进行可视化,中文字体文件 simhei. ttf 保存在当前路径下,调用该字体显示图中的汉字。具体代码如下,运行结果如图 6.6.5 所示。

```
myfont = FontProperties(fname = 'simhei.ttf')
plt.rcParams['font.sans-serif'] =['simhei']              #用来正常显示中文标签

style =['ro-','go-','bo-']
xlabels =[u'工作日人均停留时间',u'凌晨人均停留时间',u'周末人均停留时间',u'日均
人流量']
pic_output = './type_'                                   #聚类图文件名前缀

for i in range(k):                                       #逐一作图,作出不同样式
    plt.figure()
    tmp = classification[classification['类别'] == i].iloc[:,:4]    #提取每一类
    for j in range(len(tmp)):
        plt.plot(range(1,5),tmp.iloc[j],style[i])
    plt.xticks(range(1,5),xlabels,rotation =20,fontproperties =myfont)
                                                         #坐标标签
    plt.title('类别% s'% (i+1),fontproperties =myfont)#计数习惯从1开始
    plt.subplots_adjust(bottom =0.15)                    #调整底部
    plt.savefig(u'% s% s.png'% (pic_output,i+1))         #保存图片
    plt.show()
```

输出:

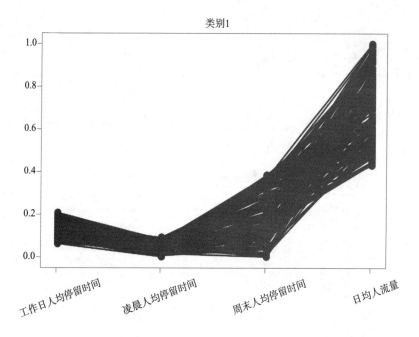

图 6.6.5　聚类结果可视化

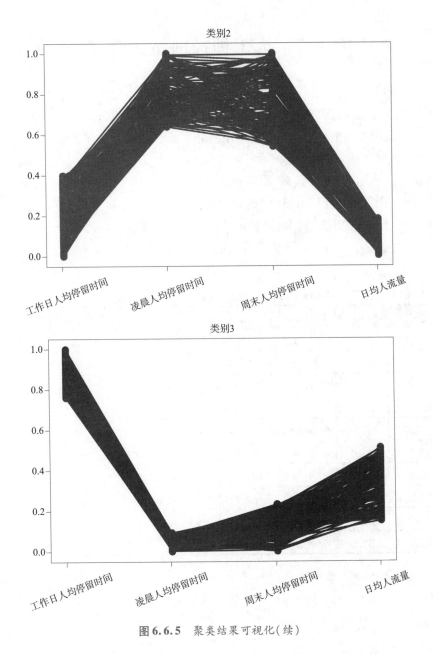

图 6.6.5 聚类结果可视化(续)

由图 6.6.5 可知,按不同类别画出了三个特征的折线图,将商圈分为了以下三类:

商圈类别 1:工作日人均停留时间、凌晨人均停留时间都很低,周末人均停留时间中等,日均人流量极高,这符合商业区的特点。

商圈类别 2:工作日人均停留时间中等,凌晨和周末人均停留时间很长,日均人流量较低,这和居住区的特征符合。

商圈类别 3:这部分工作日人均停留时间很长,凌晨和周末停留较少,日均人流量中等,这和办公商圈非常符合。

●●●●● **6.7　人工神经网络实验** ●●●●●

1. 实验内容

影响房价因素的选取对房价涨跌模型构建有着巨大影响,选取的因素应该能够客观充分反应房价的变化趋势。本实验选用的加利福尼亚房屋数据集包括八个属性:住户收入中位数(MedInc)、房屋使用年代平均数(HouseAge)、平均房间数目(AveRooms)、平均卧室数目(AveBedrms)、街区人口数(Population)、平均入住率(AveOccup)、街区纬度(Latitude)、街区经度(Longitude),数据集标签为房屋价值(Price)。街区组是美国调查局发布样本数据的最小地理单位,一个街区通常有600 ~ 3 000人。数据集中一共包含了9个变量的20 640个观察值,部分数据集如表6.7.1所示。

表6.7.1　部分加利福尼亚州房屋数据集

标签	MedInc	HouseAge	AveRooms	AveBedrms	Population	AveOccup	Latitude	Longitude	Price
0	8.325 2	41.0	6.984 127	1.023 810	322.0	2.555 556	37.88	−122.23	4.526
1	8.301 4	21.0	6.238 137	0.971 880	2 401.0	2.109 842	37.86	−122.22	3.585
2	7.257 4	52.0	8.288 136	1.073 446	496.0	2.802 260	37.85	−122.24	3.521
3	5.643 1	52.0	5.817 352	1.073 059	558.0	2.547 945	37.85	−122.25	3.413
4	3.846 2	52.0	6.281 853	1.081 081	565.0	2.181 467	37.85	−122.25	3.422
5	4.036 8	52.0	4.761 658	1.103 627	413.0	2.139 896	37.85	−122.25	2.697
6	3.659 1	52.0	4.931 907	0.951 362	1 094.0	2.128 405	37.84	−122.25	2.992
7	3.120 0	52.0	4.797 527	1.061 824	1 157.0	1.788 253	37.84	−122.25	2.414
8	2.080 4	42.0	4.294 118	1.117 647	1 206.0	2.026 891	37.84	−122.26	2.267
9	3.691 2	52.0	4.970 588	0.990 196	1 551.0	2.172 269	37.84	−122.25	2.611

房价的变化趋势与影响因素之间往往呈现一种复杂的非线性关系,人工神经网络在处理非线性关系时具有十分突出的性能。接下来搭建一个人工神经网络,用于加利福尼亚房屋属性和价格的回归。

2. 实验流程

(1)实验步骤

①首先调用一些库。调用 tensorflow、sklearn、pandas、matplotlib 库。

②加载数据集。

③数据集预处理。

④搭建人工神经网络模型。

⑤编译并训练模型。

⑥模型损失可视化。

⑦模型评估。

（2）实验代码

①调用相关库。调用 tensorflow 搭建人工神经网络，并设置 GPU 显存按需申请；调用 pandas 将训练后的损失保存为 DataFrame 格式；调用 sklearn 加载数据集，并对数据集进行处理；调用 matplotlib 对模型损失进行可视化。具体代码如下：

```
from tensorflow import keras
import tensorflow as tf
import pandas as pd
from sklearn.datasets import fetch_california_housing
from sklearn.model_selection import train_test_split
from sklearn.preprocessing import StandardScaler
import matplotlib.pyplot as plt

physical_devices = tf.config.experimental.list_physical_devices('GPU')
assert len(physical_devices) > 0
tf.config.experimental.set_memory_growth(physical_devices[0],True)
```

②加载数据集。从 sklearn. datastes 库中调用加利福尼亚房价数据集 fetch_california_housing，具体代码如下：

```
housing = fetch_california_housing()
print('数据集大小:',housing.data.shape,housing.target.shape)
```

输出：

```
数据集大小:(20640,8)(20640,)
```

③数据集预处理。将加载的数据集划分为训练集、测试集和验证集。由于各个属性之间的差异较大，为了消除数量级数据带来的影响，在进行下一步之前，需要进行标准化处理，具体代码如下：

```
#划分数据集
x_train_all,x_test,y_train_all,y_test = train_test_split(housing.data,
housing.target,random_state = 7)
x_train,x_valid,y_train,y_valid = train_test_split(x_train_all,y_train_all,
random_state = 11)
print('训练集',x_train.shape,y_train.shape)      #(11610,8)(11610,)
print('测试集',x_valid.shape,y_valid.shape)       #(3870,8)(3870,)
print('验证集',x_test.shape,y_test.shape)         #(5160,8)(5160,)

#数据归一化 x = (x-u)/d
scaler = StandardScaler()
x_train_scaled = scaler.fit_transform(x_train)
x_valid_scaled = scaler.transform(x_valid)
x_test_scaled = scaler.transform(x_test)
```

输出：

```
训练集(11610,8)(11610,)
测试集(3870,8)(3870,)
验证集(5160,8)(5160,)
```

④搭建人工神经网络模型。使用 tensorflow 中的 keras 接口搭建一个三层的人工神经网络，第一个隐藏层设计 30 个神经元，采用 ReLU 激活函数，输入数据大小为训练集长度；第二个隐藏层设计 30 个神经元，采用 ReLU 激活函数；输出层为一个神经元。具体代码如下：

```
model = keras.models.Sequential([
    keras.layers.Dense(30,activation = 'relu',input_shape = x_train.shape[1:]),
    keras.layers.Dense(30,activation = 'relu'),
    keras.layers.Dense(1)])
model.summary()
```

输出：

```
Model:"sequential_1"

Layer(type)                 Output Shape              Param #
==============================================================
dense_2 (Dense)             (None,30)                 270

dense_3 (Dense)             (None,30)                 930

dense_4 (Dense)             (None,1)                  31
==============================================================
Total params:1,231
Trainable params:1,231
Non-trainable params:0
```

⑤编译并训练模型。设置编译器中的损失函数为均方误差 mean_squared_error，优化器为随机梯度下降 sgd。在模型训练时调用回调函数 callbacks 中的 EarlyStopping，当模型的损失不再下降的时候就终止训练。设置 Callbacks.EarlyStopping 中参数 patience =5，表示如果连续 5 个 epoch 模型的 val_loss 都为增加，则模型停止训练。具体代码如下：

```
model.compile(loss = 'mean_squared_error',optimizer = "sgd")
callbacks =[keras.callbacks.EarlyStopping(monitor = 'val_loss',patience =5)]
history = model.fit(x_train_scaled, y_train, validation_data = (x_valid_scaled,y_valid),epochs =100,callbacks = callbacks)
```

输出：

```
Train on 11610 samples,validate on 3870 samples
Epoch 1/100
11610/11610 [ =======]-4s 346us/sample-loss:1.0373-val_loss:0.6099
Epoch 2/100
11610/11610 [ =======]-2s 188us/sample-loss:0.5276-val_loss:0.5244
......
Epoch 40/100
11610/11610 [ =======]-2s 193us/sample-loss:0.3028-val_loss:0.3171
Epoch 41/100
11610/11610 [ =======]-2s 169us/sample-loss:0.3014-val_loss:0.3278
```

```
Epoch 42/100
11610/11610 [ ======]-2s 173us/sample-loss:0.3000-val_loss:0.3233
Epoch 43/100
11610/11610 [ ======]-2s 186us/sample-loss:0.2987-val_loss:0.3186
Epoch 44/100
11610/11610 [ ======]-2s 171us/sample-loss:0.2987-val_loss:0.3214
Epoch 45/100
11610/11610 [ ======]-2s 176us/sample-loss:0.2975-val_loss:0.3277
```

⑥模型损失可视化。调用 matplotlib 库对训练结果可视化,代码如下,运行结果如图 6.7.1 所示。

```
#画学习曲线
his = pd.DataFrame(history.history)
x = his.index

loss =[]
for j in his['loss']:
    loss.append(j)

val_loss =[]
for i in his['val_loss']:
    val_loss.append(i)

plt.plot(x,loss,label = 'loss')
plt.plot(x,val_loss,ls = '- -',label = 'val_loss')
plt.legend(loc = 'upper right')
plt.savefig('out2.svg')
plt.show()
```

输出:

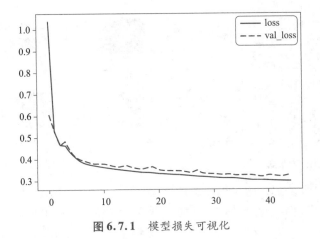

图 6.7.1 模型损失可视化

⑦模型评估。使用测试集对模型进行评估,具体代码如下:

```
#测试
print('评估损失:',model.evaluate(x_test_scaled,y_test,verbose = 0))
```

输出：

评估损失：0.29681585592816967

●●●●●● 6.8　卷积神经网络(CNN)实验 ●●●●●●

1. 实验内容

本实验从神奇宝贝视频片段和宣传照中收集了五种宝可梦的图片，这些图片中包含每个宝可梦的各种形态。其中，妙蛙种子(bulbasaur)有229张，小火龙(charmander)有231张，超梦(mewtwo)有237张，皮卡丘(pikachu)有234张图片，杰尼龟(squirtle)有223张，如表6.8.1所示。

表6.8.1　宝可梦数据集

标签	名字	中文名	图　　　片	图片数
0	bulbasaur	妙蛙种子		229
1	charmander	小火龙		231
2	mewtwo	超梦		237
3	pikachu	皮卡丘		234
4	squirtle	杰尼龟		223

整个数据集保存在程序目录下的pokemanpicture文件夹中，该文件夹包含五个子文件夹，每个子文件夹包含同类宝可梦图片，并以英文名字命名。接下来搭建一个卷积神经网络训练宝可梦图片数据集，并使用训练好的模型进行预测。

2. 实验流程

(1)实验步骤

①首先调用一些库。调用glob、os、random、csv、tensorflow、numpy库。

②定义数据集读取函数。

③定义数据集预处理函数。

④读取数据集。

⑤搭建卷积神经网络模型。

⑥模型编译并训练。

⑦模型评估。

⑧模型预测。

（2）实验代码

①调用相关库。

- 调用 glob 库，使用文件名模式匹配，不用遍历整个目录。

- 调用 os 库读取路径下文件。

- 调用 random 库随机打乱数据集。

- 调用 csv 库用于将数据写入 csv 文件和读取 csv 文件。

- 调用 numpy 库进行数学操作。

- 调用 tensorflow 库搭建 CNN 进行模型拟合、评估和预测，并设置 GPU 显存按需申请。

- 调用 matplotlib 对预测图形进行可视化。

具体代码如下：

```python
import glob
import os
import random
import csv
import tensorflow as tf
import numpy as np
from tensorflow import keras
from tensorflow.python.keras.api._v2.keras import layers,optimizers,losses
from tensorflow.keras.callbacks import EarlyStopping
from tensorflow.keras.models import load_model
from keras.preprocessing.image import img_to_array,load_img
import matplotlib.pyplot as plt

physical_devices = tf.config.experimental.list_physical_devices('GPU')
assert len(physical_devices) > 0
tf.config.experimental.set_memory_growth(physical_devices[0],True)
```

②定义数据集读取函数。定义 load_csv( ) 函数以列表形式生成 csv 文件，用于存储数据集中的 images 路径和对应 labels；定义 load_pokemon( ) 函数加载数据集，并根据不同参数生成训练集、验证集和测试集。具体代码如下：

```python
def load_csv(root,filename,name2label):      #从 csv 文件返回 images,labels 列表
    # root:数据集根目录,filename:csv 文件名,name2label:类别名编码表
    if not os.path.exists(os.path.join(root,filename)):
        #如果 csv 文件不存在,则创建
        images =[]
        for name in name2label.keys():      #遍历所有子目录,获得所有的图片
```

```
                        #只考虑后缀为 png,jpg,jpeg 的图片:pokemon\\mewtwo\\00001.png
                        images += glob.glob(os.path.join(root,name,'* .png'))
                        images += glob.glob(os.path.join(root,name,'* .jpg'))
                        images += glob.glob(os.path.join(root,name,'* .jpeg'))


            random.shuffle(images)       #随机打乱顺序
            with open(os.path.join(root,filename),mode = 'w',newline = '')as f:
#创建 csv 文件,存储图片路径及其 label
                writer = csv.writer(f)
                for img in images:   # 'pokemon\\bulbasaur\\00000000.png'
                    name = img.split(os.sep)[-2]
                    label = name2label[ name]
                    writer.writerow([ img,label])


        #此时已经有 csv 文件,直接读取
        images,labels =[ ],[ ]
        with open(os.path.join(root,filename))as f:
            reader = csv.reader(f)
            for row in reader:
                img,label = row
                label = int(label)
                images.append(img)
                labels.append(label)


    return images,labels#返回图片路径 list 和标签 list

  def load_pokemon(root,mode = 'train'):
      name2label = {}    #创建数字编码表 "bulbasaur":0
      for name in sorted(os.listdir(os.path.join(root))):#遍历根目录下的子文件
夹,并排序,保证映射关系固定
              if not os.path.isdir(os.path.join(root,name)):    #跳过非文件夹
              continue

          name2label[ name] = len(name2label.keys())#给每个类别编码一个数字

      images,labels = load_csv(root,'images.csv',name2label)#读取 Label 信息
      if mode == 'train':   # 50%
          images = images[ :int(0.5 *  len(images))]
          labels = labels[ :int(0.5 *  len(labels))]

      elif mode == 'val':   # 30%  =50% ->80%
          images = images[ int(0.5 *  len(images)):int(0.8 *  len(images))]
          labels = labels[ int(0.5 *  len(labels)):int(0.8 *  len(labels))]

      else:   # 20%  =80% ->100%
          images = images[ int(0.8 *  len(images)):]
          labels = labels[ int(0.8 *  len(labels)):]


  return images,labels,name2label
```

③定义数据集预处理函数。定义 normalize( )函数对数据进行归一化处理,参数 img_mean 和 img_std 选自 imagenet(一个大型可视化数据库)自然图像的一个统计特征,是根据数百万张图像计算得出的均值和标准差,这在图片数据处理时是一种常见的做法。定义 preprocess( )函数,对图片进行数据增强,并进行剪裁。具体代码如下:

```python
img_mean = tf.constant([0.485,0.456,0.406])
img_std = tf.constant([0.229,0.224,0.225])

def normalize(x,mean = img_mean,std = img_std):
    x = (x-mean)/std
    return x

def preprocess(x,y):                          # x:图片的路径,y:图片的数字编码
    x = tf.io.read_file(x)
    x = tf.image.decode_jpeg(x,channels = 3)   # RGBA
    x = tf.image.resize(x,[224,224])

    x = tf.image.random_flip_left_right(x)    # 随机做一个左和右的翻转
    x = tf.image.random_crop(x,[224,224,3])   #图片裁剪

    # x:[0,255] = >-1 ~ 1
    x = tf.cast(x,dtype = tf.float32)/255.
    x = normalize(x)
    y = tf.convert_to_tensor(y)
    y = tf.one_hot(y,depth = 5)

    return x,y
```

④读取数据集。调用定义的 load_pokeman( )函数读取数据集,以 5∶3∶2 的比例划分为训练集、验证集和测试集,并调用 prepocess( )函数进行预处理,代码如下:

```python
batchsz = 8
# creat train db 一般训练的时候需要 shuffle,其他是不需要的
images,labels,table = load_pokemon('pokemanpicture',mode = 'train')
print('训练集大小:',len(images))
db_train = tf.data.Dataset.from_tensor_slices((images,labels))   #变成个
Dataset 对象
db_train = db_train.shuffle(1000).map(preprocess).batch(batchsz)# map 函数图
片路径变为内容

# crate validation db
images2,labels2,table = load_pokemon('pokemanpicture',mode = 'val')
print('验证集大小:',len(images2))
db_val = tf.data.Dataset.from_tensor_slices((images2,labels2))
db_val = db_val.map(preprocess).batch(batchsz)

# create test db
images3,labels3,table = load_pokemon('pokemanpicture',mode = 'test')
print('测试集大小:',len(images3))
```

```
db_test = tf.data.Dataset.from_tensor_slices((images3,labels3))
db_test = db_test.map(preprocess).batch(batchsz)

print('数据集标签:',table)
```

输出：

```
训练集大小:575
验证集大小:345
测试集大小:231
数据集标签:{'bulbasaur':0,'charmander':1,'mewtwo':2,'pikachu':3,'squirtle':4}
```

生成的 image.csv 文件保存在 pokemanpicture 文件夹下，文件中包含了图片的路径和对应标签，具体内容如图 6.8.1 所示。

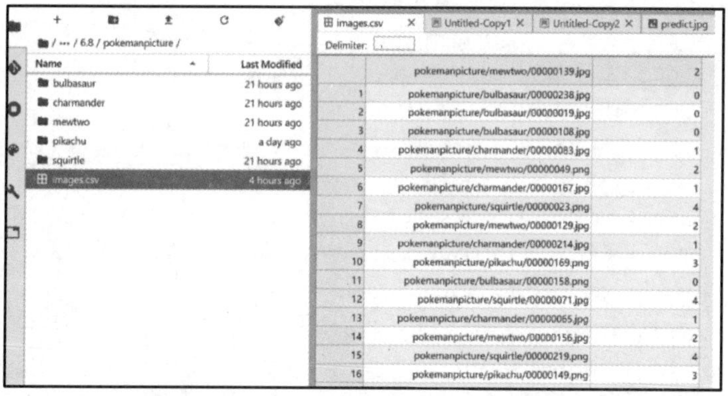

图 6.8.1　生成 csv 文件的内容

⑤搭建卷积神经网络模型。本数据集属于小样本数据集，使用复杂网络容易导致过拟合，因此，本实验使用一个比较小型的网络，对于数据集不够的情况下这个小网络往往能发挥出不可预测的效果。调用 tensorflow 中 keras 模块搭建一个四层的卷积神经网络，代码如下：

```
resnet = keras.Sequential([
    layers.Conv2D(16,5,3),
    layers.MaxPool2D(3,3),
    layers.ReLU(),
    layers.Conv2D(64,5,3),
    layers.MaxPool2D(2,2),
    layers.ReLU(),
    layers.Flatten(),
    layers.Dense(64),
    layers.ReLU(),
    layers.Dense(5)])
resnet.build(input_shape = (batchsz,224,224,3))
resnet.summary()
```

输出：

```
Model:"sequential"

Layer(type)                          Output Shape            Param #
================================================================
conv2d(Conv2D)                       multiple                1216
max_pooling2d(MaxPooling2D)          multiple                0
re_lu(ReLU)                          multiple                0
conv2d_1(Conv2D)                     multiple                25664
max_pooling2d_1(MaxPooling2D)        multiple                0
re_lu_1(ReLU)                        multiple                0
flatten(Flatten)                     multiple                0
dense(Dense)                         multiple                36928
re_lu_2(ReLU)                        multiple                0
dense_1(Dense)                       multiple                325
================================================================
Total params:64,133
Trainable params:64,133
Non-trainable params:0
```

⑥ 模型编译并训练。设置编译器中的损失函数为交叉熵损失 CategoricalCrossentropy,优化器为 Adam,学习率为 0.0001。在模型训练时调用回调函数 callbacks 中的 EarlyStopping,当验证集的损失不再下降的时候就终止训练。设置 Callbacks.EarlyStopping 中参数 patience=5,表示如果连续 5 个 epoch 模型的 val_loss 都为增加时,则模型停止训练。具体代码如下:

```
early_stopping = EarlyStopping(
    monitor = 'val_loss',
    min_delta = 0.01,
    patience = 5)

#网络的编译
resnet.compile(optimizer = optimizers.Adam(lr = 1e-4),
               loss = losses.CategoricalCrossentropy(from_logits = True),
               metrics = ['accuracy'])

# validation_data = db_val 为评估集合;validation_freq = 1 为每个 epochs 评估一次
    resnet.fit(db_train,validation_data = db_val,validation_freq = 1,epochs = 200,
callbacks = [early_stopping])
```

输出:

```
Epoch 1/200
72/72 [ ===============]-33s 454ms/step-loss:0.5375-accuracy:0.8226-val_
loss:0.0000e+00-val_accuracy:0.0000e+00
Epoch 2/200
72/72 [ ===============]-32s 441ms/step-loss:0.4592-accuracy:0.8643-val_
loss:0.4581-val_accuracy:0.8638
......
Epoch 10/200
```

```
    72/72 [ ================]-34s 473ms/step-loss:0.2318-accuracy:0.9374-val_
loss:0.3519-val_accuracy:0.8928
    Epoch 11/200
    72/72 [ ================]-34s 469ms/step-loss:0.2201-accuracy:0.9322-val_
loss:0.3494-val_accuracy:0.8986
    Epoch 12/200
    72/72 [ ================]-30s 413ms/step-loss:0.1903-accuracy:0.9496-val_
loss:0.3689-val_accuracy:0.8812
    Epoch 13/200
    72/72 [ ================]-30s 415ms/step-loss:0.1884-accuracy:0.9478-val_
loss:0.3470-val_accuracy:0.9130
    Epoch 14/200
    72/72 [ ================]-35s 486ms/step-loss:0.1727-accuracy:0.9548-val_
loss:0.3571-val_accuracy:0.8957
```

由输出可知,模型在第 14 次时停止训练,此时训练集准确率为 0.954 8,验证集准确率为 0.895 7。

⑦模型评估。使用测试集对训练好的模型进行评估,并保存模型,代码如下:

```
loss,acc = resnet.evaluate(db_test,verbose = 0)#模型评估
print('模型损失为:% 5f,准确率为:% 5f'% (loss,acc))
resnet.save('pokeman.h5')#保存模型
```

输出:

```
模型损失为:0.352615,准确率为:0.922078
```

⑧模型预测。对于保存后的模型,可以重新加载后对图片进行预测,用于预测的九张图片保存在当前路径下的 predict 文件里。具体代码如下,运行结果如图 6.8.2 所示。

```
#载入模型
model = load_model('pokeman.h5')
label = np.array(['妙蛙种子','小火龙','超梦','皮卡丘','杰尼龟'])
def image_change(image):
    image = image.resize((224,224))
    image = img_to_array(image)
    image = image/255
    image = np.expand_dims(image,0)
    return image

pre_image =[]
for pic in os.listdir('./predict'):
    image = load_img('./predict/' + pic)
    pre_image.append(image)

plt.figure(figsize = (20,20))
for i in range(9):
    plt.subplot(3,3,i +1)
    pre = image_change(pre_image[ i])
```

```
        pre_label = label[model.predict_classes(pre)]
        font = {'size':30,}
        plt.xlabel('预测为:' + pre_label[0],font)
        plt.imshow(pre_image[i],cmap = plt.cm.binary)
plt.savefig('predict.jpg')
plt.show()
```

输出:

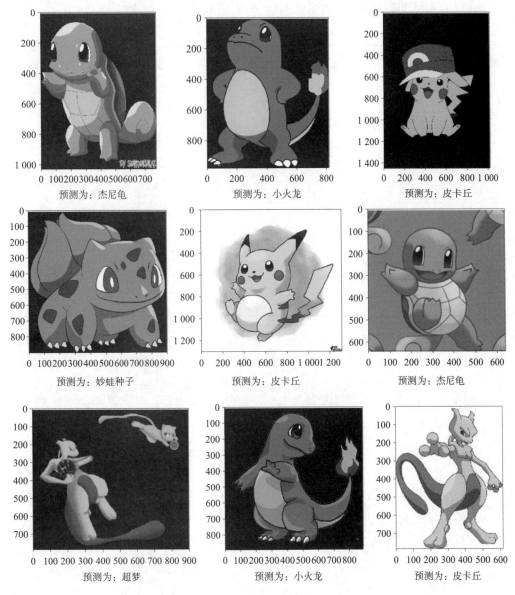

图6.8.2 预测结果

由输出可知,预测九张图片的准确率为 0.9, CNN 模型的训练效果较好。

●●●●●● 6.9 循环神经网络(RNN)实验 ●●●●●●

1. 实验内容

随着社会经济的发展,牛奶及其相关产品已经成为社会生活中重要的组成部分,所以对牛奶产量的科学预测具有十分重要的实际价值。现有从 1962 年 1 月至 1975 年 12 月共 14 年的月度牛奶产量数据,如表 6.9.1 所示。

表 6.9.1 牛奶产量数据

Month	Milk Production
1962/1/1 1:00	589
1962/2/1 1:00	561
1962/3/1 1:00	640
…	…
1964/11/1 1:00	594
1964/12/1 1:00	634
1965/1/1 1:00	658
…	…
1975/10/1 1:00	827
1975/11/1 1:00	797
1975/12/1 1:00	843

由表可知该数据为时间序列数据,完整数据存储在当前路径下的 monthly-milk-production.csv 文件中。由于循环神经网络擅长处理序列信号,可使用循环神经网络训练前 13 年的数据,并对 1975 年 1 月至 12 月月度牛奶产量进行预测,与真实数据进行对比。

2. 实验流程

(1)实验步骤

①首先调用一些库。调用 numpy、pandas、sklearn、tensorflow、matplotlib 库。

②导入数据集。

③划分训练集、测试集。

④数据集处理。

⑤构建 GRU 模型。

⑥编译并训练模型。

⑦模型预测。

(2)实验代码

①调用相关库。调用 numpy 库进行数值计算;调用 pandas 库读取数据;调用 sklearn 库对数据进行归一化处理;调用 tensorflow 搭建 GRU 模型进行训练和预测,并设置 GPU 显存按需申请;调用 matplotlib 库对数据进行可视化。具体代码如下:

```
import numpy as np
import pandas as pd
from sklearn.preprocessing import MinMaxScaler
import tensorflow as tf
from tensorflow.keras import layers,Sequential,models
import matplotlib.pyplot as plt

physical_devices=tf.config.experimental.list_physical_devices('GPU')
assert len(physical_devices)>0
tf.config.experimental.set_memory_growth(physical_devices[0],True)
```

②导入数据集。调用 pandas 库读取当前路径下 monthly-milk-production.csv 数据集,并进行可视化,代码如下,运行结果如图 6.9.1 所示。

```
milk=pd.read_csv('./monthly-milk-production.csv',index_col='Month')
print('数据集后五行与前五行:',milk.tail(),milk.head())
milk.index=pd.to_datetime(milk.index)

milk.plot()
plt.show()
```

输出:

```
数据集后五行与前五行:
                   Milk Production
Month
1975/8/1 1:00          858
1975/9/1 1:00          817
1975/10/1 1:00         827
1975/11/1 1:00         797
1975/12/1 1:00         843
                   Milk Production
Month
1962/1/1 1:00          589
1962/2/1 1:00          561
1962/3/1 1:00          640
1962/4/1 1:00          656
1962/5/1 1:00          727
```

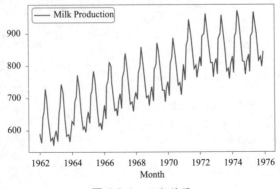

图 6.9.1 运行结果

③划分训练集、测试集。数据集中共有 14 年的数据,将前 13 年的数据用于训练,最后一年的数据用于验证,然后使用 sklearn 中的 MinMax 工具对数据进行归一化处理。代码如下:

```
train_set = milk.head((1976-1962-1)* 12)        #前 156 个数据
test_set = milk.tail(12)                        #后 12 个数据
#归一化
scaler = MinMaxScaler()
train_scaled = scaler.fit_transform(train_set)
test_scaled = scaler.transform(test_set)
print(train_scaled.shape,test_scaled.shape)
```

输出:

```
(156,1)(12,1)
```

④数据集处理。由于数据是多对一的结构,所以将前 12 个月数据 x 作为输入特征,后 1 个月数据作为标签,所以定义一个 build_train_data() 函数,用于设计一个连续的数据窗口,窗口 x 包含 12 个月的数据,y 为标签。按月平移数据窗口,产生 12 × 12 组数据。代码如下:

```
def build_train_data(data,past_monthes = 12,future_monthes = 1):
    X_train,Y_train = [],[]

    for i in range(data.shape[0] +1-past_monthes-future_monthes):
        X_train.append(np.array(data[i:i + past_monthes]))
        Y_train.append(np.array(data[i + past_monthes:i + past_monthes + future_
monthes]))

    return np.array(X_train).reshape([-1,12]),np.array(Y_train).reshape([-1,1])

x,y = build_train_data(train_scaled)
print('x shape;',x.shape,'y shape:',y.shape)

print('原始数据:',train_scaled[0],train_scaled[1],train_scaled[2])
print('窗口数据:',x[0],x[1],x[2])
print('第一组数据的标签:',y[0],train_scaled[12])
print('第二组数据的标签:',y[1],train_scaled[13])
```

输出:

```
x shape; (144,12)   y shape:  (144,1)
原始数据:[0.08653846] [0.01923077] [0.20913462]
窗口数据:[0.08653846 0.01923077 0.20913462 0.24759615 0.41826923
    0.34615385 0.20913462 0.11057692 0.03605769 0.05769231 0.
    0.06971154]
    [0.01923077 0.20913462 0.24759615 0.41826923 0.34615385
    0.209134620.11057692 0.03605769 0.05769231 0.  0.06971154
    0.11298077]
    [0.20913462 0.24759615 0.41826923 0.34615385 0.20913462 0.110576920.
    03605769 0.05769231 0.  0.06971154 0.11298077 0.03125]
```

第一组数据的标签:[0.11298077][0.11298077]
第二组数据的标签:[0.03125][0.03125]

由输出可知,生成的 x 为每 12 个月牛奶产量组成的数据,对应的 y 为下一个月的牛奶产量。

⑤构建 GRU 模型。本实验使用门控结构的循环神经网络 GRU。使用 Reshape 保证输入 x 的 shape 为[BATCHSIZE,SEQLEN,1]。定义两个 GRU 中间层,每一层 GRU 的个数为 RNN-CELLSIZE。GRU 默认只输出 y 的最后一位,最后通过单个神经元的全连接层输出。具体操作代码如下:

```
RNN_CELLSIZE =10
SEQLEN =12
BATCHSIZE =10

model_layers =[
    layers.Reshape((SEQLEN,1),input_shape = (SEQLEN,)),
    layers.GRU(RNN_CELLSIZE,return_sequences =True),
    layers.GRU(RNN_CELLSIZE),
    layers.Dense(1)
]
model = Sequential(model_layers)
model.summary()
```

输出:

```
Model:"sequential"
```

Layer(type)	Output Shape	Param #
reshape(Reshape)	(None,12,1)	0
gru(GRU)	(None,12,10)	390
gru_1(GRU)	(None,10)	660
dense(Dense)	(None,1)	11

```
Total params:1,061
Trainable params:1,061
Non-trainable params:0
```

⑥编译并训练模型。设置编译器中优化器为 Adam,学习率为 0.001,损失函数为均方误差,每 100 个 epochs 输出损失值,最后生成损失函数图像。代码如下,运行结果如图 6.9.2 所示。

```
optimizer =tf.keras.optimizers.Adam(learning_rate =0.001)
loss_list =[]
for epoch in range(1000):
    with tf.GradientTape()as tape:
```

```
        y_pred = model(x)
        loss = tf.reduce_mean((y_pred-y) * * 2)
        loss_list.append(loss.numpy())
        if epoch% 100 == 0:
            print("epoch:{},loss:{}".format(epoch,loss.numpy()))

      grads = tape.gradient(loss,model.variables)
      optimizer.apply_gradients(zip(grads,model.variables))

plt.plot(loss_list)
plt.xlabel('loss')
plt.ylabel('epochs')
plt.savefig('loss.jpg')
plt.show()
```

输出:

```
epoch:0,loss:0.6012397408485413
epoch:100,loss:0.03247895836830139
epoch:200,loss:0.023896031081676483
epoch:300,loss:0.018663698807358742
epoch:400,loss:0.012908849865198135
epoch:500,loss:0.0052978419698774815
epoch:600,loss:0.0038231490179896355
epoch:700,loss:0.0034135228488594294
epoch:800,loss:0.0031109165865927935
epoch:900,loss:0.0029841321520507336
```

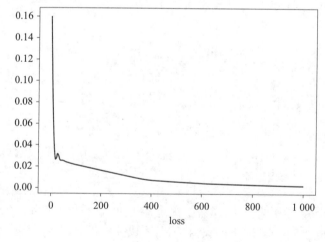

图 6.9.2　运行结果

由输出可知,经过 1 000 个 epoch 的训练后,GRU 模型在小样本的情况下损失函数稳定在 0.003 左右。

⑦模型预测。对于多对一的模型,由于每输入 12 个月只能预测 1 个月的结果,需要取训练集中最后一年 12 个月的产量,来预测下一年中第一个月的产量。然后再将这个月预测的产量放进输入,此时新的输入由上一年后 11 个月的产量和预测的下一年第一个月产量组成,以预测第二个月的产量,如此循环 12 次便能预测全年的产量。具体代码如下,运行结果如图 6.9.3 所示。

```python
train_seed = list(train_scaled[-12:].flatten())#训练集最后 12 个数据,即 1974 年
中 12 个月的牛奶产量
def get_prediction(data_list):
    predict = []
    train_seed = data_list
    for i in range(12):
        x_train = np.array(train_seed[-12:]).reshape(1,12)
        one_predict = model.predict(x_train)[0][0]
        predict.append(one_predict)
        train_seed.append(one_predict)

    return predict, train_seed

predict, train_seed = get_prediction(train_seed)
results = scaler.inverse_transform(np.array(predict).reshape(12,1))
test_set['Predict'] = results
print(test_set)
test_set.plot()
plt.title('预测 1975 年牛奶产量')
plt.savefig('2.jpg')
plt.show()
```

输出:

Month	Milk Production	Predict
1975-01-01 01:00:00	834	808.425110
1975-02-01 01:00:00	782	826.185791
1975-03-01 01:00:00	892	867.811401
1975-04-01 01:00:00	903	909.048340
1975-05-01 01:00:00	966	951.587463
1975-06-01 01:00:00	937	952.937927
1975-07-01 01:00:00	896	910.814453
1975-08-01 01:00:00	858	862.398315
1975-09-01 01:00:00	817	828.782410
1975-10-01 01:00:00	827	809.090515
1975-11-01 01:00:00	797	802.064026
1975-12-01 01:00:00	843	807.741638

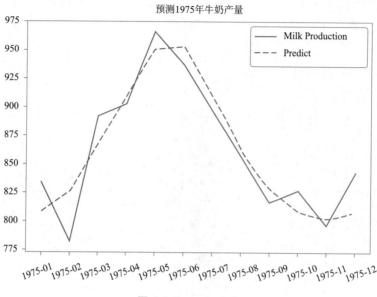

图 6.9.3　运行结果

通过上一步预测一年产量的流程,GRU 模型也可以仅使用第一年的数据进行循环,来预测之后所有数据,具体代码如下,运行结果如 6.9.4 所示。

```
train_seed = list(train_scaled[:12].flatten())#训练集前 12 个数据集,即第一年中
12 个月的牛奶产量
def all_prediction(data_list):
    predict =[]
    train_seed = data_list
    for i in range(12* 13):
        x_train = np.array(train_seed[-12:]).reshape(1,12)
        one_predict = model.predict(x_train)[0][0]
        predict.append(one_predict)
        train_seed.append(one_predict)

    return predict,train_seed

predict,train_seed = all_prediction(train_seed)
results = scaler.inverse_transform(np.array(train_seed).reshape(-1,1))
milk_predict = milk
milk_predict['Predict'] = results
milk_predict.plot()
plt.title('使用 1962 年数据预测未来 13 年牛奶产量')
plt.savefig('3.jpg')
plt.show()
```

输出:

由两次预测图像可知,训练的 GRU 模型有较好的预测效果。

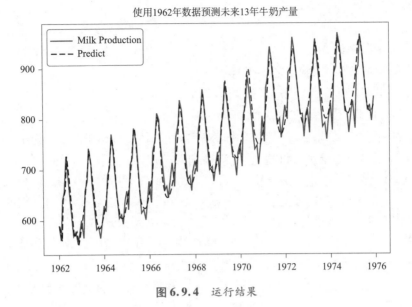

图 6.9.4 运行结果

●●●●● 6.10 强化学习实验 ●●●●●

1. 实验内容

小车爬山是一个经典的强化学习实例。环境如图 6.10.1(a)所示,小车被困于山谷中,单靠小车自身的动力是不足以在谷底由静止一次性冲上右侧目标位置的,比较现实的策略是,当小车加速上升到一定位置时,让小车回落,如图 6.10.1(b)所示,同时反向加速,使其加速冲向谷底,借助势能向动能的转化冲上目标位置。

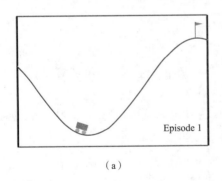

(a)

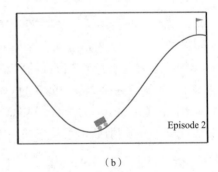

(b)

图 6.10.1 小车爬山环境

在小车处于山谷最低端的情况下,使用强化学习的方法让小车找到冲上目标位置的最优策略。

2. 实验流程

(1)实验步骤

①首先调用一些库。调用 gym、numpy、matplotlib 库。

②初始化参数与 gym 环境。

③建立 Q 表。

④定义帮助函数。

⑤训练智能体(本实验中为小车)。

⑥结果可视化。

(2)实验代码。

①调用相关库。调用 gym 库提供游戏环境;调用 numpy 库进行数值计算;调用 matplotlib 库对运行结果进行可视化。代码如下:

```
import gym
import numpy as np
import matplotlib.pyplot as plt
```

②初始化参数与 gym 环境。初始化参数,并初始化 gym 环境。Gym 中 MountainCar-v0 的环境状态是由其位置和速度决定的。动作 Action 有三个:向左(0)、向右(2)、无(1)。奖励:除了超过目的地(位置为 0.5),其余地方的奖励均为 "-1"。具体代码如下:

```
LEARNING_RATE = 0.5
DISCOUNT = 0.95
EPISODES = 10000
SHOW_EVERY = 500
Q_TABLE_LEN = 20
LAMBDA = 0.8

env = gym.make("MountainCar-v0")
env.reset()
```

输出:

```
array([-0.4402039,  0.       ])
```

③建立 Q 表。Q 表是用来指导每个状态的行动,由于该环境状态是连续的,需要将连续的状态分割成若干个离散的状态。状态的个数即为 Q 表的 size。这里将 Q 表长度设为 20,建立一个 20×20×3 的 Q 表。

采用 epsilon-greedy 的策略,epsilon 采用衰减的方式,开始为 1,最后衰减为 0,也就是说智能体一开始勇敢探索,接下来采用贪婪策略获取最大奖励。具体代码如下:

```
DISCRETE_OS_SIZE = [Q_TABLE_LEN] * len(env.observation_space.high)
discrete_os_win_size = (env.observation_space.high-env.observation_space.
low)/DISCRETE_OS_SIZE

q_table = np.zeros((DISCRETE_OS_SIZE + [env.action_space.n]))
e_trace = np.zeros((DISCRETE_OS_SIZE + [env.action_space.n]))
print('Q-Table  shape:',q_table.shape)

epsilon = 1   #不是常数,会衰减
START_EPSILON_DECAYING = 1
```

```
END_EPSILON_DECAYING = EPISODES//2
epsilon_decay_value = epsilon/(END_EPSILON_DECAYING-START_EPSILON_DECAYING)
```

输出：

```
Q-Table  shape: (20,20,3)
```

④定义帮助函数。定义 get_discrete_state( )将环境离散化，以适应离散的 Q 表；定义 take_epilon_greedy_action( )策略帮助函数，调用定义的 get_discrete_state( )函数进行离散。具体代码如下：

```
#将环境"离散"化,以适应离散的 Q 表
def get_discrete_state(state):
    discrete_state = (state-env.observation_space.low)//discrete_os_win_size
    return tuple(discrete_state.astype(int))

#epsilon-greedy 策略帮助函数
def take_epilon_greedy_action(state,epsilon):
    discrete_state = get_discrete_state(state)
    if np.random.random() < epsilon:
        action = np.random.randint(0,env.action_space.n)
    else:
        action = np.argmax(q_table[discrete_state])
    return action
```

⑤训练智能体。使用 SARSA lambda 算法训练智能体。SARSA 算法与 Q-learning 算法不同之处在于，SARSA 是 On-policy 的算法，即只有一个策略指挥行动并同时被更新。由于两种算法相似，所以 SARSA 算法流程在 Q-learning 算法流程上做些小改动即可。

首先，在初始化环境的同时，需要初始化 action；其次，获取 next_action；然后，依据公式 td_target = $R[t+1]$ + discount_factor * $Q[s',a']$，将 td_target 中的 max 部分由下一个状态的 q[next_sate,next_action] 替换；最后，action = next_action 将本循环中的 next_action 带入到下一个循环中。

SARSA lambda 算法在 SARSA 算法基础上引入衰减系数 λ，用来衰减未来预期 Q 的值，在更新 Q 表的时候，给智能体一个回头看之前走过的路程的机会，即用 delta 来表示下一个状态的 Q 值和当前状态 Q 值的差值，并在当前状态"插旗"（E(S,A) +=1）。具体实现代码如下：

```
ep_rewards = []
aggr_ep_rewards = {'ep':[],'avg':[],'min':[],'max':[]}

for episode in range(EPISODES):
    ep_reward = 0      #每个 episode 前初始化奖
    if episode% SHOW_EVERY == 0:
        print("episode:{}".format(episode))
        render = True
    else:
```

```
                render = False

        state = env.reset()#初始化环境
        action = take_epilon_greedy_action(state,epsilon)
        e_trace = np.zeros(DISCRETE_OS_SIZE + [env.action_space.n])

        done = False
        while not done:
            next_state,reward,done,_ = env.step(action)
            ep_reward += reward
            next_action = take_epilon_greedy_action(next_state,epsilon)

            if not done:
                delta = reward + DISCOUNT *  q_table[get_discrete_state(next_state)]
[next_action]-q_table[get_discrete_state(state)][action]
                e_trace[get_discrete_state(state)][action] += 1
                q_table += LEARNING_RATE *  delta *  e_trace
                e_trace = DISCOUNT *  LAMBDA *  e_trace
            elif next_state[0]  >=0.5:
                q_table[get_discrete_state(state)][action] = 0

            state = next_state
            action = next_action

        #如果 episode 次数在衰减范围内,则每个 episode 都进行衰减
        if END_EPSILON_DECAYING  >= episode  >= START_EPSILON_DECAYING:
            epsilon- = epsilon_decay_value

        #记录每个 epoch 获得的奖励
        ep_rewards.append(ep_reward)

        #每 SHOW_EVERY 次计算平均奖励
        if episode% SHOW_EVERY ==0:
            avg_reward = sum(ep_rewards[-SHOW_EVERY:])/len(ep_rewards[-SHOW_EVERY:])
            aggr_ep_rewards['ep'].append(episode)
            aggr_ep_rewards['avg'].append(avg_reward)
            aggr_ep_rewards['min'].append(min(ep_rewards[-SHOW_EVERY:]))
            aggr_ep_rewards['max'].append(max(ep_rewards[-SHOW_EVERY:]))
```

输出:

```
episode:0
episode:500
episode:1000
episode:1500
episode:2000
episode:2500
episode:3000
episode:3500
episode:4000
episode:4500
episode:5000
episode:5500
episode:6000
```

```
episode:6500
episode:7000
episode:7500
episode:8000
episode:8500
episode:9000
episode:9500
```

⑥结果可视化。使用 matplotlib 库将每 500 次的平均奖励、最大奖励、最小奖励结果画出来,代码如下,运行结果如图 6.10.2 所示。

```
plt.plot(aggr_ep_rewards['ep'],aggr_ep_rewards['avg'],label = 'avg')
plt.plot(aggr_ep_rewards['ep'],aggr_ep_rewards['min'],label = 'min',ls = '--')
plt.plot(aggr_ep_rewards['ep'],aggr_ep_rewards['max'],label = 'max',ls = '-.')
plt.legend(loc = 'upper left')
plt.xlabel('Episodes')
plt.ylabel('Rewards')
plt.savefig('2.jpg')
plt.show()
```

输出:

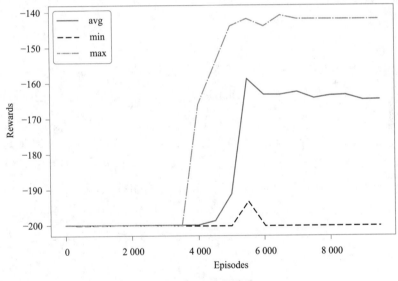

图 6.10.2 运行结果

由输出可知,模型训练了 10 000 次,从大概 3 500 个回合的时候,智能体开始学会如何爬上山顶。

习 题 6

6.1 拟合由 z = x + 3.5 * y + random 生成的 100 个点 $\{(x_1,y_1,z_1),(x_2,y_2,z_2),\cdots,(x_{100},y_{100},z_{100})\}$,其中 $x \in [0,10]$,$y \in [0,100]$,random 为由 $0 \sim 100$ 间随机产生的 100

个整数。计算出拟合函数,画出拟合平面,并计算点(5.8,78.3)对应的 z 值。

提示:显示三维图需要使用 mpl_toolkits. mplot3d 库中的 Axes3D 模块。

6.2 1912 年 4 月 15 日,泰坦尼克号在首次航行期间撞上冰山后沉没,2 224 名乘客和机组人员中有 1 502 人遇难。这场轰动的悲剧震撼了国际社会,虽然幸存下来有一些运气成分,但一些人比其他人更有可能生存,比如妇女、儿童和上层阶级。

泰坦尼克号数据集 train. csv 中包含以下 11 个特征,分别是:

- Survived:0 代表死亡,1 代表存活。
- Pclass:乘客所持票类,有三种值(1,2,3)。
- Name:乘客姓名。
- Sex:乘客性别。
- Age:乘客年龄(有缺失)。
- SibSp:乘客兄弟姐妹/配偶的个数(整数值)。
- Parch:乘客父母/孩子的个数(整数值)。
- Ticket:票号(字符串)。
- Fare:乘客所持票的价格(浮点数,0 ~ 500 不等)。
- Cabin:乘客所在船舱(有缺失)。
- Embark:乘客登船港口:S、C、Q(有缺失)。

筛选有效特征,使用决策树进行分类,并生成决策树。

提示:max_depth 设置为 15,min_impurity_decrease 设置为 0.1,min_samples_leaf 设置为 2。

6.3 现共有 3 949 篇文章,分为四个类别,分别存放在 sci. crypt、sci. electronics、sci. med、sci. space 四个目录下。使用 k-means 算法对 3 949 篇文档进行聚类分析。

提示:使用 sklearn. feature_extraction. text 中的 TfidfVectorizer 函数将文档转为 TF-IDF 向量,k-means 中参数 n_clusters = 4,max_iter = 100,tol = 0.01,n_init = 3。

6.4 现有一个猴子图片数据集,包含三个文件:训练集、验证集、类别标签文档,文档如表习题 6.1 所示。

表习题 6.1

Label	Common Name	Train Images	Validation Images
n0	mantled_howler	131	26
n1	patas_monkey	139	28
n2	bald_uakari	137	27
n3	japanese_macaque	152	30
n4	pygmy_marmoset	131	26
n5	white_headed_capuchin	141	28

续表

Label	Common Name	Train Images	Validation Images
n6	silvery_marmoset	132	26
n7	common_squirrel_monkey	142	28
n8	black_headed_night_monkey	133	27
n9	nilgiri_langur	132	26

训练集和验证集文件夹都包含 10 个标记为 n0～n9 的猴子,图像尺寸为 400×300 像素或更大,并且为 JPEG 格式(近 1 400 张图像)。使用 TensorFlow 搭建一个卷积神经网络,对数据集进行训练,输出训练集、验证集的损失图和准确率图,以及混淆矩阵。

提示:模型使用 tf. keras. applications 中的 InceptionV3 网络,并且使用官方的预训练模型,从以下链接下载:https://storage. googleapis. com/tensorflow/keras-applications/inception_v3/inception_v3_weights_tf_dim_ordering_tf_kernels_notop. h5。训练时,冻结前面的层,训练最后 20 层。

附录　课后习题参考答案

习题 1

1.1　机器学习是一门多领域交叉学科,它涉及概率论、统计学、凸分析、算法复杂度理论等多门学科。机器学习对数据进行自动分析,获得规律,并利用规律对未知数据进行预测、分类和关联等,主要使用归纳、综合方式而不是演绎方式。

1.2　人工智能、机器学习和深度学习之间具有包含关系,机器学习是人工智能的子领域,而深度学习则是机器学习的分支。机器学习是一种实现人工智能的重要手段。深度学习具有相对于其他典型机器学习方法更强大的能力和灵活性。在众多人工智能问题上,深度学习方法解决了传统机器学习方法面临的问题,促进了人工智能领域的发展。

1.3　模型、策略、算法。

1.4　人脸识别、自动驾驶、机器翻译、智能制造、医学图像处理。

1.5　常见的机器学习算法分类有监督学习、无监督学习、半监督学习、强化学习。具体如下:

监督学习:线性回归、决策树、支持向量机、朴素贝叶斯、人工神经网络等。

无监督学习:K-Means、K-Medoids、Apriori 算法、PCA 等。

半监督学习:半监督 SVM、自训练算法、生成模型等。

强化学习:Q-Learning、DQN、SARSA 等。

习题 2

2.1　理论部分主要研究模拟人类智能的算法;开发部分是将算法用计算机开发成一个模型,这个模型是一种特殊算法程序,它可以模拟实现人类智能活动,从而达到用计算机程序取代人类智能的目的。

2.2　机器学习开发架构的三个部分包括数据、算法与算力。数据用于训练算法、检验算法以获得模型,算法为支撑运行算法,算力为支撑获得数据。

2.3　机器学习开发有两个步骤,分别是建设平台与开发模型。平台是机器学习开发的基础,它提供模型开发所需的基础资源。模型开发是机器学习的核心,主要工作是使用平台提供的数据、算法、算力进行算法编程并最终获得模型。

2.4　算法是指解题方案的准确而完整的描述,是一系列解决问题的清晰步骤。

算法程序是指为了将抽象形式表示的算法能在计算机上运行,需要使算法程序化。模型是一个参数相对稳定的特殊算法程序。

2.5 常见的模型应用有人脸识别模型、抖音推荐算法模型等。

人脸识别应用通过摄像头采集不同的人脸图片,由于系统获取的原始图像受到各种条件的限制和干扰,往往不能直接使用,需要通过数据预处理对它们进行灰度矫正、噪声过滤等操作;对处理后的数据使用训练好的模型进行人脸特征提取;输出人脸特征值数据,与数据库中数据进行比对。

习题 3

3.1 Python 是一个方便调试的解释性语言,可以跨平台执行作业,拥有广泛的应用编程接口和丰富的开源工具包。

3.2 Python 中的容器有列表、元组、字典、集合。其中可变容器为列表、字典、集合,不可变容器为元组。

3.3 参考代码:

```
n = 100
sum = 0
counter = 1
    while counter < = n:
        sum = sum + counter
        counter += 2
print("0 到 % d 之间的奇数和为:% d"% (n, sum))
```

3.4 File1 文件内容为:

```
line
line1line2This is File1!
Have a good read!
```

3.5 参考代码:

```
importmatplotlib.pyplot as plt
importnumpy as np

plt.rcParams[ 'figure.figsize'] = (5.0, 5.0)
theta = np.arange(0, 2* np.pi, 0.01)
x =  2.0 * np.cos(theta) + 1
y =  2.0 * np.sin(theta)
plt.title('圆')
plt.xlabel('x 轴')
plt.ylabel('y 轴')
plt.plot(x, y)
plt.show()
```

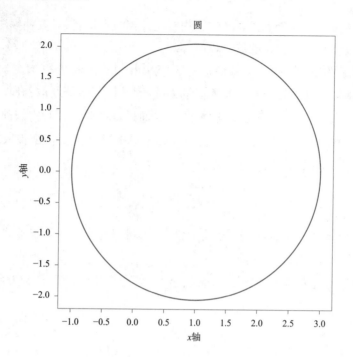

习题 4

4.1 $h_\theta(x) = \theta_0 + \theta_1 x = x$

$$J(0,1) = \frac{1}{2\times 4}\left((3\text{-}2)^2 + (1-2)^2 + (0-1)^2 + (4-3)^2\right) = 0.5$$

4.2 根信息熵求解公式可计算出根节点的信息熵为:

$$\text{Ent}(D) = -\sum_{k=1}^{2} p_k \log_2 p_k = -\left(\frac{8}{17}\log_2\frac{8}{17} + \frac{9}{17}\log_2\frac{9}{17}\right) = 0.998$$

属性集合{色泽,根蒂,敲声,纹理,脐部,触感}

以色泽为例计算信息增益:

子集 D^1(色泽 = 青绿)包含编号为{1,4,6,10,13,17}的 6 个样例,子集 D^2(色泽 = 乌黑)包含编号为{2,3,7,8,9,15}的 6 个样例,子集 D^3(色泽 = 浅白)包含编号为{5, 11,12,14,16}的 5 个样例。根据信息熵公式可以计算出用"色泽"划分后所获得的 3 个分支节点的信息熵为:

$$\text{Ent}(D^1) = -\left(\frac{3}{6}\log_2\frac{3}{6} + \frac{3}{6}\log_2\frac{3}{6}\right) = 1.000$$

$$\text{Ent}(D^2) = -\left(\frac{4}{6}\log_2\frac{4}{6} + \frac{2}{6}\log_2\frac{2}{6}\right) = 0.918$$

$$\text{Ent}(D^3) = -\left(\frac{1}{5}\log_2\frac{1}{5} + \frac{4}{5}\log_2\frac{4}{5}\right) = 0.722$$

根据信息增益公式可计算出属性"色泽"的信息增益为:

$$\text{Gain}(D, \text{色泽}) = \text{Ent}(D) - \sum_{v=1}^{3}\frac{|D^v|}{|D|}\text{Ent}(D^v)$$

$$= 0.998 - \left(\frac{6}{17} \times 1 + \frac{6}{17} \times 0.918 + \frac{5}{17} \times 0.722 \right)$$

$$= 0.109$$

类似的,可计算出其他属性的信息增益:

$\text{Gain}(D, 根蒂) = 0.143$;$\text{Gain}(D, 敲声) = 0.141$;$\text{Gain}(D, 纹理) = 0.381$;

$\text{Gain}(D, 脐部) = 0.289$;$\text{Gain}(D, 触感) = 0.006$;

4.3　k-means 算法流程如下:

①随机地选择 k 个样本,每个样本代表一个簇的中心,作为初始化中心。

②对剩余的每个样本,根据其与各簇中心的距离,将其赋给最近的簇。

③重新计算并更新每个簇的中心。

④不断重复步骤②、③,直到准则函数收敛,返回簇划分结果。

4.4　决策树。k-means 和 k-NN 都需要计算距离。而决策树对于数值特征,只在乎其大小排序,而非绝对大小。不管是标准化或者归一化,都不会影响数值之间的相对大小。

4.5　线性回归:sklearn. linear_model. LinearRegression

决策树:sklearn. tree. DecisionRegressor

支持向量机:sklearn. svm. SVC,sklearn. svm. SVR

朴素贝叶斯:sklearn. naive_bayes

聚类:sklearn. cluster. Kmeans

神经网络:sklearn. neural_network

习题 5

5.1　张量为不同维度的数组。张量的四种形式:标量、向量、矩阵和多维张量。

5.2　import tensorflow. keras. datasets. boston_housing as boston_housing

import tensorflow. keras. datasets. cifar100 as cifar100

import tensorflow. keras. datasets. mnist as mnist

import tensorflow. keras. datasets. reuters as reuters

5.3　卷积神经网络的训练过程可分为前向传播和反向传播两个阶段:

第一个阶段,前向传播:

①将初始数据输入卷积神经网络中。

②逐层通过卷积、池化等操作,输出每一层学习到的参数。

第二个阶段,反向传播:

①通过网络计算最后一层的偏差和激活值;

②将最后一层的偏差和激活值通过反向传递的方式逐层向前传递,使上一层中的神经元根据误差来进行自身权值的更新。

③根据偏差进一步算出权重参数的梯度,并再调整卷积神经网络参数。

④继续第③步,直到收敛或已达到最大迭代次数。

5.4 $\qquad$ $\begin{pmatrix} 1 & -1 & 0 \\ -1 & -2 & 2 \\ 1 & 2 & -2 \end{pmatrix} \circledast \begin{pmatrix} -1 & 1 & 2 \\ 1 & -1 & 3 \\ 0 & -1 & -2 \end{pmatrix}$

$$= (-1) + (-1) + 0 + (-1) + 2 + 6 + 0 + (-2) + 4$$
$$= 7$$

5.5 $S = 4$ 时，可采取的下一步行动有 $A = 0,3,5$。根据 Q 值计算公式：

$$Q(s_t, a_t) = r(s_t, a_t) + \text{Gamma} * \max\left[Q(s_{t+1}, a \in A) \right]$$

可得：

$$Q(S = 4, A = 0) = 0 + 0.8 \times \max\left[Q(0,4) \right] = 0$$
$$Q(S = 4, A = 3) = 0 + 0.8 \times \max\left[Q(3,1), Q(3,2), Q(3,4) \right] = 0$$
$$Q(S = 4, A = 5) = 100 + 0.8 \times \max\left[Q(5,1), Q(5,4) \right] = 100$$

习题 6

6.1 参考代码：

```
import numpy as np
from sklearn import linear_model
from mpl_toolkits.mplot3d import Axes3D
import matplotlib.pyplot as plt

xx,yy = np.meshgrid(np.linspace(0,10,10),np.linspace(0,100,10))
zz = 1.0 * xx + 3.5 * yy + np.random.randint(0,100,(10,10))

#构建成特征、值的形式
X,Z = np.column_stack((xx.flatten(),yy.flatten())),zz.flatten()

#建立线性回归模型
regr = linear_model.LinearRegression()

#拟合
regr.fit(X,Z)

#得到平面的系数、截距
a,b = regr.coef_,regr.intercept_
print("拟合函数为:z = % f* x + % f* y + % f"% (a[0],a[1],b))

#给出待预测的一个特征
x = np.array([[5.8,78.3]])

#根据 predict 方法预测的值 z
print('点(5.8,78.3)对应的 z 值为:',regr.predict(x)[0])

#画图
fig = plt.figure()
ax = fig.gca(projection = '3d')
```

```
#1.画出真实的点
ax.scatter(xx,yy,zz)

#2.画出拟合的平面
ax.plot_wireframe(xx,yy,regr.predict(X).reshape(10,10))
ax.plot_surface(xx,yy,regr.predict(X).reshape(10,10),alpha=0.3)

plt.savefig('LR.svg')
plt.show()
```

输出：

```
拟合函数为:z=0.508 000* x +3.276 145* y +61.812 727
点(5.8,78.3)对应的 z 值为:321.281 316 36
```

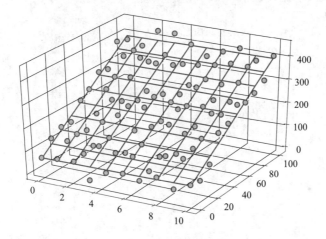

6.2　参考代码：

```
#导入库
import pandas as pd
import numpy as np
from sklearn.metrics import confusion_matrix
from sklearn.model_selection import train_test_split
from sklearn.tree import DecisionTreeClassifier
from sklearn.model_selection import GridSearchCV
from sklearn import metrics
import graphviz
from sklearn import tree

#导入数据并清洗
def read_dataset(data_link):
    data=pd.read_csv(data_link,index_col=0)   #读取数据集,取第一列为索引
    data.drop(['Name','Ticket','Cabin'],axis=1,inplace=True)# 删除掉三个无
关紧要的特征
    labels=data['Sex'].unique().tolist()
```

```
        data['Sex'] = [* map(lambda x:labels.index(x),data['Sex'])] #将字符串数
值化
        labels = data['Embarked'].unique().tolist()
        data['Embarked'] = data['Embarked'].apply(lambda n:labels.index(n))#将字
符串数值化
        data = data.fillna(0)                        #将其余缺失值填充为0
        return data

    train = read_dataset('train.csv')
    y = train['Survived'].values                     #类别标签
    x = train.drop(['Survived'],axis = 1).values     #所有样本特征

    #对样本进行随意切割,得到训练集和验证集
    x_train,x_test,y_train,y_test = train_test_split(x,y,test_size = 0.2)

    clf = DecisionTreeClassifier(max_depth = 15,min_impurity_decrease = 0.1,min_
samples_leaf = 2)
    clf.fit(x_train,y_train)
    print('train score:',clf.score(x_train,y_train))
    print('test score:',clf.score(x_test,y_test))
    dot_data = tree.export_graphviz(clf,out_file = None,feature_names = ['Pclass','
Sex','Age','SibSp','Parch','Fare','Embarked'],filled = True,rounded = True)
    graph = graphviz.Source(dot_data)
    graph
```

输出:

```
train score:0.7808988764044944
test score:0.8100558659217877
```

```
        x[1]<=0.5
        gini=0.471
        samples=712
       value=[442,270]
```
```
True                    False

gini=0.312          gini=0.393
samples=466         samples=246
value=[376,90]      value=[66,180]
```

6.3　参考代码:

```
% matplotlib inline
import matplotlib.pyplot as plt
import numpy as np
from time import time
from sklearn.datasets import load_files
from sklearn.cluster import KMeans
from sklearn.feature_extraction.text import TfidfVectorizer

print("loading documents ...")
t = time()
```

```
docs = load_files('./data')
print("summary:{0} documents in {1} categories.".format(
    len(docs.data), len(docs.target_names)))
print("done in {0}seconds".format(time()-t))


max_features = 20000
print("vectorizing documents ...")
t = time()
vectorizer = TfidfVectorizer(max_df = 0.4,
                             min_df = 2,
                             max_features = max_features,
                             encoding = 'latin-1')
X = vectorizer.fit_transform((d for d in docs.data))
print("n_samples:% d, n_features:% d"% X.shape)
print("number of non-zero features in sample [ {0}]:{1}".format(
docs.filenames[ 0 ], X[ 0 ].getnnz()))
print("done in {0}seconds".format(time()-t))


print("clustering documents ...")
t = time()
n_clusters = 4
kmean = KMeans(n_clusters = n_clusters,
               max_iter = 100,
               tol = 0.01,
               verbose = 0,
               n_init = 3)
kmean.fit(X);
print("kmean:k = {}, cost = {}".format(n_clusters, int(kmean.inertia_)))
print("done in {0}seconds".format(time()-t))
```

输出：

```
loading documents ...
summary:3949 documents in 4 categories.
done in 0.3223588466644287 seconds

vectorizing documents ...
n_samples:3949, n_features:20000
number of non-zero features in sample [ ./data/sci.electronics/11902-54322]:55
done in 1.7842059135437012 seconds

clustering documents ...
kmean:k = 4, cost = 3814
done in 1.0632328987121582 seconds
```

6.4 参考代码：

```
#导入相应的库
from tensorflow.keras.preprocessing.image import ImageDataGenerator
from sklearn.metrics import confusion_matrix
import matplotlib.pyplot as plt
```

```
import tensorflow as tf
import pandas as pd
import numpy as np
import itertools
import os
import tensorflow as tf

physical_devices = tf.config.experimental.list_physical_devices('GPU')
assertlen(physical_devices) > 0
tf.config.experimental.set_memory_growth(physical_devices[0], True)

#设置图片的高和宽,一次训练所选取的样本数,迭代次数
im_height = 224
im_width = 224
batch_size = 64
epochs = 13


image_path = "./monkey"                         # monkey 数据集路径
train_dir = image_path + "/training"            #训练集路径
validation_dir = image_path + "/validation"     #验证集路径

#定义训练集图像生成器,并进行图像增强
train_image_generator = ImageDataGenerator(rescale = 1./255,        # 归一化
                                    rotation_range = 40,            #旋转范围
                                    width_shift_range = 0.2,        #水平平移范围
                                    height_shift_range = 0.2,       #垂直平移范围
                                    shear_range = 0.2,              #剪切变换的程度
                                    zoom_range = 0.2,               #剪切变换的程度
                                    horizontal_flip = True,         #水平翻转
                                    fill_mode = 'nearest')

#使用图像生成器从文件夹 train_dir 中读取样本,对标签进行 one-hot 编码
train_data_gen = train_image_generator.flow_from_directory(directory = train_
dir,    #从训练集路径读取图片
                        batch_size = batch_size,            #一次训练所选取的样本数
                        shuffle = True,                     #打乱标签
                        target_size = (im_height, im_width),#图片 resize 到 224x224 大小

                        class_mode = 'categorical')         #one-hot 编码

#训练集样本数
total_train = train_data_gen.n

#定义验证集图像生成器,并对图像进行预处理
validation_image_generator = ImageDataGenerator(rescale = 1./255)# 归一化

#使用图像生成器从验证集 validation_dir 中读取样本
val_data_gen = validation_image_generator.flow_from_directory(directory =
validation_dir,                                 #从验证集路径读取图片
```

```
            batch_size=batch_size,          #一次训练所选取的样本数
            shuffle=False,                  #不打乱标签
            target_size=(im_height,im_width), #图片 resize 到 224x224 大小
            class_mode='categorical')       #one-hot 编码

#验证集样本数
total_val=val_data_gen.n

#使用 tf.keras.applications 中的 InceptionV3 网络,并且使用官方的预训练模型
covn_base=tf.keras.applications.InceptionV3(weights='./inception_v3_
weights_tf_dim_ordering_tf_kernels_notop.h5',include_top=False,input_shape=
(224,224,3))
covn_base.trainable=True

#冻结前面的层,训练最后 20 层
for layers incovn_base.layers[:-20]:
    layers.trainable=False

#构建模型
model=tf.keras.Sequential()
model.add(covn_base)
model.add(tf.keras.layers.GlobalAveragePooling2D())#加入全局平均池化层
model.add(tf.keras.layers.Dense(10,activation='softmax'))#加入输出层(10 分
类)
model.summary()# 打印每层参数信息

#编译模型
model.compile(optimizer=tf.keras.optimizers.Adam(learning_rate=0.0001),#
使用 adam 优化器,学习率为 0.0001
            loss=tf.keras.losses.CategoricalCrossentropy(from_logits=
False),#交叉熵损失函数
            metrics=["accuracy"])#评价函数

history=model.fit(x=train_data_gen,              #输入训练集
        steps_per_epoch=total_train//batch_size,#一个 epoch 包含的训练步数
        epochs=epochs,                           #训练模型迭代次数
        validation_data=val_data_gen,            #输入验证集
        validation_steps=total_val//batch_size)  #一个 epoch 包含的训练步数

#记录训练集和验证集的准确率和损失值
history_dict=history.history
train_loss=history_dict["loss"]              #训练集损失值
train_accuracy=history_dict["accuracy"]      #训练集准确率
val_loss=history_dict["val_loss"]            #验证集损失值
val_accuracy=history_dict["val_accuracy"]    #验证集准确率


plt.figure()
plt.plot(range(epochs),train_loss,label='train_loss')
```

```python
    plt.plot(range(epochs),val_loss,label = 'val_loss')
    plt.legend()
    plt.xlabel('epochs')
    plt.ylabel('loss')
    plt.savefig('loss.svg')

    plt.figure()
    plt.plot(range(epochs),train_accuracy,label = 'train_accuracy')
    plt.plot(range(epochs),val_accuracy,label = 'val_accuracy')
    plt.legend()
    plt.xlabel('epochs')
    plt.ylabel('accuracy')
    plt.savefig('accuracy.svg')
    plt.show()

    def plot_confusion_matrix(cm,target_names,title = 'Confusion matrix',cmap =
None,normalize = False):
        accuracy = np.trace(cm)/float(np.sum(cm))          #计算准确率
        misclass = 1-accuracy                              #计算错误率
        if cmap is None:
            cmap = plt.get_cmap('Blues')                   #颜色设置成蓝色
        plt.figure(figsize = (10,8))                       #设置窗口尺寸
        plt.imshow(cm,interpolation = 'nearest',cmap = cmap) #显示图片
        plt.title(title)                                   #显示标题
        plt.colorbar()                                     #绘制颜色条

        if target_names is not None:
            tick_marks = np.arange(len(target_names))
            plt.xticks(tick_marks,target_names,rotation = 45)  #x 坐标标签旋转45 度
            plt.yticks(tick_marks,target_names)            #y 坐标

        if normalize:
            cm = cm.astype('float32')/cm.sum(axis = 1)
            cm = np.round(cm,2)                            #对数字保留两位小数

        thresh = cm.max()/1.5 if normalize else cm.max()/2
        for i,j initertools.product(range(cm.shape[0]),range(cm.shape[1])):
        #将 cm.shape[0]、cm.shape[1]中的元素组成元组,遍历元组中每一个数字
            if normalize:                                  #标准化
                plt.text(j,i,"{:0.2f}".format(cm[i,j]),    #保留两位小数
                horizontalalignment = "center",            #数字在方框中间
                color = "white" if cm[i,j] >thresh else "black")  #设置字体颜色
            else:                                          #非标准化
                plt.text(j,i,"{:,}".format(cm[i,j]),
                horizontalalignment = "center",            #数字在方框中间
                color = "white" if cm[i,j] >thresh else "black")#设置字体颜色

    plt.tight_layout()              #自动调整子图参数,使之填充整个图像区域
    plt.ylabel('True label')        #y 方向上的标签
    plt.xlabel("Predicted label \naccuracy = {:0.4f}\n misclass = {:0.4f}".format
(accuracy,misclass))                #x 方向上的标签
```

```
plt.savefig('confusion.svg')
plt.show()                    #显示图片

#读取'Common Name'列的猴子类别,并存入到 labels 中
cols = ['Label','Latin Name','Common Name','Train Images','Validation Images']
labels = pd.read_csv("./monkey/monkey_labels.txt",names = cols,skiprows = 1)
labels = labels['Common Name']

#预测验证集数据整体准确率
Y_pred = model.predict_generator(val_data_gen,total_val//batch_size +1)
#将预测的结果转化为 one hit 向量
Y_pred_classes = np.argmax(Y_pred,axis =1)
#计算混淆矩阵
confusion_mtx = confusion_matrix(y_true = val_data_gen.classes,y_pred = Y_pred_
classes)
#绘制混淆矩阵
plot_confusion_matrix(confusion_mtx,normalize = True,target_names = labels)
```

输出:

```
Model:"sequential"

Layer(type)                    Output Shape            Param #
=================================================================
inception_v3(Model)            (None,5,5,2048)         21802784

global_average_pooling2d(Gl(None,2048)                0

dense(Dense)                   (None,10)               20490
=================================================================
Total params:21,823,274
Trainable params:1,955,850
Non-trainable params:19,867,424
```

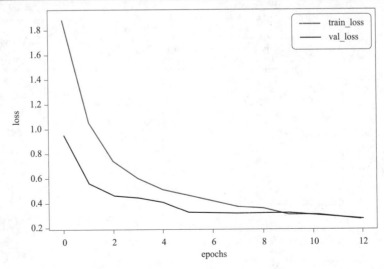

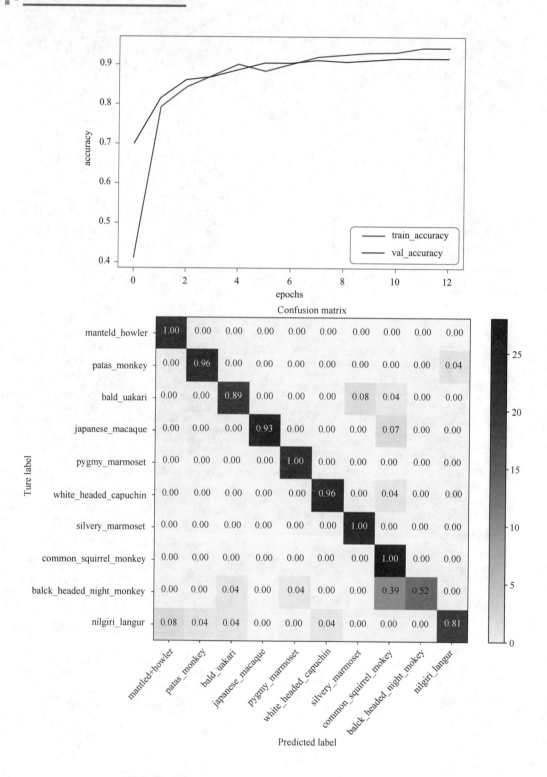

参 考 文 献

［1］袁景凌,贾可荣,魏娜.机器学习方法及应用[M].北京:中国铁道出版社有限公司,2020.

［2］余萍.人工智能导论实验[M].北京:中国铁道出版社有限公司,2020.

［3］加莱奥内.TensorFlow 2.0 神经网络实践[M].闫龙川,白东霞,郭永和,等译.北京:机械工业出版社,2020.

［4］王晓华.TensorFlow 2.0 深度学习从零开始学[M].北京:清华大学出版社,2020.

［5］邱锡鹏.神经网络与深度学习[M].北京:机械工业出版社,2020.

［6］张威.机器学习从入门到入职:用 Sklearn 与 Keras 搭建人工智能模型[M].北京:电子工业出版社,2020.

［7］刘长龙.从机器学习到深度学习:基于 Scikit-learn 与 TensorFlow 的高效开发实战[M].北京:电子工业出版社,2019.

［8］徐洁磐.人工智能导论[M].北京:中国铁道出版社,2019.

［9］海克.Scikit-learn 机器学习(第 2 版)[M].张浩然,译.北京:人民邮电出版社,2019.

［10］雷明.机器学习:原理、算法与应用[M].北京:清华大学出版社,2019.

［11］李德毅.人工智能导论[M].北京:中国科学技术出版社,2018.

［12］穆勒,吉多.Python 机器学习基础教程[M].张亮,译.北京:人民邮电出版社,2018.

［13］海特兰德.Python 基础教程(第 3 版)[M].袁国忠,译.北京:人民邮电出版社,2018.

［14］杰龙.机器学习实战:基于 Scikit-Learn 和 TensorFlow[M].王静源,贾玮,边蕤,等译.北京:机械工业出版社,2018.

［15］黄永昌.Scikit-learn 机器学习[M].北京:机械工业出版社,2018.

［16］吉利,帕尔.Keras 深度学习实战[M].王海玲,李昉,译.北京:人民邮电出版社,2018.

［17］斋藤康毅.深度学习入门:基于 Python 的理论与实现[M].陆宇杰,译.北京:人民邮电出版社,2018.

［18］阿布,胥嘉幸.机器学习之路:Caffe、Keras、scikit-learn 实战[M].北京:电子工业出版社,2017.

［19］赵志勇.Python 机器学习算法[M].北京:电子工业出版社,2017.

［20］王万良.人工智能导论[M].4 版.北京:高等教育出版社,2017.

［21］周志华.机器学习[M].北京:清华大学出版社,2016.